개정판

Stata 프로그래밍

개정판

Stata 프로그래밍

▸▸▸ 장상수 지음

이담북스

개정판을 내면서

2010년에 초판을 냈으니 제법 오랜 시간이 흘렀다. 그 사이에 책을 잠깐씩 넘겨보았는데, 책 여기저기에서 잘못된 부분을 발견하였다. 못마땅하였다. 그러나 못마땅한 것은 그렇다 치더라도 다른 한편으로는 늘 마음이 편치 않았는데, 그런 불편함은 자질구레한 흠결 때문에 생긴 것이 아니었다. 꼭 다루어야 할 중요한 내용을 빼놓았다는 것이 불만의 원인이었다. 초판은 Mata를 충분하게 다루지 않았다. 서너 장에서 이를 언급하였지만, 그 논의는 초보적이었다. 그리하여 초판을 쓸 당시에도 언젠가 이 Mata를 길게 다루어야겠다고 생각하였다. 가능하다면, Mata 관련 책을 따로 써도 좋겠다는 생각도 하였다. 그러나 여러 가지 이유 때문에, 그런 생각을 실행에 옮길 수 없었다.

Mata에 관한 글을 쓸 수 없었던 것은 아무래도 주변에서 이를 다룬 글이나 책을 찾을 수 없기 때문이었다. Mata를 짤막하게 소개한 글이나 책은 많았지만, 이를 본격적이고 진지하게 다룬 책은 굴드(Gould, 2018)가 유일하였다. 그러나 짐작하건대, 그 책을 읽은 독자도 Mata를 이해하기 힘들었을 것이다. 저자도 그 책을 읽고 내용을 이해하는 데에 애를 먹었다. 어떤 우여곡절을 거쳤는지, 지금은 기억이 나지 않지만, Mata 사용법을 어찌어찌 힘겹게 익힐 수 있었다. 이 책, 즉 개정판에서는 이 지식을 풀어 썼다.

개정판은 초판과 두 가지가 다르다. 첫째, 초판의 1-4장은 원래 Stata 초심자를 배려하여 썼던 것인데, 개정판에서는 이를 삭제하였다. 결국 개정판은 초심자를 위한 배려를 포기하고 프로그래밍에 관심을 두는 독자에게 더 가까이 다가선 셈이다. 둘째, 개정판에서는 초판의 1, 2부에 덧붙여 3부 15개 장을 새로 썼다. 3부에서는 Mata를 다루었다. 행렬 연산과 같은 기초에서 시작하여, 함수 작성법, 구조체와 집합체의 이해와 활용에 이르기까지 Mata의 거의 모든 사용법을 다루었다.

그런데 왜 우리는 Mata를 알아야 하는가? 이 책의 독자는 아마도 다른 언어, 예컨 대 C나 JAVA, R, Matlab 등도 사용해 보았을 것이다. Stata는 이들과 상당히 다르다. 결정적 차이는 아마도 Stata의 언어 체계가 자연어와 흡사하고, 다른 언어는 기계어 에 더 가깝다는 사실일 것이다. Stata에서 행렬을 만들려면 matrix A=(1,2\3,4) 등과 같이 입력해야 하고, 이 행렬을 화면에 출력하려면 matlist A라고 명령해야 한다. 이 런 방식의 명령어 구조는 우리가 일상생활에서 흔히 쓰는, '동사+목적어'나 '동사+보 어'와 같은 구조와 흡사하다. 우리는 자연어와 흡사한 이런 명령어에 친근감을 느낀 다. 그러나 그런 특성이 불편할 때도 있다. 단순하지 않아 거북하다. 다른 언어에서 는 행렬 이름 그 자체가 곧 명령어다. 예컨대 R의 명령 창에 행렬 이름 A를 입력하 면 행렬을 화면에 출력한다. 후자와 같은 명령 방식, 즉 행렬에 기반을 둔 명령은 간 편하기도 하려니와, 때때로 직관적이기도 하다. 수학 연산을 할 때는 이보다 더 나은 명령 방식이 없다. 명령어가 수식과 거의 그대로 일치하기 때문이다. 예컨대 행렬 언 어는 $(X'X)^{-1}X'\Omega X(X'X)^{-1}$과 같은 수식을 별다른 변형 없이 컴퓨터에서 쉽게 재현할 수 있다. Mata는 Stata와 달리, 행렬 언어다. 그러므로 Mata 사용자는 R이나 Matlab 의 장점을 그대로 누릴 수 있다. 다시 말해, Mata를 사용함으로써, 우리는 대상을 더 쉽게 다루고 더 다양하고 풍부하게 파악할 수 있다. 더 빠르게 연산할 수도 있다.

이 책에서 언급한 데이터와 프로그램은 http://sunchon.ac.kr/soedu/main.do에 접속 하여 열린마당-교수게시판으로 이동하여 내려받을 수 있다. 그러나 저자는 독자가 프 로그램을 이곳에서 내려받지 말고, 다소 번거로워도 시간을 들여 프로그램을 직접 작 성하거나 모사하기를 권장한다. 그래야 프로그래밍에 금방 익숙해질 것이기 때문이다.

어떤 형태의 지식이든 완전하지 않다. 어디엔가 반드시 흠이 있는 법이다. 저자처 럼 실수가 잦은 사람이 만들어낸 지식은 더 말할 필요가 없다. 이 책을 손에서 떠나 보내는 지금도 저자의 마음 한구석이 허전하다. 어떤 부분이 그런 느낌을 자아내는 지 지금으로서는 잘 모르겠다. 세월이 흐르고, 지식이 더 명료해지면, 오류나 잘못은 저절로 드러날 것이다. 기회가 닿으면, 나중에 바로잡을 참이다.

2023년 6월
장상수

책을 내면서

지난해 여름 연구실 앞에서 강의실을 새로 단장하는 공사가 있었다. 소음과 먼지가 두 달 넘게 지속하였다. 이 책은 그런 북새통에서 만들었다. 그러나 그때 그 소음과 먼지는 그렇게 괴롭지 않았는데 몰입(沒入)은 과연 즐거웠다.

이 책은 Stata에서 프로그램을 만드는 방법을 다룬다. 사회학을 공부하는 내가 왜 이런 책을 쓰는가? 늦깎이로 학문 경력을 시작하면서 우연히 양적 자료를 분석하는 일을 전공으로 삼게 되었다. 그런 일을 시작한 지 십여 년 만에『한국의 사회이동』(2001, 서울대학교 출판부)을 냈고, 다시 십여 년이 흐른 지난봄에는『교육과 사회이동』(2009, 그린)을 묶었다. 첫 번째 책을 낼 때는 정말 기뻤다. 성취감도 적지 않았지만, 다른 무엇보다 머지않은 장래에 이보다 나은 책을 만들 수 있으리라는 자신감과 희망, 기대가 있었기 때문이었다. 그러나 두 번째 책을 내면서 느낀 감정의 빛깔은 이와 전혀 달랐다. 말로 표현하긴 어렵지만, 무어랄까 그것은 허망함이자 무력감이었다. 내가 만든 글은 한국의 사회학에 어떤 기여를 했는가? 자신 있게 말할 수 없었다. 나는 무엇을 더 이룰 수 있는가? 별로 없을 것 같았다. 도대체 이런 허망함과 무력감의 진원지는 어디인가? 조금 돌아가 보자.

사회학 분야만 그런 것은 아니겠지만, 오늘날 한국의 대학교수는 상당수가 이름만 들어도 누구나 알 수 있는 세계적인 명문대학 출신이다. 수도권의 큰 대학은 말할 것도 없거니와 지방의 작은 대학에서도 그러하다. 이런 현상은 바람직하다. 선진 학문으로 무장한 연구자가 널리 포진한다는 것은 학계의 수준을 끌어올리는 좋은 조건이기 때문이다. 그러나 조금 다른 방향에서 생각하면, 이런 현상은 기형적이다. 사회학을 도입한 지 60년을 훌쩍 넘겼는데도 한국 사회학계는 연구자를 자체 재생산하지 못하고 외국 대학에서 끊임없이 수혈해야 하는 것은 무슨 까닭인가? 무슨 이유로 한국의 대학은 불임성을 극복하지 못하는가? 여러 가지 진단이 있겠지만, 나는 그 이유를 한국 학문의 미약한 생산능력에서 찾는다.

한때 연구자들은 한국 사회과학의 낮은 생산능력을 학문의 종속성으로 설명하였다. 그들은 한국 사회과학이 한국 사회를 우리가 생산한 개념과 논리가 아니라 서구의 것으로 설명하기 때문에 생산성이 낮다고 주장하였다. 수긍할 만하다. 그러나 그런 주장을 선선히 받아들이기에는 마음이 그렇게 편치 않다. 우리의 개념과 논리를 만들고 세우는 것도 중요하지만 선진 학문을 부지런히 소화하는 일도 그에 못지않게 중요하기 때문이다.

오늘날 외국의 선진 학문을 이해하는 정도는 크게 향상하였다. 우리 주변에서 흔히 보는 한국어로 된 텍스트는 예전보다 훨씬 더 낫다. 내용도 그러하거니와 그 형식의 세련미도 뛰어나다. 예컨대 수십 년 전에도 니체를 해설한 텍스트가 있었지만, 오늘날 출판되는 니체 관련 책들은 내용의 풍부함이나 문체의 아름다움에서 이들을 압도한다. 한국 학문이 전반적으로 성장하였다는 증거다. 사회학의 경험 연구에 관심을 한정해도 사정은 마찬가지다. 다소 천박하게 들릴지 모르지만 경험 연구에서 빠질 수 없는 분석기법을 한 예로 들어 보자. 오늘날 보통의 회귀분석을 이용한 연구는 그렇고 그런 평범한 글로 보인다. 그런 탓인지 연구자들은 보통의 회귀분석을 좀처럼 사용하지 않는다. 회귀분석을 응용한 기법이나 그것을 뛰어넘는 고난도의 분석기법을 자유자재로 활용한다.

학문이 이렇게 발전하였는데도 왜 나는 아직 한국 사회학에서 큰 희망을 보지 못하는가? 우리는 그저 소비자일 뿐이기 때문이다. 경험 연구로 한정하면, 한국 학계는 선진 분석기법을 수입하여 소비할 뿐 새 기법을 생산하지 못한다. 생산능력의 이런 저급성은 아마도 우리 대학의 체계나 제도에서 비롯하였을 것이다. 그러나 체계나 제도를 탓하기 전에 우리가 해야 할 그 무엇을 간과하지는 않았나를 반성해야 한다. 기실 사회현상을 다루는 분석모형이나 분석기법을 개발하려면 무척이나 방대한 지식이 필요하다. 인문학이나 사회과학 소양은 말할 것도 없고 수학과 통계학, 수치해석이나 컴퓨터 언어 등도 깊이 이해해야 한다. 우리 사회학계에서는 인문학이나 사회과학 소양의 중요성을 충분히 강조한다. 그러나 수학이나 통계학, 컴퓨터 언어 등은 그저 부수적인 것으로만 생각한다. 이런 형편에서 새 기법을 생산하고 이를 전수

하는 체계가 생겨나기 어렵다. 물론 이런 능력을 단시간에 배양할 수는 없다. 이런 능력을 기르려면 앞으로도 몇십 년을 더 기다려야 할지 모른다. 그러나 그렇다고 해서 그 몇십 년을 손 놓고 마냥 기다릴 수는 없다. 우리가 할 수 있는 일은 하나씩 쌓아 가는 것이 필요하다. 컴퓨터 언어를 다룬 이 책은 이런 필요에 부응하는 조그만 노력이다.

서구에서 통계 분석을 할 때 Stata를 널리 사용한다. 당연하게도 이 패키지로 통계 분석 하는 방법을 다룬 책도 많다. 그러나 Stata로 프로그램을 짜는 방법을 다룬 책은 드물다. 있다 하더라도 그다지 친절하지 않다. 지난 몇 년 동안 필자는 Stata를 처음 접하는 사람도 프로그래밍을 쉽게 익힐 수 있는 책을 써 보겠다고 줄곧 생각하였다. 그러나 이런 계획을 실행에 옮기기는 쉽지 않았다. 주위가 온통 어수선해서 책 쓰는 일 말고는 별달리 할 일이 없었던 지난해 여름에야 비로소 작업을 시작했고 강의 부담이 없는 올여름에 겨우 그 작업을 마무리하였다.

이 책을 쓸 때 Stata를 모르는 독자를 염두에 두었다. 그러므로 제1장에서 제4장까지는 Stata의 명령어, 데이터 관리, 그림 그리기 등을 개괄하였다. Stata에 익숙한 독자는 이 부분을 건너뛰어 제5장부터 읽어도 괜찮을 것이다. 제5장에서 제9장은 프로그래밍의 기본을 다루었다. 제5장에서는 프로그램의 형태와 특징을 말하였고 제6장에서는 매크로와 스칼라를 논의하였다. 제7장에서는 이어 돌기와 가지치기를 언급하였고, 제8장에서는 Stata에서 행렬을 다루는 방식을 보였다. 제9장에서는 본격적인 프로그램, 즉 ado 파일의 형태와 특징을 간추렸다.

제10장에서 제15장은 책 전반부의 지식을 활용하는 예를 다루었다. 제10장은 기술통계치를 산출하는 프로그램, 제11장에서는 정상접근정리를 증명하는 프로그램, 제12장에서는 가설을 검증하는 프로그램, 제13장에서는 변수의 연관성을 다루는 프로그램을 만들었다. 제14장에서는 Stata의 행렬 언어인 Mata의 속성과 특징을 서술하였고 제15장에서는 국제학생평가(PISA)자료를 Mata로 분석하는 프로그램을 제시하였다.

독자에게 한 가지 미안한 말을 전해야겠다. 이 책을 한창 쓰고 있을 무렵, Stata는 판(版)을 바꾸었다. 판이 바뀌었으므로 새 판(Stata 11)을 사용하는 것이 마땅하겠으나 작업의 편의상 낡은 Stata 10을 사용하였다. 판이 바뀌어도 우리가 다루는 내용에 큰 변화를 주지 않아도 된다는 사실을 위안으로 삼는다. 나중에 책을 수정하거나 보완할 기회가 닿으면 판을 맞추려 한다.

이 책에서 다룬 주요 자료와 프로그램은 soedu.sunchon.ac.kr에 실었다. 이 사이트를 찾아 '열린 마당'-'자료실'로 이동하여 파일을 내려받으면 된다.

어떤 연유로 Stata를 쓰게 되었는지도 모르고 처음 썼던 시점도 정확하게 기억하지 못한다. 그러나 아무리 적게 잡아도 십 년은 넘게 사용했던 것 같다. 십 년이면 강산도 바뀐다지만 내 지식은 많이 늘어난 것 같지 않다. 게으르고 우둔한 탓이다. 그래도 그동안 내가 얻었던 지식을 한 다발로 묶는 지금 이 순간은 날아갈 듯 기쁘다.

2010년 7월 20일
장상수

CONTENTS

PART 3
Mata

PART **1**

기초

제1장 | 프로그램

1. 표기법

이 책은 두 가지 글자체(font)를 사용하였다.

① 본문을 서술할 때는 윤명조체를 사용하였다.

② 그러나 본문에서 영문을 표기할 때는 Adobe Garamond Pro 글체를 사용하였다. Stata와 Mata의 명령 창이나 문서 편집 창(do file editor)에 영문 명령어를 기입할 때도 이 글자체를 사용하였다. 예컨대

```
. sysuse auto, clear
```

라고 쓰면, 이런 문장을 명령 창에 쓰고 들임 쇠(enter key)를 눌렀다는 것을 의미한다. 글자 모양도 두 가지다.

① 보통 글자 모양: 특별한 뜻이 없고 단지 무엇을 서술할 때 이 글씨 모양을 사용하였다.

② 기울임체(italic) 글자 모양: 특정 변수나 파일을 지칭하는 것이 아니고 어떤 변수나 파일을 사용해야 한다는 사실을 지칭할 때 사용하였다. 예를 들면

```
use filename
regress varlist
```

이라고 하면 명령 창에 filename이나 varlist라고 입력하라는 뜻이 아니라 auto.dta 등의 파일 이름을 대입하거나 mpg나 weight 등의 변수 이름을 쓰라는 뜻이다. 예컨대 다음과 같이 입력하라는 의미다.

```
. use  auto
. regress  mpg  weight
```

한편, 대괄호는 선택 사항을 말한다. 괄호 안의 명령을 입력할 수도, 입력하지 않을 수도 있다는 말이다. 대괄호가 없으면 꼭 입력해야 하는 필수항목이다. 예를 들어 보자.

```
use filename [,clear]
list [variables] [if] [in] [,options]
```

여기서 use 명령어는 filename을 꼭 필요로 하지만, clear라는 선택 명령은 붙일 수도 붙이지 않을 수도 있다. list라는 명령어는 변수와 if, in 등의 항목을 가질 수도 있고 아닐 수도 있다. 물론 if, in 등을 붙였을 때와 붙이지 않았을 때의 명령 수행 결과는 전혀 다르다.

이 책에서 마침표(".")로 시작하는 문장은 Stata에서 명령을 실행하라는 뜻이고, 콜론(":")으로 시작하는 문장은 Mata에서 명령을 실행하라는 의미다. 마침표든 콜론이든, 아무 표시가 없는 문장은 문서 편집 창에서 실행 버튼으로 명령을 실행하라는 의미다.

2. 프로그램

프로그램(program)이란 여러 명령어를 체계적으로 조직한 것이다. 그러므로 do 파일도 일종의 프로그램이다. 그러나 더 좁은 의미에서 프로그램은 '특정 형식으로' 조직한 명령어 체계다. Stata에서 이런 의미의 프로그램은 program [define] 명령어로 시작하여 end 명령어로 끝나는 명령어 체계다. 이 두 명령어 사이에 이 프로그램이 수행할 여러 명령어를 논리적이고 체계적으로 배열함은 말할 것도 없다. 즉 프로그램은 다음 구조로 이루어진다.

```
program [define] progname
    .....................
    .....................
end
```

가장 간단한 프로그램을 만들어 프로그램이 무엇인지를 이해해 보자. do 편집기에서 다음 명령어를 순서대로 입력한다.

```
program define mathtest
    display "We will test your math."
end
```

이 프로그램에서 program define과 end는 프로그램의 시작과 끝을 알리는 명령어고, mathtest는 프로그램 이름이다. 이 두 명령어 사이에 있는 명령어 집합은 mathtest라는 프로그램이 수행할 작업 내용이다. 지금 우리가 보는 프로그램에서 시작 명령과 끝 명령 사이에 있는 명령어라곤 display 하나뿐인데, 이것이 mathtest라는 프로그램이 수행해야 할 일이다.

이제 위 명령어 집합을 test.do 파일에 저장한 다음에 do 편집기의 실행 단추, 즉 맨 오른쪽 도구 단추를 누르거나 명령 창에 다음 명령어를 입력해 보자.

```
. do test
program define mathtest
  1.  display "We will test your math."
  2.  end
```

오류 신호가 보이지 않는다. 그러므로 mathtest라는 프로그램이 성공적으로 만들어져 메모리가 이를 기억했다고 판단할 수 있다. 프로그램이 큰 문제를 보이지 않으므로 이제 프로그램을 작동해 보자. 명령 창에 프로그램 이름을 입력한다.

```
. mathtest
We will test your math.
```

프로그램이 정상적으로 작동한다. 프로그램이 수행해야 할 과제, 즉 display "We will test your math." 명령을 제대로 수행하여, 화면에 We will test your math.라는 문장을 출력하였다. 프로그램이 잘 작동하는 것을 확인했기 때문에 이제 이를 더 풍부하게 만들어 보자. 프로그램을 다음처럼 수정한다.

```
program define mathtest
    display "We will test your math."
    display "Can you solve this problem?"        // new
end
```

여기서 //라는 기호는 주석(comment)을 달 때 사용한다. 주석을 달 때는 이 밖에도 *나 /* */ 등을 사용할 수 있다. 그러나 이와 형태는 유사하지만, ///는 전혀 다른 의미를 띤다. ///는 명령어가 너무 길어 한 줄에 넣을 수 없을 때 사용하는 부호다. 다만 *, //, /// 등은 do 파일이나 프로그램에서 사용할 수 있을 뿐 명령 창에서는 쓸 수 없다는 사실에 주의해야 한다. 다음 do 파일에서 각 기호의 사용 방식을 확인해 보라.

```
* This is a do file for the exercise
sysuse auto, clear
// showing several kinds of comments
describe                         /* description of variables */
list mpg in 1/5                  // list of mpg
list make price mpg rep78        ///
        headroom weight          // list of several variables
exit
```

어쨌든 새로 고친 test.do 파일을 저장한 다음, do 파일을 실행한다.

```
. do test
program define mathtest

mathtest already defined
r(110);
```

오류다. mathtest라는 이름의 프로그램이 메모리에 이미 존재하기 때문에 똑같은 이름의 프로그램을 만들 수 없다는 이야기다. 오류 신호를 제거하려면 메모리에 이미 존재하는 mathtest 프로그램을 지우면 된다. 메모리에서 프로그램을 지우는 명령어는 program drop이다.

```
program drop mathtest                    // new
program define mathtest
  display "We will test your math."
  display "Can you solve this problem?"
end
```

이제 test.do 파일을 다시 실행해 보자.

```
. do test
program drop mathtest
1.      display "We will test your math."
2.      display "Can you solve this problem?"
3. end
```

오류 신호가 사라졌다. 그러므로 프로그램은 다시 정상적으로 작동할 것이다. 명령 창에 프로그램의 이름을 입력해 보자.

```
. mathtest
We will test your math.
Can you solve this problem?
```

아니나 다를까, 새로 고친 프로그램은 정상적으로 작동한다. 이제 우리가 원하는 프로그램을 완성했으니 do 파일을 저장하고 Stata를 끈다. Stata를 다시 켠 다음, 조금 전에 만든 프로그램을 다시 부르기로 하자. mathtest 프로그램이 test.do 파일에 있다는 것을 기억하므로 이를 불러 실행한다.

```
. do test
program drop mathtest
mathtest not found
r(111);
```

응? 다시 오류 신호다. 무엇이 문제인가? 이번에는 mathtest라는 프로그램이 없다
는 것이다. 그러므로 이를 지우라는 명령어 program drop mathtest는 잘못되었다는
것이다. 왜 mathtest 프로그램이 없는가? 조금 전에 분명히 만들지 않았는가? 그러나
Stata를 끄는 순간 프로그램은 메모리에서 사라진다. 그러므로 새로 컨 Stata에는
mathtest라는 프로그램이 존재하지 않는다.

어쨌든 이미 사라진 프로그램을 지우라는 명령어, program drop mathtest가 잘못
되었다는 것인데, 이 명령을 지우고 do 파일을 실행하면 mathtest 프로그램은 다시
동작한다. 그러나 program drop mathtest라는 명령을 지우면 아까 그랬던 것처럼 이
프로그램을 고치거나 다듬을 때마다 mathtest라는 프로그램이 이미 존재한다는 오류
신호에 부딪힌다. 또 그럴 때마다 program drop 명령어를 사용해야 한다. 번거롭다.
이런 번거로움을 피하는 방법은 program drop 명령어 앞에 capture 명령어를 붙이는
것이다.

```
capture program drop mathtest          // modified
program define mathtest
    display "We will test your math."
    display "Can you solve this problem?"
end
```

capture는 명령어를 실행하되, 그 명령이 오류를 낳더라도 Stata를 멈추지 말고 계
속 진행하라는 뜻을 지닌다. 다시 말해 capture program drop mathtest라는 명령을
내릴 당시, mathtest라는 프로그램이 이미 존재한다면 program drop mathtest라는 명
령을 수행하여 이 프로그램을 삭제하라는 것이고, 만일 이 프로그램이 존재하지 않
으면 비록 오류이긴 하지만 이를 무시하고(즉 오류 신호를 내서 Stata를 멈추게 하지
말고), 다음 명령어, 즉 program define mathtest를 수행하라는 것이다.

이런 뜻을 ignore 등의 명령어로 표시하지 않고, 왜 하필이면 capture라는 명령어

로 표현하였는가? 어떤 명령어를 수행하면 응답 기호(return code, _rc)가 발생한다. 이 명령어가 오류 없이 순탄하게 수행되면 응답 기호(_rc)는 0이다. 오류가 발생하면 응답 기호는 0이 아닌 다른 값을 취한다. 이렇게 0이 아닌 응답 기호가 나타나면 Stata는 작업을 중단하고 화면에 오류 신호를 내보낸다. 예를 들어 보자.

```
. confirm number 209
```

이 confirm 명령어는 뒤따르는 그 무엇이 숫자(정수), (새) 파일, 스칼라, 행렬인지, 숫자 변수, 문자변수, 새 변수인지를 확인하는 명령어다.

```
confirm [integer] number something
confirm [new] file filename
confirm scalar something
confirm matrix something
confirm [new|numeric|string] variable varlist
```

예컨대 confirm string var mpg라고 하면 mpg 변수가 문자변수인지 확인하라는 것이고, confirm number a는 a가 숫자인지 아닌지를 확인하는 것이다. 앞에서 말한 confirm number 209는 209가 숫자인지 아닌지를 확인하라는 것인데, 209는 숫자이므로 응답 기호(_rc)는 0이고, 오류 신호를 남기지 않는다. 그러나

```
. confirm number abc
'abc' found where number expected
r(7);
```

abc는 숫자가 아니므로 응답 기호(_rc)는 0이 아닌 7이다.

```
. display _rc
7
```

이렇게 응답 기호가 0이 아니면 Stata는 오류 신호를 내고 작업을 중단한다. 그러나 capture는 이 응답 기호가 나타나지 않도록 응답 기호를 '붙잡는다'. 그리하여

Stata는 작업을 중지하지 않고 다음 명령을 실행한다.

어쨌든 앞의 mathtest 프로그램이 제대로 만들어졌는지를 확인하자. Stata를 끄고 다시 켠 다음 test.do 파일의 실행 단추를 눌러 보자. 오류 신호가 뜨지 않는다. 이제 명령 창에 mathtest를 입력해 보자. 잘 작동한다.

```
.  mathtest
We  will  test  your  math.
Can  you  solve  this  problem?
```

지금까지 프로그램은 do 파일에서 만들고 그 프로그램의 실행은 명령 창에서 하였다. 그러나 프로그램을 do 파일에서 곧바로 실행할 수도 있다.

```
capture program drop mathtest
program define mathtest
   display "We will test your math."
   display "Can you solve this problem?"
end

mathtest                                    // new
exit
```

이 파일은 test.do라는 파일이다. do 편집기에서 실행 버튼을 누르거나, 명령 창에 다음 명령을 입력한다.

```
.  do test
capture program drop mathtest
program define mathtest
  1.     display "We will test your math. "
  2.     display "Can you solve this problem? "
  3. end

mathtest
We  will  test  your  math.
Can  you  solve  this  problem?

exit
```

3. ado 파일

위 프로그램과 형태는 같지만, 의미는 조금 다른 프로그램이 있다. 이른바 ado 파일이다. ado 파일은 automatically loaded do 파일을 줄인 말인데, 문자 그대로 자동으로 탑재되는 do 파일이다. do 파일은 사용자가 그 파일을 실행하기 전에는 Stata가 그 파일의 내용을 기억하거나 인지하지 못한다. 그러나 ado 파일은 Stata를 켤 때 자동으로 탑재되어 사용자가 원하면 언제든지 불러 쓸 수 있는 파일이다.

아래 프로그램을 c:\ado\personal 디렉터리에 mathtest.ado라는 파일로 저장해 보자. ado 파일에서는 program drop *progname*이라는 명령어가 필요 없다. 왜냐하면, *progname*.ado라는 파일은 존재하지 않는다는 것을 이미 확인하고 만들기 때문이기도 하지만(이 파일이 있는지 없는지를 확인하는 것은 프로그래머(당신)의 몫이다), 프로그램을 고칠 때는 수정 내용을 옛 프로그램에 덧씌울 것이기 때문이다.

```
program mathtest
   display "We will test your math."
   display "Can you solve this problem?"
end
```

그런 다음 명령 창에서 ado 파일의 이름인 mathtest를 입력해 보자.

```
. mathtest
We will test your math.
Can you solve this problem?
```

잘 작동한다. 이제 Stata를 끄고 다시 켠 다음, 똑같은 명령어를 쳐 보자. Stata를 켜는 순간 Stata가 모든 ado 파일을 대기 상태에 놓기 때문에 프로그램은 잘 작동한다.

이런 ado 파일을 수정하고 싶으면, 이를 do 편집기로 편집하면 된다. c:\ado\personal 디렉터리에서 mathtest.ado를 불러들인 뒤에 이를 다음처럼 고쳐, 같은 이름으로 저장한다.

```
program define mathtest
    display "We will test your math."
    display "Can you solve this problem?"
    display "Is it right that sqrt(5) is " ///
            "greater than 2?"
end
```

이제 프로그램 내용을 바꾸었기 때문에 화면에 나타날 내용도 다를 것이다. 명령
창에서 mathtest를 입력한다.

```
. mathtest
We will test your math.
Can you solve this problem?
```

응? 프로그램 내용을 바꾸었는데 옛 프로그램이 그대로 실행된다. 왜? 이는 이전
ado 파일이 메모리에 아직 그대로 남아 있기 때문이다. 메모리에서 이를 지우려면
discard 명령어를 사용해야 한다. Stata는 그때야 옛 파일을 버리고 수정한 ado 파일
을 사용할 것이다.

```
. discard
. mathtest
We will test your math.
Can you solve this problem?
Is it right that sqrt(5) is greater than 2?
```

4. 프로그램 수정

지금까지 보았듯, 프로그램은 program define 명령어와 end 명령어 그리고 그 사
이의 명령어로 이루어진다. 프로그램은 프로그램 안에 있는 명령어, 즉 program
define과 end 사이에 있는 명령어가 올바른 것인지를 확인하지 않고 단지 그것을 담
고 있을 뿐이다. 프로그램 안에 있는 명령어가 제대로 된 것인지 그렇지 않은지는
프로그래머(당신)가 책임져야 한다. 앞의 mathtest.ado 프로그램을 다음처럼 잘못 만

들었다고 해 보자.

```
program define mathtest
    display "We will test your math."
    display "Can you solve this problem?"
    display Is it right that sqrt(5) is   ///        // notice
            greater than 2?
end
```

명령 창에 mathtest라고 치면 오류 신호가 뜬다.

```
. mathtest
We will test your math.
Can you solve this problem?
Is not found
r(111);
```

이런 신호로는 프로그램의 어떤 부분이 잘못되었는지, 어느 부분을 수정(debug)해야 하는지 짐작하기 어렵다. 수정하는 데 도움을 얻으려면 명령 창에 set trace on이라고 입력한 뒤에 mathtest를 친다.

```
. set trace on
. mathtest

──────────────────────────────────────────────── begin mathtest ────
  - display "We will test your math."
We will test your math.
  - display "Can you solve this problem?"
Can you solve this problem?
  - display Is it right that sqrt(5) is greater than 2?
Is not found

──────────────────────────────────────────────── end mathtest ────
r(111);
```

set trace on 명령은 프로그램 안에 있는 명령 하나하나를 실행하면서 어떤 명령에서 오류가 생겼는지를 추적(trace)한다. 이 화면에서는 첫째, 둘째 명령에서는 오류가 없지만, 마지막 명령에서 오류가 생겼다는 보고를 읽을 수 있다. 무슨 오류인가? 마지막 명령은 문자열 출력 명령인데, 문자열에 겹따옴표를 붙이지 않았다. 이것이 오류다. 이를 수정하면 원하는 결과를 얻을 수 있다. 오류를 정정하고, mathtest.ado 파일에 저장한 뒤에, 다음 명령어로 정상 작동 방식으로 되돌아간다.

```
. set trace off
```

지금까지 프로그램의 기본 구조와 그것을 움직이는 방식을 훑어보았다. 이 책에서 말하는 프로그래밍은 이 프로그램을 작성하는 방법을 말하는데, 구체적 프로그래밍은 매크로와 이어 돌기 등을 다룬 뒤에 자세하게 살피기로 한다.

5. 판과 주석

Stata는 판(version)을 거듭하면서 진화했고, 앞으로도 진화할 것이다. 그 과정에서 명령어도 바뀌었다. 예컨대 5.0판에서 산점도(scatterplot)를 그리는 명령어는 graph였다.

```
graph mpg weight
```

그러나 현재 판(15)에서는 이 명령어를 더 이상 쓰지 않는다. 대신 scatter라는 명령어를 쓴다.

```
. scatter mpg weight
```

현재 판의 명령어도 앞으로 어떻게 진화할지 모른다. 이렇게 바뀌는 환경에서 지금 만든 프로그램의 효력을 앞으로도 계속 이어 가려면 어떻게 해야 하는가? version 명령어로 그 프로그램을 작성한 판을 명백히 밝히면 된다. 프로그램을 짠 판의 번호는 version 명령어로 확인할 수 있다.

```
. version
version 15
```

프로그램을 짜는 현재 판이 15이므로 do 파일이나 프로그램에 이 판의 번호를 분명히 밝힌다. 판 번호를 써넣으면 나중에 명령어나 구문이 바뀌어도 해당 판의 명령어나 구문으로 프로그램을 실행할 수 있다.

```
. version 5.0
. sysuse auto, clear
. graph mpg weight
. exit
```

프로그램의 맨 앞에 프로그램을 어떤 목적으로 작성하였고, 그 프로그램의 내용이 무엇인지, 개략적인 주석을 붙여 주는 것이 좋다. 이 주석은 *가 아니라 *! 표시로 시작한다.

```
*! A program for exercise    27jul09    s.chang
program define mathtest
   version 10.1
   display "We will test your math."
   display "Can you solve this problem?"
   display "Is it right that sqrt(5) is " ///
            "greater than 2?"
end
```

이 특별한 주석, 즉 프로그램 주석은 which 명령으로 볼 수 있다. 만일 이 주석이 붙어 있지 않으면 다음과 같은 결과를 얻는다.

```
. which mathtest
c: \ado\personal\mathtest.ado
```

그저 mathtest.ado라는 파일이 존재한다는 정보만 얻는다. 그러나 프로그램 주석을 붙여 놓으면 이 프로그램의 내용과 용도가 무엇인지 손쉽게 알 수 있다.

```
. which mathtest
c: \ado\personal\mathtest.ado
*! A program for exercise 27ju109   s.chang
```

마지막으로 프로그램에 이름을 붙이는 법에 대해 언급하자. 프로그램의 이름은 아무렇게나 붙여도 상관없다. 다만 summarize, describe, list, use 등의 Stata 내장 명령어(built-in commands)의 이름을 피하기만 하면 된다. 프로그램에 내장 함수의 이름을 갖다 붙이면 프로그램을 구동할 수 없다. 왜냐하면, Stata가 명령을 수행할 때 내장 명령어를 가장 우선 고려하기 때문이다. 만일 어떤 사용자가 프로그램 이름을 summarize라고 붙이고 이 이름을 명령 창에 입력하면 Stata는 이 프로그램을 실행하지 않고 내장 명령어를 먼저 실행한다. 다음 예를 보라.

```
sysuse auto, clear

capture program drop summarize
program summarize
    disp "This is a test."
end

summarize
exit
```

이 do 파일을 실행해 보자. 우리가 원하는 것은 "This is a test."라는 문자를 출력하는 것이지만 결과는 완전히 엉뚱하다. Stata가 summarize 내장 명령어를 먼저 실행하고 사용자가 만든 summarize라는 이름의 프로그램은 무시하였기 때문이다.

프로그램 이름을 붙일 때, 또 하나 조심할 것은 깔끔한 이름을 삼가는 것이다. 예컨대 search, find, cross, table 등의 이름을 사용하지 않는 게 좋다. 왜냐하면, 타인들이, 특히 Stata 회사가 나중에 이런 이름을 사용하여 명령어를 만들 수도 있기 때문이다. 그런 경우에도 Stata는 회사가 만든 이 프로그램을 우선시하고, 우리가 만든 프로그램을 뒷전으로 밀고 말 것이다. 그러므로 사용자는 srch, fnd, crs, tbl 등처럼 조금 보기 흉하더라도 남이 잘 사용할 것 같지 않은 이름을 붙일 필요가 있다.

6. 들여쓰기

프로그램에서 들여쓰기하는 방법을 이야기해 보자. 앞의 예에서 program define 명령어는 들여쓰기를 하지 않았다. 그러나 프로그램 안에 배열한 명령어는 program define 명령어보다 안쪽으로 한 칸 또는 두 칸을 들여 썼다. 이 책에서는 이런 방식으로 들여쓰기를 하였지만, 흔히 한 탭(tab), 즉 여덟 칸을 들여쓰기도 한다. 이런 관행을 지켜야 하는 필연적 이유는 없다. 그러나 프로그램을 쉽게 읽으려면, 그리고 나중에 수월하게 고치려면 프로그래머가 나름대로 원칙을 마련하여 들여쓰기를 체계화하는 것이 좋다.

제2장 │ 매크로와 스칼라

1. 매크로 정의

매크로(macro)의 의미는 다양하다. 매크로는 체계적으로 조직한 명령어 모음을 지칭할 때도 있지만,[1] 어떤 대상을 대신하는 그 무엇을 가리킬 때도 있다. Stata에서 매크로는 후자의 뜻으로 사용한다. 말하자면 매크로는 자연언어의 대명사와 비슷하다. 예를 들어 보자. 가상 자료를 사용하여, income을 종속변수로 하고 sex, age, agesq, educ를 독립변수로 한 다중회귀분석을 실행한다고 해 보자. 회귀분석 명령어는 다음과 같다.

```
regress income sex age agesq educ
```

어떤 경우에는 종속변수(income)만 바꿀 뿐 독립변수는 그대로 두고 이 명령을 계속 반복해야 할 때가 있다. 그럴 때 매번 긴 독립변수 이름을 반복 입력하는 일은 지루할 뿐 아니라 실수하기도 쉽다. 긴 독립변수 문자열을 한 단어로 대치할 수는 없는가? 매크로를 사용하면 된다. sex age agesq educ처럼 길게 나열된 문자를 vlist라는 대명사로 치환하고,

```
regress income `vlist'
```

라고 하면 된다. 이 대명사, 즉 vlist를 매크로라고 부른다. 지금부터 알아보겠지만, 이 매크로를 지칭할 때는 매크로 이름에 매크로 따옴표(`')를 붙인다.

매크로는 local이라는 명령어로 만든다. local은 특정 대상을 매크로로 삼는 명령어인데, 이 명령어의 구문은 다음과 같다. 여기서 expression은 숫자거나 문자다.

---

[1] 이런 의미로 사용할 때, 매크로는 사실상 프로그램이라고 할 수 있다.

```
local macroname [=] expression
```

매크로를 만들 때, 등호(=)를 붙여도 되고 안 붙여도 된다. 등호를 붙이면 읽기가 쉽다. 그러나 이럴 때는 exp에 해당하는 문자 수가 제한을 받는다. 그러므로 문자 수가 많을 때는 등호를 생략하는 편이 더 낫다(그러나 이런 경우, 즉 많은 문자를 매크로로 만드는 경우는 희박할 것이다). expression이 문자일 때는 겹따옴표를 붙이면 읽기 편하지만, 군이 붙이지 않아도 된다. 다음 명령으로 매크로를 만들어 보라.

```
. local i=1
. local j 0
. local vlist= "sex age agesq educ"
. local list weight length foreign
```

이렇게 매크로를 만든 다음 `i', `j', `vlist', `list'라는 표기방식으로 그 저장 내용을 나타낸다(`'은 보통 키보드의 왼쪽 상단 Esc키 아래쪽 키로 입력하고, '는 Enter 키 왼쪽의 어깨 점 키로 입력한다).

```
. disp  `i'
1

. disp  " `j'"
0

. disp  " `vlist'"
sex age agesq educ
```

매크로가 저장한 내용이 문자일 때 이 문자를 화면에 출력하려면 위와 같이 겹따옴표를 붙여야 한다. 겹따옴표를 붙이지 않으면 Stata는 지금 사용하는 자료에서 해당하는 변숫값을 찾아 제시하려 한다.

```
. sysuse auto, clear
. local vlist sex
. disp `vlist'
```

```
sex  not  found
r(111);
```

vlist에 저장되어 있는 문자는 sex인데, 위 명령어는 sex라는 변수의 값을 찾는다. 그러나 auto.dta 파일에는 sex 변수가 없다. 그러므로 오류 신호를 내보낸 것이다.

```
. local varlist "mpg weight foreign"
. disp `varlist'
2229300
```

이 경우에 disp `varlist'는 disp mpg weight foreign이라고 명령한 것과 같은데, mpg, weight, foreign의 첫 사례 값, 즉 22, 2930, 0을 제시한다. 이와 달리 `varlist'에 겹따옴표를 붙이면 `varlist'에 저장한 문자열을 그대로 출력한다.

```
. disp " `varlist'"
mpg  weight  foreign
```

어떤 문자라도 매크로 이름으로 삼을 수 있다. 변수 이름이나 Stata가 내장하는 명령어도 매크로 이름으로 쓸 수 있다. 심지어 숫자도 매크로 이름으로 쓸 수 있는데, 나중에 보겠지만 숫자를 매크로 이름으로 삼을 수 있다는 것은 프로그래밍에 크게 유용하다. 매크로 이름을 다음처럼 붙여 보고 그 결과를 확인해 보라.

```
. local  a=1
. local  mpg=10
. local  display "Display the results"
. local  3  1

. display `a'
. display `mpg'
. display "`display'"
. display `3'
```

2. 매크로 사용

매크로는 여러 가지 방식으로 사용할 수 있다. 가장 흔하게는 매크로를 그저 대명사로 사용하는 것이다.

```
. clear
. sysuse auto
. sum mpg if (mpg>19 | price<=15000) & weight>3000
. tab rep78 if (mpg>19 | price<=15000) & weight>3000
. regress mpg weight if (mpg>19 | price<=15000) & weight>3000
```

이런 식으로 작업해도 큰 탈은 없다. 그러나 같은 내용을 반복하는 이런 작업은 지루할 뿐 아니라 자칫 잘못하면 전혀 다른 결과를 얻는 실수를 저지른다. 매크로를 이용하면 이런 염려를 쉽게 해소할 수 있다.

```
. clear
. sysuse auto
. local if "if (mpg>19 | price<=15000) & weight>3000"
. sum mpg `if'
. tab rep78 `if'
. regress mpg weight `if'
```

다른 한편, 매크로를 저장 매체로 간주하면 계산기로 활용할 수도 있다. 명령 창에 아래 명령을 입력하고 그 결과를 꼼꼼히 확인해 보라.

```
. local a=-.45
. loc   b=2
. loc   c=exp(1.52)

. di (-`a'+sqrt(`b')^2-3*`a'*`c')
. di `a'^2
. di (`a')^2
```

이 외에도 매크로는 다양한 방식으로 활용할 수 있다. Stata에서 프로그래밍이 가

능한 것은 이 매크로 때문이라고 해도 과언이 아니다. 아래에서는 매크로의 특성을
잘 보이는 몇 가지 활용 예를 들기로 하자.

활용 예 1)

어떤 변수의 분포가 한쪽으로 크게 치우쳐 있거나 양극단의 값이 지나치게 크거나
작을 때 요약 통계치나 회귀계수 등은 자료의 전반적 경향을 정확하게 반영하지 못한
다. 이런 상태에서는 이상값(outliers)을 제외한 나머지 값들로 분석하는 편이 더 낫다.

어떤 문제 때문에 어떤 변수의 하위 10%와 상위 10%의 값들을 제외한 나머지 값
으로 분석을 진행하기로 결정했다고 하자. 사실은 그렇지 않지만, 서술의 편의상
auto.dta 자료의 mpg 변수가 위와 같은 이상 분포를 보인다고 가정하자.

먼저 상위 10%와 하위 10% 값이 어떤 값인지를 확인해야 한다.

```
. summarize mpg, detail
. return list

scalars:
              r(N)  =  74
          r(sum_w)  =  74
           r(mean)  =  21.2972972972973
            r(Var)  =  33.47204738985561
             r(sd)  =  5.785503209735141
       r(skewness)  =  .9487175964588155
       r(kurtosis)  =  3.97500459645325
            r(sum)  =  1576
            r(min)  =  12
            r(max)  =  41
             r(p1)  =  12
             r(p5)  =  14
            r(p10)  =  14
            r(p25)  =  18
            r(p50)  =  20
             r(75)  =  25
             r(90)  =  29
             r(95)  =  34
             r(99)  =  41
```

summarize라는 명령어에 detail이라는 선택 명령을 붙이면 이를 붙이지 않을 때보다 더 자세한 정보를 출력한다. 이 명령어를 실행한 후에 명령 창에 return list라고 치면 summarize 명령이 산출하고 Stata가 자동으로 저장하는 여러 결과를 보여 준다. r(N)은 표본의 개수고 r(mean)은 평균, r(Var)은 분산을 지칭한다. r(p10)은 하위 10%에 해당하는 변숫값, r(p90)은 상위 10%에 해당하는 변숫값을 나타낸다. 그러므로 중위 80%에 해당하는 값으로 다음과 같이 분석할 수 있다.

```
. sum mpg if r(p10)<mpg & mpg<r(p90)
. tab rep78 foreign if r(p10)<mpg & mpg<r(p90), missing
```

여기서 tabulate는 교차표를 작성하라는 명령어다. 이 명령어의 뒤에 범주형 변수를 하나만 입력하면 이 변수의 빈도를 출력하지만, 범주형 변수 두 개를 입력하면 이 두 변수의 교차표(contingency table)를 작성한다. missing이라는 선택 명령을 붙이면 교차표를 출력할 때 결측값도 같이 제시한다.

첫 번째 명령어는 우리가 원하는 바의 결과를 산출한다. 중위 80%에 해당하는 58개 표본의 평균을 제시한다.

```
. sum mpg if r(p10)<mpg & mpg<r(p90)
```

Variable	Obs	Mean	Std. Dev.	Min	Max
mpg	58	20.74138	3.512186	15	28

```
. tab rep78 foreign if r(p10)<mpg & mpg<r(p90), missing
no observations
```

그러나 두 번째 명령어는 전혀 예상치 못한 결과를 보인다. 정한 범위 안에 관찰값이 존재하지 않는다는 오류 신호를 보낸다. 두 번째 명령이 까탈을 부린 까닭은 sum mpg if mpg>r(p10) & mpg<r(p90)를 실행하면서 앞에서 sum mpg, detail이라는 명령으로 얻은 r(p10), r(p90) 등과 같은 결과들이 자동으로 없어져 버렸기 때문이다 (detail이라는 선택 명령을 붙이지 않으면 summarize 명령어는 r(p10) 등을 산출하지 않는다). 이런 문제를 해결하려고, 두 번째 summarize 명령어에 detail이라는 선택 명

령을 붙여도 마땅치 않기는 마찬가지다.

```
. clear
. sysuse auto
. summarize mpg, detail
. sum mpg if r(p10)<mpg & mpg<r(p90), detail
. tab rep78 foreign if r(p10)<mpg & mpg<r(p90), missing
```

Repair Record 1978	Car type		
	Domestic	Foreign	Total
1	2	0	2
2	6	0	6
3	18	2	20
4	4	7	11
5	0	5	5
.	2	0	2
Total	32	14	46

두 번째 summarize 명령으로 분석한 표본, 즉 중위 80%에 해당하는 표본의 개수는 58개인데, tabulate 명령이 대상으로 삼는 표본은 46개다. 다시 말해 분석 대상이 다르다. 이런 문제가 발생한 까닭은 두 번째 summarize 명령어는 74개가 아니라 58개 표본을 대상으로 r(p10)과 r(p90)을 새로 만들었기 때문이다. 다시 말해 이 문제는 첫 번째 summarize 명령어로 만든 r(p10)과 두 번째 summarize 명령으로 만든 r(p10)이 서로 다르기 때문에 발생하였다. 이런 문제를 회피하는 좋은 방법은 매크로를 사용하는 것이다. 문서 편집 창(do editor)에서 다음 명령어를 입력해 보자.

```
capture log close              // new
log using temp, text replace   // new
clear
sysuse auto
sum mpg, d
local lo=r(p10)
local hi=r(p90)
sum mpg if `lo'<mpg & mpg<`hi'
tab rep78 foreign if `lo'<mpg & mpg<`hi', missing
log close                      // new
exit
```

이 프로그램에서 앞에서 언급하지 않은 몇 가지 명령어를 추가하였다. 일단 이렇게 추가한 명령어를 무시하자면, 원래의 문제, 즉 분석 대상이 바뀌는 문제는 매크로를 사용하면서 깨끗이 해결하였다.

이제 새로 보탠 명령어의 의미를 살펴보자. log using 명령어와 log close라는 명령어는 화면에 출력되는 분석 결과를 별도의 파일로 저장하는 것과 관련한다. log using *filename*은 *filename*을 이름으로 하는 결과기록 파일(log file)을 열라는 명령어다. 이 명령어를 실행하면 이후에 발생하는 분석 결과를 모두 *filename*.smcl라는 파일에 저장한다. 예컨대

        log using example

이라고 명령하면, 이후 모든 분석 결과는 example.smcl에 수록된다.

        log using example, text

라고 명령하면 차후에 이루어지는 분석 결과는 모두 example.log라는 텍스트 파일에 수록된다. 확장자가 smcl인 파일은 Stata의 고유 출력 파일이고, 확장자가 log인 파일은 보통의 텍스트 파일이다. smcl 파일은 미려한 출력을 자랑하지만, 필자는 텍스트 파일인 *filename*.log 파일을 선호한다. smcl 파일과 달리 이 log 파일은 다른 문서 편집기로 쉽게 읽고 고칠 수 있기 때문이다. replace라는 선택 명령은 혹시 *filename*.log 라는 파일이 이미 존재한다면 새로 만드는 파일로 대체하라는 뜻이다. 다시 말해 기존 파일을 새 파일로 덮어쓰라는 명령어다. replace라는 명령어를 붙이지 않으면 간혹 그런 이름의 파일이 이미 존재한다는 신호가 뜰 수도 있다.

```
. log  using  temp,  text
file  c:  \mydata\mystata\temp.log  already  exists
r(602);
```

이런 오류를 방지하려면 replace라는 선택 명령을 붙인다.

```
. log  using  temp,  text  replace
```

결과기록 파일을 열기 전에 그 기록 파일을 닫아야 한다. 결과기록 파일이 열려 있는 상태에서는 다른 기록 파일을 열지 못하기 때문이다. 그러므로 log using example, text replace 앞에서 log close라고 명령해야 한다. 그러나 결과기록 파일이 열려 있지 않고, 이미 닫혀 있다면 어떻게 되는가? 결과기록 파일이 닫힌 상태에서 log close라고 하면, 오류 신호가 뜨면서 Stata가 작업을 중단한다.

```
. log close
no log file open
r(606);
```

예기치도 않았을뿐더러 바라지도 않은 결과다. 이런 사태를 미리 막으려면, 결과기록 파일이 닫혀 있더라도 오류 신호를 내지 말고, 즉 작업을 중단하지 말고 다음 명령어를 수행하라는 뜻으로 capture를 붙인다.

예를 들어 보자. auto 자료에서 변수 mpg와 weight, length의 평균을 구한 다음, 이 분석 결과를 기록 파일에 저장하고 싶다고 해 보자.

```
capture log close
log using auto, text replace
clear
sysuse auto
summarize mpg weight length
log close
exit
```

이를 실행한 다음에 명령 창에 type auto.log라고 치면 summarize mpg weight length 명령을 실행한 내용이 화면에 뜬다. 이를 종이에 인쇄하고 싶다면 print auto.log라고 치면 된다.[2]

```
. type auto. log
```

---

[2] 로그 파일을 smcl로 작성했다면, 메뉴의 viewer로 읽을 수 있고, 그리고 이 viewer를 이용해 종이에 인쇄할 수 있다.

```
     log:      c:\mydata\mystata\book\auto.log
long type:      text
opened on:      11 Jul 2009, 19:39:34
    summarize mpg weight length
    Variable │     Obs        Mean    Std. Dev.        Min        Max
─────────────┼──────────────────────────────────────────────────────
         mpg │      74     21.2973    5.785503         12         41
      weight │      74    3019.459    777.1936       1760       4840
      length │      74    187.9324    22.26634        142        233
─────────────┴──────────────────────────────────────────────────────

long close
     long:     c:\mydata\mystata\book\auto.long
long type:     text
closed on:     11 Jul 2009, 19:39:34
─────────────────────────────────────────────────────────────────────
```

활용 예 2)

경제협력개발기구(OECD)는 2000년부터 3년마다 국제학생평가사업(Program for International Student Assessment, PISA)을 시행하여 수십 개 나라 학생들의 언어와 수학, 과학 성적을 측정하였다. 2003년에 수집한 자료 pisa03.dta를 사용하여 수학 (pv1math)과 부모의 교육수준(pared), 부모의 직업 지위(hisei)의 상관관계가 나라마다 어떻게 다른지를 비교하고 싶다고 해 보자. 다음과 같은 do 파일을 만들 수 있을 것이다.

```
capture log close
log using mean, text replace
clear
use pisa03
corr pv1math pared hisei if cnt=="AUS"
corr pv1math pared hisei if cnt=="AUT"
....................`
....................
corr pv1math pared hisei if cnt=="USA"
log close
exit
```

위와 같은 do 파일을 만들어 각 나라의 상관계수를 비교하면 된다. 그러나 이런 작업은 매우 지루하다. 상관계수를 구하라는 명령을 40번이나 반복해야 하기 때문이다. 이럴 때 프로그램을 사용하면 같은 작업을 길게 반복하는 일을 피할 수 있다.

프로그램을 작성하기 전에 프로그램에서 숫자 매크로를 사용하는 방법을 이야기하자. 다음 프로그램이 있다고 하자.

```
program define AAA
    stata −cmds
end
```

이 프로그램을 실행한(메모리로 불러들인) 다음에, 명령 창에 AAA를 입력하면 프로그램이 작동한다. 이때 AAA 명령어는 언제나 `1', `2', `3', …… 등의 매크로를 인지한다. 명령어 뒤에 아무것도 입력하지 않으면 `1', `2', `3', …… 등의 매크로는 모두 빈칸이 된다. 미리 정의하지 않은 매크로는 모두 공란(空欄)이기 때문이다. 예컨대

```
regress mpg `newvar'
```

라는 명령어는

```
regress mpg
```

와 같다. 왜냐하면, newvar라는 매크로는 만들지 않았고 당연하게도 `newvar'는 빈칸이 되기 때문이다.

그러나 AAA 다음에 무엇인가를 입력하면 사정이 달라진다. AAA alpha라고 입력하면 `1'은 alpha가 되고 `2', `3', …… 등은 빈칸이 된다. AAA alpha beta라고 하면 입력한 순서에 맞추어 `1'은 alpha, `2'는 beta가 되고, `3', …… 등은 빈칸이 된다. 과연 그런지 확인해 보자.

```
capture program drop trial
program define trial
    display "The first argument is     |`1'|"
    display "The second argument is  |`2'|"
    display "The third argument is     |`3'|"
```

```
display "The fourth argument is  |`4'|"
end
```

이 프로그램을 실행한 다음 명령 창에 다음 명령어를 입력해 보자.

```
. trial alpha
The first        argument is    | alpha |
The second       argument is    |  |
The third        argument is    |  |
The fourth       argument is    |  |


. trial alpha beta 3+5
The first        argument is    | alpha |
The second       argument is    | beta |
The third        argument is    | 3+5 |
The fourth       argument is    |  |


. trial alpha Idon'tknowwhy shewentthere
The first        argument is    | alpha |
The second       argument is    | Idon'tknowwhy |
The third        argument is    | shewenttere |
The fourth       argument is    |  |
```

이로써 프로그램 이름 다음에 무엇이 이어져도 상관없고, 다만 빈칸(space)이 '1', '2', '3', ……의 내용을 결정한다는 것을 알 수 있다. 빈칸 자체를 '1', '2', '3', …… 등에 포함하고 싶다면 겹따옴표를 사용한다.

```
. trial alpha "I don't know why" "she went there"
The first        argument is    | alpha |
The second       argument is    | I don't know why |
The third        argument is    | she went there |
The fourth       argument is    |  |
```

프로그램과 숫자 매크로의 이런 관계는 매우 유용하다. PISA 자료 분석으로 되돌아가서 이 유용성을 확인해 보자.

```
clear
use pisa03
capture program drop pisa
program define pisa
    corr pv1math pared hisei if cnt=="`1'"
end

pisa AUS
pisa AUT
........
........
pisa USA
exit
```

이 프로그램은 숫자를 매크로로 활용하는 것이 얼마나 편리한지를 보여 준다. 이 프로그램에서 특별히 설명할 것은 없다. 다만 '1'에 겹따옴표를 왜 붙였는지를 해명해 보자. 프로그램이 작동하면 나중에 '1'에는 구체적인 국가 이름이 들어갈 것이다. 예컨대 pisa AUS라고 하면, '1'에는 AUS라는 문자가 들어갈 것이다. 만일 겹따옴표를 치지 않으면, corr pv1math pared hisei if cnt==`1'은 corr pv1math pared hisei if cnt==AUS가 된다. 이는 오류다. 왜냐하면, cnt 변수는 문자변수고 '1'자리에 들어갈 문자는 항상 겹따옴표로 둘러싸야 하기 때문이다. 다시 말해 corr pv1math pared hisei if cnt=="AUS"라고 해야 한다. 그러므로 if 절이 적절하려면 `1'이 아니라 "`1'"이 되어야 한다.

3. 글로벌 매크로

지금까지 매크로를 만들고 이를 활용하는 방법을 다루었다. 이 매크로를 로컬 매크로(local macro)라고 하는데, 이렇게 이름 붙인 것은 이 매크로가 특정 프로그램에서만(특정 지역에서만) 국지적으로 효력을 발휘하기 때문이다. do 파일이든 ado 파일이든 또는 이 파일 안의 작은 프로그램이든, 프로그램이 끝나면 로컬 매크로는 효력을 잃는다. 과연 그러한지 예를 들어 보자. 아래의 do 파일을 실행해 보자.

```
clear

local i "This is a test for the property of local macro"
capture program drop trial
program define trial
    local i "How do you do?"
    disp "`i'"
end

capture program drop trial2
program define trial2
    local i "Nice to meet you."
    disp "`i'"
end

display "`i'"
trial
trial2
exit
```

이 do 파일을 실행한 결과는 다음과 같다.

```
. display "`i'"
This is a test for the property of local macro

. trial
How do you do?

. trial2
Nice to meet you.
```

이 do 파일에서 매크로 i는 세 개의 내용을 갖는다. 첫째 i는 do 파일 안에서 규정된 문자열이다. 둘째 i는 trial 프로그램 안에 있는 것이고, 셋째 i는 trial2에 있는 매크로다.

앞 예문에서 보듯 각 프로그램 안에서 매크로 `i'는 정상 작동한다. 프로그램 안에 있는 매크로 i는 프로그램을 실행할 때 출력된다. 그러나 프로그램이 끝나면 i는 내용을 잊고 사라진다. 그러므로 프로그램 밖에서 display "`i'" 하면, 프로그램 안에 있는 `i'를 출력하지 않는다.

프로그램 밖에서도 매크로 `i'는 정상 작동한다. 프로그램 밖에서 display "`i'"라는 명령을 내리면 do 파일의 `i', 즉 "This is a test for the property of local macro"라는 문자열을 출력한다. 그러나 do 파일이 끝난 다음 명령 창에 display "`i'"를 쳐 보라. 아무런 응답도 없다. 오류 신호가 뜨지 않은 것으로 보아 오류는 아니다. 그러면 왜 응답을 하지 않는가? 응답을 하지 않은 게 아니라 빈칸을 출력한 것이다. do 프로그램이 끝났기 때문에 `i'는 내용을 잊고 빈칸을 출력한 것이다.

이렇게 매크로는 do 파일이나 프로그램 안에서만 유효하기 때문에 다른 프로그램에서 같은 이름의 매크로를 사용한다 하더라도 그 내용은 전혀 다를 수 있다. 위의 trial과 trial2 프로그램에서 똑같은 이름의 매크로, `i'는 전혀 다른 내용을 출력한다.

로컬 매크로는 여러모로 유용하지만 약간의 한계를 노정한다. 그 한계의 예를 들어 보자.

```
clear
sysuse auto
local k "mpg"

capture program drop auto1
program define auto1
   sum `k' if foreign
end

capture program drop auto2
program define auto2
   reg price `k' weight
end
exit
```

auto1 프로그램으로 분석하려는 것은 아마도

sum mpg if foreign

일 것이고, auto2 프로그램으로 분석하고 싶은 것은

reg price mpg weight

일 것이다. 과연 프로그램이 의도대로 움직이는지를 보자. 위 프로그램을 실행한 후
명령 창에 프로그램 이름인 **auto1**와 **auto2**를 쳐 보자.

```
. auto1
```

Variable	Obs	Mean	Std. Dev.	Min	Max
make	0				
price	22	6384.682	2621.915	3748	12990
mpg	22	24.77273	6.611187	14	41
rep78	21	4.285714	.7171372	3	5
headroom	22	2.613636	.4862837	1.5	3.5
trunk	22	11.40909	3.216906	5	16
weight	22	2315.909	433.0035	1760	3420
length	22	168.5455	13.68255	142	193
turn	22	35.40909	1.501082	32	38
displacement	22	111.2273	24.88054	79	163
gear_ratio	22	3.507273	.2969076	2.98	3.89
foreign	22	1	0	1	1

```
. auto2
```

Source	SS	df	MS			
				Number of obs	=	74
				F(1, 72)	=	29.42
Model	184233937	1	184233937	Prob > F	=	2502.3
Residual	450831459	72	6261548.04	R-squared	=	0.0000
				Adj R-squared	=	0.2901
Total	635065396	73	8699525.97	Root MSE	=	0.2802

price	Coef.	Std. Err.	t	P>|t|	[95% Conf. Interval]	
weight	2.044063	.3768341	5.42	0.000	1.292857	2.795268
_cons	-6.707353	1174.43	-0.01	0.995	-2347.89	2334.475

이 결과는 의도한 바와 전혀 다르다. auto1 프로그램에서 sum mpg if foreign이 실행된 것이 아니라 sum if foreign이 실행되었다. 그리하여 모든 변수의 요약 통계치가 제시되었다(summarize 명령 뒤에 아무것도 입력하지 않는다는 것은 모든 변수의 이름을 입력한 것과 같다). auto2 프로그램에서는 reg price mpg weight가 실행되지 않고 reg price weight가 실행되었다. 요컨대 로컬 매크로 `k'가 빈칸으로 인지되었다는 것이다. 왜 이런 결과가 나왔는가? do 파일에서는 로컬 매크로 `k'를 정의하였으나 프로그램 auto1과 auto2는 이를 정의하지 않았기 때문이다.

이런 한계와 불편을 극복하는 한 방편은 글로벌 매크로를 도입하는 것이다. 글로벌 매크로는 모든 프로그램에 적용되고, 심지어는 프로그램이 끝나도 메모리에 상주하는 매크로다. 위 프로그램을 다음과 같이 수정해서 실행하고 명령 창에 auto1, auto2라고 순차적으로 입력해 보자.

```
clear
sysuse auto
global k "mpg"                    // modified

capture program drop auto1
program define auto
    sum $k if foreign            // modified
end

capture program drop auto2
program define auto2
    reg price $k weight          // modified
end
exit
```

모든 프로그램에 적용되는 글로벌 매크로 덕분에 우리가 애초에 원하던 결과를 얻을 수 있다.

글로벌 매크로를 설정하는 방법은 로컬 매크로와 같다. 그 내용을 표현하는 방법이 다를 뿐이다.

```
global  macroname  [=]  exp
```

예컨대

```
. global  j=1
. global  k  3
. global  basevar="foreign"
. global  vlist  "weight  length  foreign"
```

그러나 로컬 매크로와는 달리, 숫자를 이 글로벌 매크로의 이름으로 쓸 수 없다. 예를 들자면,

```
global  1  "foreign"
```

이라고 할 수 없다. 또한, 매크로 내용을 지칭할 때는 로컬 매크로와 달리 $ 부호를 앞에 붙인다.

```
. display  $j
. display  $k
. display  "$basevar"
. display  "$vlist"
```

4. 확장 매크로

local이나 global 명령어는 확장 함수를 갖는다. 이 확장 함수는 다음 형태를 띤다.

```
local  macro_name:  …
```

예를 들어

```
. local  x:  type  mpg
```

```
. local y: display %9.4f sqrt(2)
```

첫째 매크로 x는 mpg 변수의 '형식'을 저장하고, 둘째 매크로 y는 $\sqrt{2}$ 의 값을 소수점 넷째 자리까지 저장한다.

```
. display "`x'"
int

. disp `y'
  1.4142
```

확장 매크로 형태는 수없이 많다(cf. Stata Co, 2005: 183-189). 그러나 여기서는 프로그램에서 자주 쓰는 몇 가지 확장 매크로만 보자.

```
word count string
```

이는 *string*에 포함된 요소(token) 개수를 세서 특정 매크로에 저장하라는 명령이다. 예컨대

```
. local varlist "mpg weight foreign"
. local wds: word count `varlist'
```

둘째 명령어는 varlist가 포함하는 요소 개수를 wds라는 매크로에 저장한다.

```
. display `wds'
3
```

다른 한편,

```
word # of string
```

은 *string*의 #번째 요소를 특정 매크로에 저장하라는 의미다.

```
. local varlist "mpg weight foreign"
. local second: word 2 of `varlist'
. display "`second'"
weight
```

이런 확장 매크로는 프로그래밍에 여러모로 유용한데, 이 매크로는 이 책의 2부에
서 여러 방식으로 응용할 것이다.

5. 스칼라

스칼라는 매크로처럼 대명사 구실을 한다. 다른 점이라고는 매크로는 문자나 숫자
등 아무거나 대신할 수 있지만, 스칼라는 숫자만 대리한다는 것이다.

```
. drop _all
. scalar x=3
. display x
3

. display x+2
5

. scalar y=-2.15/2
. display y
-1.075

. display x+y
1.925
```

스칼라는 이름과 내용으로 이루어져 있는데, 스칼라 내용은 이름을 입력함으로써
얻을 수 있다. 매크로를 만들 때는 등호(=)가 있어도 좋고 없어도 되지만 스칼라를
만들 때는 반드시 등호를 붙여야 한다. 매크로와 스칼라가 같은 이름을 가져도 Stata
는 이를 구별한다.

```
. local x 5
. scalar x=3
. display `x'
5

. display x
3

. display `x'+1
6

. display x+1
4
```

매크로는 같은 이름의 변수와 구별되지만, 스칼라는 구별되지 않는다. 다음과 같은 do 파일을 만들어 보자.

```
clear
input x
  1
  2
end
scalar x=3
display x
exit
```

이 파일을 실행한 결과는 다음과 같다.

```
. clear
. input x
            x
  1.   1
  2.   2
  3.   end

. scalar x=3
. display x
```

                1

        . exit

    display x라는 명령어의 결과는 x 변수의 첫 번째 값인 1이다. 같은 이름을 가진 변수와 스칼라가 동시에 존재할 때는 Stata는 변수를 우선한다. 이럴 때 스칼라를 나타내는 방법은 다음과 같다.

        . display scalar(x)

    그러나 이런 방식은 불편하다. 이런 불편을 회피하는 방법은 변수와 구별되는 이름을 붙이는 것이다. 같은 이름의 변수와 구별하는 가장 쉬운 방법은 임시 이름을 붙이는 것이다. 임시 이름을 붙이는 방법은 조금 뒤에 논의한다.

    매크로와 스칼라가 거의 같고, 매크로의 활용 범위가 더 넓은데, 왜 굳이 스칼라가 필요한가? 스칼라는 매크로가 갖지 못하는 장점이 있기 때문이다. 스칼라는 매크로보다 더 정교한 숫자를 저장한다. 매크로는 숫자를 12자리로 저장하지만, 스칼라는 16자리로 저장한다. 그러므로 정교한 숫자 계산을 원할 때는 매크로보다 스칼라를 사용하는 것이 더 낫다.

6. 임시 변수와 임시 파일

    임시 변수나 임시 파일이란 문자 그대로 프로그램이 작동할 때만 임시로 존재하고, 프로그램이 작업을 마치면 저절로 사라지는 변수나 파일이다. 이 변수나 파일을 만드는 방법은 간단하다. 변수를 만들 때는 tempvar 명령어를, 스칼라나 행렬을 만들 때는 tempname, 파일을 만들 때는 tempfile 명령어를 쓰면 된다. 예를 들어 보자.

        tempvar lnmpg

여기서 tempvar는 lnmpg라는 임시 변수 이름을 만들라는 명령어다. tempvar 명령어로 만든 임시 변수의 내용을 채울 때는 매크로 형태(`')를 사용한다. 실제로 이 임시 변수는 매크로인데, 위 명령은 다음과 같이 바꿔 쓸 수 있다.

```
local lnmpg: tempvar
```

tempvar 명령으로 임시 변수 이름은 만들었지만, 이 변수의 내용은 아직 비어 있다. 이 변수의 내용은 추후 명령으로 채운다. 이 변수는 매크로여서 매크로 따옴표를 붙여야 한다는 점에 유의하라.

```
gen `lnmpg'=ln(mpg)
```

이 변수는 프로그램이 실행하는 동안만 존재할 뿐 곧 사라진다. 확인해 보자.

```
clear
sysuse auto, clear
capture program drop trial
program trial
   tempvar lnmpg
   quietly gen `lnmpg'=1/ln(mpg)
   list mpg `lnmpg' in 1/5
   describe
end
```

이 파일에서 quietly는 다음 명령, 즉 generate라는 명령을 실행하되, 그 결과를 화면에 출력하지 말라는 명령이다. 어쨌든 이 do 파일을 실행하고, 명령 창에 trial이라고 입력해 보자.

```
. trial
```

	mpg	_000000
1.	22	3.091043
2.	17	2.833213
3.	22	3.091043
4.	10	2.995732
5.	15	2.70805

```
Contains data from C: \Program Files\Stata10\ado\base/a/auto.dta
  obs:                74                      1978 Automobile Data
  vars:               13                      13 Apr 2007 17:45
  size:               3,774 (99.9% of memory free)   (_dta has notes)
```

variable name	storage type	display format	value label	variable label
make	str18	%-18s		Make and Model
price	int	%8.0gc		Price
mpg	int	%8.0g		Mileage(mpg)
rep78	int	%8.0g		Repair Record 1978
headroom	float	%6.1f		Headroom (in.)
trunk	int	%8.0g		Trunk space (cu. ft.)
weight	int	%8.0gc		Weight (lbs.)
length	int	%8.0g		Leng (in.)
turn	int	%8.0g		Turn Circle (cu. in.)
displacement	int	%8.0g		Displacement (cu. in.)
gear_ratio	float	%6.2f		Gear Ratio
foreign	byte	%8.0g	origin	Car type
__000000	float	%9.0g		

```
Sorted by: foreign
```

trial이라는 프로그램이 끝나기 전에 describe라는 명령어가 실행된다. 프로그램이 끝나기 전의 변수 개요를 살펴보면, _000000이라는 변수가 보인다. 이것이 'lnmpg'라는 임시 변수를 Stata가 인지한 형태다(이름이 보기 흉해도 우리가 신경 쓸 필요는 없다. 기계가 알아보면 그만이다). 그러나 프로그램이 끝나는 순간 이 임시 변수는 곧 사라진다. 프로그램을 끝낸 후 명령 창에 describe를 입력하면, _000000 변수가 없어진 것을 볼 수 있다.

```
. describe
Contains data from C: \Program Files\Stata10\ado\base/a/auto.dta
  obs:      74                               1978 Automobile Data
  vars:     12                               13 Apr 2007 17:45
  size:     3,478    (99.9% of memory free)   (_dta has notes)
```

variable name	storage type	display format	value label	variable label
make	str18	%-18s		Make and Model
price	int	%8.0gc		Price

mpg	int	%8.0g		Mileage(mpg)
rep78	int	%8.0g		Repair Record 1978
headroom	float	%6.1f		Headroom (in.)
trunk	int	%8.0g		Trunk space (cu. ft.)
weight	int	%8.0gc		Weight (lbs.)
length	int	%8.0g		Leng (in.)
turn	int	%8.0g		Turn Circle (cu. in.)
displacement	int	%8.0g		Displacement (cu. in.)
gear_ratio	float	%6.2f		Gear Ratio
foreign	byte	%8.0g	origin	Car type

Sorted by: foreign

이렇게 프로그램을 실행할 때만 존재하는 것이 변수에 그치는 것은 아니다. 스칼라나 행렬도 임시로 만들 수 있다. 임시 스칼라나 임시 행렬의 내용을 채울 때도 임시 이름에 매크로 따옴표를 붙이는 것에 주의하라.

```
clear
sysuse auto
tempname N sum mean A
quietly summarize mpg, d
scalar `N'=r(N)
scalar `sum'=r(sum)
scalar `mean'=`sum'/`N'
matrix `A'=(1,2,3\4,5,6\7,8,9)
display `mean'
matrix list `A'
exit

.  display `mean'
21.297297

.  matrix list `A'

_000005[3,3]
      c1   c2   c3
r1    1    2    3
r2    4    5    6
r3    7    8    9
```

파일도 임시 파일을 만들 수 있다. 어떤 필요가 생겨 auto.dta 데이터에서 mpg,

weight, foreign 변수만 분리해서 한 파일을 만들고, mpg, length, rep78 변수만 분리해서 다른 파일을 만든다고 해 보자. 그리고 이 각 파일을 분석한 다음에는 그 두 파일을 버려도 좋다고 해 보자.

```
clear
sysuse auto
tempfile abc cde                    // note
keep mpg weight foreign
save `abc', replace                 // note

sysuse auto, clear
keep mpg length rep78
save `cde', replace                 // note

use `abc', clear                    // note
list in 1/5
use `cde', clear                    // note
list in 1/5
exit
```

이 do 파일을 실행해 보자. 우리가 원하는 대로 `abc'.dta는 mpg, weight, foreign이라는 변수만을, `cde'.dta는 mpg, rep78, length 변수만을 포함한다.

```
. use `abc', clear
. list in 1/5
```

	mpg	weight	foreign
1.	22	2,930	Domestic
2.	17	3,350	Domestic
3.	22	2,640	Domestic
4.	20	3,250	Domestic
5.	15	4,080	Domestic

```
. use `cde', clear
. list in 1/5
```

	mpg	rep78	length
1.	22	3	186
2.	17	3	173
3.	22	.	168
4.	20	3	196
5.	15	4	222

그러나 이런 프로그램이 모두 끝나고, 즉 do 파일이 끝난 후에, 명령 창에

```
. dir *.dta
```

라고 입력해 보라. abc.dta 또는 `abc'.dta를 찾을 수 없다.

```
. use `abc'.dta
```

라고 명령해도 오류 신호만 읽을 수 있다. do 파일이 끝나면 임시 파일도 사라지기 때문이다.

제3장 | 이어 돌기와 가지치기

1. 이어 돌기

같거나 유사한 작업을 여러 번 반복해야 할 때가 있다. 또는 비슷한 일을 하나씩 차례로 진행해야 할 때가 있다. 이때 이어 돌기(looping)를 사용한다. Stata가 제공하는 이어 돌기 방법은 여러 가지다. 이 장에서는 이를 논의한다.[3]

1) while

이어 돌기의 고전적 방법은 매크로를 포함한 while 명령문을 사용하는 것이다. while 명령문의 기본 구조는 다음과 같다.

```
local  i=1
while `i'<= n {
    stat_cmds
    local  i=`i'+1
}
```

이 명령문의 의미는 매크로 `i'가 1에서 시작하여 n이 되기까지 Stata 명령, 즉 stat_cmds를 반복하라는 것이다. 예를 들어 설명해 보자. 1부터 10까지 화면에 인쇄하라는 프로그램은 다음과 같다.

```
program  define  ten          // 1
    local  i=1                 // 2
    while `i'<=10 {            // 3
        display `i'            // 4
```

---

3) 이 절의 논의는 Stata Corp.(1999)와 Cox(2002)를 참조하였다.

```
        local  i = `i' +1              // 5
    }                                  // 6
end                                    // 7
```

이어 돌기를 이해하려면 이 명령문을 하나씩 검토할 필요가 있다.

1행: program define ten

앞장에서 이미 본 바와 같이, 이는 프로그램을 만드는 명령어다.

2행: local i = 1

i라는 이름의 매크로에 1을 저장한다. 그러므로 `i' = 1일 것이다.

3행: while `i' < =10 {

이어 돌기의 시작을 알린다. 중괄호의 시작은 while 선언문 끝에 놓인다. `i'는 i 매
크로의 내용을 지칭하고, 이것이 10에 이를 때까지 반복하라는 것을 지시한다.

4행: display `i'

i 매크로의 내용을 출력하라는 명령이다. 앞에서 보았듯 `i'는 1이므로 맨 처음에
는 1을 출력할 것이다.

5행: local i = `i' +1

왼쪽의 i에는 따옴표가 붙어 있지 않다. 이것은 local 명령어 구문과 일치한다.

    local *macroname=expression*

등호(=)의 오른쪽은 `i' +1이다. 우리가 1을 더하고 싶은 것은 i가 아니라 i의 내
용, 즉 `i'이기 때문에 이런 식으로 표기한다. 처음에 `i'는 1이므로 local i = 1 +1이
되고, 왼쪽 i에 2를 저장한다. 그러므로 새로 만들어지는 `i'는 2가 된다. `}'를 만나
다시 while 구문 안의 첫 명령으로 돌아가 display `i' 명령을 수행할 때는 2를 출력한

다. 다음 돌기에서 local i='i'+1은 local i=2+1이 되고 'i'는 3이다. 그러므로 다음 번에 display 'i'는 3을 출력한다. 이런 순서로 'i'가 10이 될 때까지 반복한다.

6행: while 구문의 끝을 알린다. 중괄호는 줄을 바꾸어 새 줄에 넣는다.

7행: end는 프로그램의 끝을 알린다.

이제 프로그램을 완성했으니 이를 실행한 다음 명령 창에 프로그램 이름을 넣어 보자. 의도한 결과를 얻을 수 있다.

```
. ten
1
2
3
4
5
6
7
8
9
10
```

이런 구조를 갖는 while 문은 다른 형태로 바꾸어 쓸 수 있다.

```
capture program drop ten
program define ten
  local i=1
  while `i'<=10 {
    display `i'
    local ++i                    // modified
  }
end
```

어떤 형태의 while 문을 선택할 것인지는 사용자의 취향에 달렸다. 다만 최근 들어 후자를 사용하는 빈도가 더 높아진 듯하다.

이어 돌기를 할 때 처음에 설정하는 매크로 값과 local ++i 명령어를 넣은 위치에 주의해야 한다. 예를 들어 보자. 위 예에서 처음에 설정하는 매크로 값을 0으로 하면 결과는 어떻게 달라질 것인가?

```
capture program drop ten2
program define ten2
  local i=0                          // modified
  while `i'<=10 {
    display `i'
    local ++i
  }
end
```

논리적으로 생각하면 쉽다. 맨 먼저 `i'가 0이므로 display `i'는 0을 출력한다. 그런 다음 `i'가 10이 될 때까지 반복한다. 즉 0에서 10까지 출력한다.

```
. ten2
0
1
2
3
4
5
6
7
8
9
10
```

while 구문에서 local ++i를 display 명령어 앞으로 이동하면 결과는 어떻게 달라지는가?

```
capture program drop ten3
```

```
program define ten3
  local i=1
  while `i'<=10 {
    local ++i
    display `i'
  }
end
```

이 구문에서 `i'는 1부터 시작한다. 이어 돌기에 들어가자마자 `i'에 1을 더한다. 그러므로 새로 만든 매크로 i의 값은 2가 되고, **display** `i' 명령어는 2를 출력한다. `i'가 10이 되면 이어 돌기에서 `i'는 이에 1을 더하여 11이 되므로 **display** `i'는 11을 출력한다.

```
. ten3
2
3
4
5
6
7
8
9
10
11
```

지금까지 이어 돌기의 기본 원리를 이해하였다. 이제 이어 돌기의 몇 가지 활용 예를 살펴 이어 돌기를 충분히 이해해 보자.

1부터 100까지의 합은 얼마인가? 앞 프로그램을 조금 변형하면 이 문제를 해결하는 프로그램을 곧바로 작성할 수 있다.

```
capture program drop hundred
program define hundred
  local i=1
  local sum=0
  while `i'<=100 {
```

```
      local  sum = `sum' + `i'
      local  ++i
   }
   display  `sum'
end

. hundred
5050
```

이 프로그램에서 애초에 `sum'은 0이고, `i'는 1이다. 그러므로 매크로 sum은 1이 된다. 두 번째 돌기에서 `sum'은 1이고 `i'는 2다. 그러므로 `sum'+`i'는 3이다. 세 번째 돌기에서 `sum'은 3이고 `i'는 3이다. 그러므로 `sum'+`i'는 6이다. 이런 식으로 `i'가 100이 될 때까지 가면 1부터 100까지를 합하게 된다.

단순한 연습용 프로그램이 아니라 실제적이고 실용적인 프로그램을 만들어 보자. PISA 한국 자료는 전국에서 모두 149개의 학교를 표집하였다. 수학 성적(pv1math)의 학교 평균은 학교(schoolid)마다 얼마나 다를 것인가? 이를 아는 가장 원시적 방법은 학교마다 성적 평균을 구하는 것이다.

```
clear
use pisa03
keep if cnt=="KOR"
sum pv1math if schoolid==1
sum pv1math if schoolid==2
.......................
.......................
sum pv1math if schoolid==149
exit
```

이런 절차는 명쾌하지만 지루하다. 이어 돌기를 사용하면 동일 명령을 149번이나 반복하는 번거로운 절차를 많이 단순화할 수 있다.

```
clear
use pisa03
keep if cnt=="KOR"
```

```
local i=1
while `i'<=149 {
  display "School Number is `i'"      // identifier
  sum pv1math if schoolid==`i'
  local ++i
  display                              // line coordinator
}
exit
```

이 프로그램을 실행해 보라. 여기서 마지막 display 명령은 그저 빈 줄을 끼워 넣어 출력 결과를 쉽게 확인하려고 삽입하였다.

2) 매크로 전환

while 구문을 사용하여 이어 돌기를 하는 또 하나의 방법은 매크로를 전환(macro shifting) 하는 것이다. macro shift 명령어는 매크로에 투입하는 값을 순차적으로 바꾼다. 예컨대 어떤 프로그램 X가 있다고 하자.

```
program define X
  stat_cmds
end
```

앞에서 보았던 것처럼, 이 프로그램의 이름은 Stata의 명령어처럼 사용한다. 이 프로그램에 투입하는 값, 즉 전달 인자가 다음과 같다고 하자.

```
X alpha beta gamma
```

이렇게 명령하면 숫자 매크로 `1'은 alpha, `2'는 beta, `3'은 gamma가 되고, `4', `5', `6' 등은 빈칸이 된다. 그러나 이어 돌기 구문에서 macro shift 명령어를 만나면, 다음 돌기에서는 매크로 `2'의 내용은 `1'이 되고, `3'의 내용은 `2'가 된다. 다시 말해 `1'은 beta가 되고, `2'는 gamma, `3'은 빈칸이 된다. 다음 이어 돌기에서는 `1'은 gamma가 되고, `2' 이하는 빈칸이다. 네 번째 돌기에서는 `1'부터 모두 빈칸이 된다.

이런 형태의 이어 돌기, 즉 매크로 전환의 구조는 다음과 같다.

```
while "`1'"~="" {
    stat_cmds
    macro shift
}
```

이 구문의 형태는 앞의 while 구문과 상당히 다르다. 첫째, while 구문의 도입부에서 문자 매크로 `i'가 나오는 것이 아니라 숫자 매크로 `1'이 등장하는 것에 주의하자. 둘째, `1'에 겹따옴표를 붙여 "`1'"로 표시하였음에 유의하자. 앞에서 보았듯, `1'은 프로그램 이름(명령어) 다음에 투입할 문자나 숫자다.[4] 조건 (부)등호 뒤에 ""는 빈칸(공백)이라는 것을 나타낸다. stat_cmds는 수행해야 할 Stata 명령이고, macro shift는 매크로를 전환하라는 명령이다. 실례를 들어 이 구문을 이해하는 편이 훨씬 쉽다.

```
clear
sysuse auto
capture program drop X
program define X
while "`1'"~="" {
    summarize `1'
    macro shift
}
end

X mpg weight length
exit
```

이 파일을 실행하면 다음과 같은 결과를 얻는다.

```
clear
sysuse auto
```

---

4) `1'에 왜 겹따옴표를 붙였는가? `1'을 문자열로 보았기 때문이다. 말하자면 `1' 그 자체를 생각하고 싶은 것이지 `1'의 내용에 관심을 두고 싶지 않기 때문이다.

(1978 Automobile Data)

```
capture program drop X
program define X
  1.    while " ` 1'"~="" {
  2.        summarize  ` 1'
  3.        macro shift
  4.    }
  5.    end
```

. X mpg weight length

Variable	Obs	Mean	Std. Dev.	Min	Max
mpg	74	21.2973	5.785503	12	41

Variable	Obs	Mean	Std. Dev.	Min	Max
weight	74	3019.459	777.1936	1760	4840

Variable	Obs	Mean	Std. Dev.	Min	Max
length	74	187.9324	22.26634	142	233

. exit

왜 이런 결과를 얻게 되었는가? 차근차근 따져 보자. 매크로 내용은 다음과 같은 과정을 밟아 변한다.

매크로 상태	프로그램 구문	명령 수행 내용
`1'은 mpg `2'는 weight `3'은 length		

	while "`1'"~="" {
	while "mpg"~="" {
	  summarize mpg
	  mac shift
		• 이 문장은 아래처럼 바뀐다.
		• 조건식이 맞다. 이어 돌기로 진입한다.
		• mpg의 기술통계치를 출력한다.
		• 아래 왼쪽 칸처럼 매크로를 전환한다.

`1'은 weight `2'는 length		

	}
	while "`1'"~="" {
	while "weight"~="" {
	  summarize weight
	  macro shift
		• while 문으로 돌아간다.
		• 이 문장은 아래처럼 바뀐다.
		• 조건식이 맞다. 이어 돌기로 진입한다.
		• weight의 기술통계치를 출력한다.
		• 아래 왼쪽 칸처럼 매크로를 전환한다.

`1'은 length		
	}	• while 문으로 다시 돌아간다.

매크로 상태	프로그램 구문	명령 수행 내용

	while "`1'"~="" {
	while "length"~="" {
	   summarize length
	   macro shift
		● 이 문장은 아래처럼 바뀐다.
		● 조건식이 맞다. 이어 돌기에 진입한다.
		● length의 기술통계치를 출력한다.
		● 아래 왼쪽 칸처럼 매크로를 전환한다.

`1'은 "" (없음)		

	}
	while "`1'"~="" {
	while ""~="" {
		● while 문으로 되돌아간다.
		● 이 문장은 아래와 같이 바뀐다.
		● 조건이 맞지 않는다. 명령을 수행하지 않고 이어 돌기를 멈
		춘다.

만일 while "`1'"~="" 구문에서 겹따옴표가 빠졌다고 생각하면, 즉 while `1'~=""
이라면, 맨 마지막 전환에서 while `1'~=""은 while ~=""가 된다. 이것은 문법적으
로 맞지 않는다. 문법에 맞으려면 while ""~=""이 되어야 한다. 이것이 while 구문에
서 `1'에 겹따옴표를 붙인 이유다. 그러나 summarize `1'의 `1'에는 겹따옴표를 붙이
지 않는다. 우리가 summarize mpg라고 명령하지 summarize "mpg"라고 명령하지 않
기 때문이다.

어쨌든 이런 매크로 전환은 때때로 매우 유용하다. 실용적인 예를 들어 보자. PISA
자료에서 OECD 회원국 30개 국가의 수학 성적(pv1math)의 평균을 구해 보자.[5]

```
clear
use pisa03
// analyzing only the OECD countries
keep if oecd==1                              // 분석 대상을 회원국으로 한정

capture program drop pisa
program define pisa
  while "`1'"~="" {
    disp "math score mean of `1'"            /* 국가 식별용 주석 */
    sum pv1math if cnt=="`1'"                 /* 국가별 수학 성적 평균 산출 */
    mac shift
  }
end
```

---

5) 여기서는 수학 성적을 pv1math로 측정하였다. 그러나 실제의 수학 성적은 더 복잡한 방식으로 측정한다. PISA
   자료에서 수학 성적의 평균을 구하는 방식은 제15장을 참조하라.

```
pisa AUS AUT BEL CAN CHE CZE DEU DNK ESP   ///
     FIN FRA GBR GRC HUN IRL ISL ITA JPN       ///
     KOR LUX MEX NLD NLD NZL POL PRT SVK ///
     SWE TUR USA
exit
```

이 프로그램을 실행하면, sum pv1math if cnt＝＝"`1'"의 `1'에 AUS에서 USA까지 나라 약호가 순차적으로 들어간다.

3) foreach

while 구문은 매우 유용하다. 그러나 오늘날에는 이 대신 foreach나 forvalues 구문을 더 많이 사용한다. 이들 구문은 while 문보다 훨씬 간결하고 작업 수행 시간도 짧기 때문이다(Cox, 2002). foreach 구문은 두 가지다. 하나는 foreach ~ in ≈ 구문이고, 다른 하나는 foreach ~ of ≈ 구문이다. 먼저 foreach ~ in ≈ 구문부터 살펴보자.

```
foreach macro_name in list_of_variables {
    stat_cmds using macro
}
```

이 구문의 특징은 다음과 같다.

① foreach 다음에 곧바로 매크로 이름을 써넣는다.
② in 다음에는 개별 요소를 지정한다. 비유가 다소 어색하지만, 억지를 쓰자면 in 을 individual의 약자(略字)라고 생각하면 된다. in 다음에는 개별 요소를 나열한다.
③ 매크로 이름을 포함한 몇 가지 명령은 시작 중괄호({) 아래에 그리고 끝 중괄호 (}) 위에 배치한다. { }의 위치에 주의하라. 이 위치는 while 문의 그것과 같다.
④ foreach 문장이 끝나면 매크로는 곧 사라진다.

foreach 구문을 이해하려면 이런 설명보다 몇 가지 예를 드는 편이 더 낫다.

```
clear
sysuse auto
foreach j in 2 3 4 {
   gen mpg_`j'=`j'*mpg
}
exit
```

foreach 구문 안에 있는 명령어 gen mpg_`j'=`j'*mpg에서 `j'는 2, 3, 4라는 값을 갖는다. 그러므로 위 구문은 다음 변수를 순차적으로 만들라는 뜻이 된다.

```
gen mpg_2=2*mpg
gen mpg_3=3*mpg
gen mpg_4=4*mpg
```

위 do 파일을 실행한 후에 명령 창에서 다음 명령을 입력해 보라. 원하는 결과가 만들어졌음을 확인할 수 있다.

```
. list mpg mpg_2 mpg_3 mpg_4 in 1/5
```

	mpg	mpg_2	mpg_3	mpg_4
1.	22	44	66	88
2.	17	34	51	68
3.	22	44	66	88
4.	20	40	60	80
5.	15	30	45	60

이 구문을 이해하기 쉽게, while 문을 사용했던 앞의 예를 foreach 문으로 바꾸어 보자.

```
clear
use pisa03
keep if oecd==1
```

```
foreach c in AUS AUT BEL CAN CHE CZE DEU ///
            DNK ESP FIN FRA GBR GRC HUN  ///
            IRL ISL ITA JPN KOR LUX MEX   ///
            NLD NLD NZL POL PRT SVK SWE   ///
            TUR USA  {
    disp "math score mean of `c'"
    sum pv1math if cnt = ="`c'"
}
exit
```

이상의 예로 알 수 있듯, foreach 구문은 while 구문보다 훨씬 더 간략하고 이해하기도 쉽다. 위의 예로 앞의 1), 2), 3)의 속성을 쉽게 이해할 수 있다. 그러나 네 번째 속성, 즉 foreach 구문이 끝났을 때, 매크로는 사라지는지는 확실하지 않다. 확인해 보자.

```
sysuse auto, clear
foreach v in mpg weight {
    sum `v'
}
sum `v'
exit
```

```
. foreach v in mpg weight {
  2.   sum `v'
  3.  }
```

Variable	Obs	Mean	Std. Dev.	Min	Max
mpg	74	21.2973	5.785503	12	41

Variable	Obs	Mean	Std. Dev.	Min	Max
weight	74	3019.459	777.1936	1760	4840

```
· sum `v'
```

Variable	Obs	Mean	Std. Dev.	Min	Max
make	0				
price	74	6165.257	2949.496	3291	15906
mpg	74	21.2973	5.785503	12	41
rep78	69	3.405797	.9899323	1	5
headroom	74	2.993243	.8459948	1.5	5

trunk	74	13.75676	4.277404	5	23
weight	74	3019.459	777.1936	1760	4840
length	74	187.9324	22.26634	142	233
turn	74	39.64865	4.399354	31	51
displacemet	74	197.2973	91.83722	79	425
gear_ratio	74	3.014865	.4562871	2.19	3.89
foreign	74	.2972973	.4601885	0	1

foreach 구문 안에서 `v'는 mpg나 weight가 된다. 그러므로 sum `v'라는 명령어는 sum mpg와 sum weight의 결과를 차례로 출력한다. 그러나 foreach 구문이 끝나면 `v'는 빈칸이 된다. 다시 말해 sum `v'는 그저 sum이 된다. summarize 명령어 다음에 아무런 변수도 삽입하지 않으면 위에서 보는 것처럼 모든 변수의 기술통계치를 제시한다. 이로써 매크로 v는 foreach 구문 안에서만 설정된다는 것을 쉽게 확인할 수 있다.

이렇게 간편한 foreach 구문에는 또 하나의 문법이 있다. foreach ∼ of ≈ 구문이 바로 그것이다.

```
foreach macro_name of listtype list_of_variables {
    stat_cmds using macro
}
```

foreach ∼ in ≈ 의 목록(≈)에는 목록의 개별 요소를 나열하지만 foreach ∼ of ≈ 의 목록(≈)에는 목록의 범위나 목록 이름을 넣는다. 단 목록 범위나 목록 이름 앞에는 목록 유형(list type)을 제시해야 한다. 목록 유형은 다섯 가지고, 이는 첫 세 글자로 축약할 수 있다.

varlist : 변수
newlist : 새 변수
numlist : 숫자
local   : 로컬 매크로
global   : 글로벌 매크로

일반적으로 foreach ~ of ≈ 가 foreach ~ in ≈ 보다 훨씬 더 강력하고 유용한데, 이 구문의 힘과 유용성은 foreach ~ in ≈ 구문을 foreach ~ of ≈ 구문으로 바꾸어 보면 쉽게 짐작할 수 있다.

```
clear
sysuse auto
foreach j of numlist 2/4 {
    gen mpg_`j'=`j'*mpg
}
exit
```

이 예문이 foreach ~ in ≈ 구문과 다른 점은 numlist라는 목록 유형을 명시했다는 것이고, 그 다음에 숫자 범위를 제시했다는 것이다. 이런 구문은 foreach ~ in ≈ 구문보다 크게 나아진 것 같지 않다. 그러나 다음 예문은 foreach ~ of ≈ 구문의 우월성을 보여 준다.

```
clear
use pisa03
keep if oecd==1
local country AUS AUT BEL CAN CHE CZE DEU DNK ESP FIN FRA GBR GRC ///
              HUN IRL ISL ITA JPN KOR LUX MEX NLD NLD NZL POL PRT ///
              SVK SWE TUR USA
foreach v of local country {
    disp "math score mean of `v'"
    sum pv1math if cnt=="`v'"
}
exit
```

여기서 주목할 것은 foreach v of local country 명령이다. 목록 유형을 local이라고 하여 목록 유형이 로컬 매크로임을 분명히 하였고, 그 다음에 목록 이름(country)을 제시하였다. 물론 그 목록 이름은 local 명령으로 그 이전에 이미 만들었다. 이 경우에 foreach v of local `country'라고 하지 않은 것에 유의하라.

4) forvalues

forvalues 명령어는 foreach의 하위 명령이자 이를 보완하는 명령어다. forvalues는 foreach의 특별 사례, 즉 목록 유형이 숫자(numlist)일 때를 다룬다. 이 명령어의 기본 구조는 다음과 같다.

```
forvalues macro_name = range_of_values {
    stat_cmds using macro
}
```

foreach를 숙지하면, forvalues를 이해하는 것은 어렵지 않으므로 몇 가지 예문을 들어 이 명령어를 활용하는 방법을 알아보자.

예 1) 1부터 10까지 숫자를 나열하라. 앞의 while 구문과 비교하면 forvalues 문이 얼마나 간편한지를 알 수 있다.

```
forval i=1/10 {
    disp `i'
}
```

예 2) 1부터 100까지 숫자를 모두 더하라.

```
local sum=0
forval i=1/100 {
    local sum=`sum'+`i'
}
disp `sum'
```

예 3) 1과 100 사이에 있는 홀수를 모두 더하라.

```
local sum=0
forval i=1(2)100 {
    local sum=`sum'+`i'
```

```
    }
    disp `sum'
```

여기서 숫자의 범위 1(2)100은 1부터 시작하되 2만큼의 간격으로 100까지 이어진 다는 뜻이다. 즉 1, 3, 5, …… 99가 범위라는 것이다.

예 4) 학교 평균 성적 구하기: 앞의 while 문의 예제 변형

```
    clear
    use pisa03
    keep if cnt=="KOR"
    forvalues i=1/149 {
        sum pv1math if schoolid==`i'
    }
    exit
```

5) for

for 구문은 foreach나 forvalues보다 먼저 등장하였다. 그러나 이 구문은 단순해 보이지만 읽기가 그렇게 쉽지 않다. 해독(解讀)이 쉽지 않으면, 자주 사용할 수 없다. 여기서는 몇 가지 예를 비교하여 이 구문의 사용법을 간단히 살피지만, 이를 자세히 논의하지 않기로 한다. 다음 표는 foreach, forvalues 구문을 for 구문으로 바꾼 모습을 제시하였다.

foreach나 forvalues 구문	for 구문

foreach j in 2 3 4 {
　gen mpg_`j'=`j'*mpg
}
	for num 2/4: gen mpg_X=X*mpg

foreach v in mpg weight length {
　gen log`v'=ln(`v')
　gen sqrt`v'=sqrt(`v')
}
	for var mpg weight length: gen logX=ln(X)\gen sqrtX=sqrt(X)

forvalue i in 1/10 {
　disp `i'
}
	for num 1/10: disp X

프로그램을 만들 때, 이어 돌기 사용은 거의 필수적이다. 그러므로 이를 활용하는 다양한 예를 살펴볼 필요가 있다. 이런 예는 Long (2009: 95-104)을 참고하라.

2. 가지치기

어떤 경우에 조건부 명령을 내려야 하는 경우가 있다. 예컨대 응답자가 남자일 때는 이런 명령을 수행하고, 여자일 때는 다른 명령을 수행하라고 해야 할 경우가 있다. 이렇게 경우마다 다른 명령을 내리는 것을 가지치기(branching)라고 할 수 있다.
가지치기의 명령어는 if와 else if, else다. while 구문을 이해하면 if 구문을 이해하기는 그렇게 어렵지 않다. while 구문과 똑같은 구조로 이루어져 있기 때문이다. 어쨌든 if 구문의 기본 구조는 다음과 같다.

```
if expression {
    stat_cmds
}
```

이 구조를 조금 더 확장하면 다음과 같은 형식으로 바꿀 수 있다.

```
if expression {
    stat_cmds
}
else if another expression {
    other stat_cmds
}
else if another expression {
    other stat_cmds
}
else {
    other stat_cmds
}
```

프로그램에서 가지치기를 하는 이런 if 문을 명령어의 if 제한자(qualifier)와 혼동하면 안 된다. 예를 들어 외제차의 경우에는 이런 회귀분석을 하고 국산차인 경우에는 다른 회귀분석을 하라는 명령어는 다음과 같다.

```
regress mpg weight length  if foreign==1
regress mpg weight         if foreign==0
```

이 명령어를 다음과 같이 쓸 수 있다고 생각하지만, 전혀 그렇지 않다.

```
if foreign==1 {
   reg mpg weight length
}
else {
   reg mpg weight
}
```

위 프로그램을 실행하면, 전혀 의도하지 않은 결과가 얻는다. foreign 변수의 첫 번째 사례가 국산차(0)이기 때문에 모든 데이터를 이용하여 후자의 회귀분석(reg mpg weight)을 수행한다. 항상 그런 것은 아니지만 if 구문은 보통 arg==*something*이라는 형태를 띤다. 이때 투입요소(arg)는 개별 사례다. 가상적인 프로그램이라 실용성은 떨어지지만, 다음 프로그램을 보자.

```
clear
sysuse auto
local N=_N

forval i=1/`N' {
   if foreign[`i']==0 {
      disp _col(5) "Not concerned"
   }
   else {
      disp _col(5) make[`i']  _col(25) price[`i'] _skip(5) mpg[`i']
   }
}
exit
```

이 프로그램은 자료가 복잡할 때 필요한 정보만 출력하려는 목적으로 작성한 것이다. 우리가 사용하는 자동차 자료는 그렇게 복잡하지는 않지만, 편의상 복잡하다고 가정하였다. 이 프로그램은 국산차에는 관심 없으므로 '관심 없다(Not concerned)'라고 출력하고, 외제차는 제조사(make), 차 가격(price), 연비(mpg) 등의 정보를 출력하는 것이다.

i는 1부터 74까지 이어진다. 이어 돌기의 첫 번째 단계에서 'i'는 1이다. foreign[1]은 foreign 변수의 첫 번째 값이다. 이것이 0이면, 즉 국산차면 'Not concerned'라고 출력하라는 것이고, 그렇지 않으면, 즉 0이 아니면, 그 차의 제조사(make[1]), 차 가격(price[1]), 연비(mpg[1])를 출력하라는 것이다. 이런 순서로 74번까지 순환한다. 여기서 _col(m), _skip(n)은 m 열에서 출력을 시작하고 n 열만큼 띄어서 출력하라는 명령어다.

어쨌든 if와 else를 사용한 가지치기는 앞으로 많은 실용례를 보게 될 것이므로 여기서는 더 이상 예를 들지 않기로 한다.

3. 이어 돌기와 임시 변수

이어 돌기와 가지치기는 매크로와 필연적으로 연결된다. 이어 돌기나 가지치기에서 매크로를 식별하는 것은 어렵지 않다. 그러나 이어 돌기나 가지치기의 매크로가 임시 변수(tempvar)나 임시 이름(tempname), 임시 파일(tempfile)과 만나면 복잡한 형태를 띠게 된다.

```
clear
sysuse auto
capture program drop XXX
program define XXX
  local somevar "mpg weight price"
  foreach v of local somevar {
    tempvar sqrt_`v'
    gen `sqrt_`v''=sqrt(`v')
  }
```

```
      list `somevar' `sqrt_mpg' `sqrt_weight' `sqrt_price' in  1/5
end

XXX
exit
```

프로그램 XXX에서 먼저 somevar라는 매크로를 만든 다음, tempvar sqrt_`v'라는 명령으로 sqrt_`v'라는 임시 변수 이름을 만들었다. 이어 도는 과정에서 이 임시 변수 이름은 순서대로 sqrt_mpg, sqrt_weight, sqrt_price 등이 될 것이다. 다음 명령은 각 임시 변수의 내용을 채우는 것인데, 앞에서 보았듯, 이렇게 임시 변수의 내용을 채울 때는 임시 변수 이름을 매크로로 취급하여 그것에 매크로 따옴표를 붙여야 한다. 그러므로 gen sqrt_`v'=sqrt(`v')가 아니라 gen `sqrt_`v''=sqrt(`v')라고 해야 한다. 그래야 `v'가 mpg일 때는 gen `sqrt_mpg'=sqrt(mpg)가 될 것이고, `v'가 price일 때는 gen `sqrt_price'=sqrt(price)가 될 것이기 때문이다.

이렇게 이어 돌기나 가지치기가 임시 변수와 어울리면 형태가 복잡해진다. 임시 변수가 아닐 때도 형태는 복잡해질 수 있다.

```
forvalues  i=1/10  {
  local  x`i' = `i'
  display  `x`i''
}
```

이 예문을 해석해 보자. local 명령문은 `i'값을 가지는 x`i'라는 매크로를 만들라는 것이다. 그러므로 이어 돌기가 진행하면서 처음에 local x1=1이 된다. 곧 이어지는 명령 display `x`i''는 display `x1'이 된다. `x1'은 `i'고, `i'는 1이므로 1을 출력한다. 다음에 local x2=2가 된다. 곧이어 display `x2'가 되어 2를 출력한다. 결국, 위 구문은 1부터 10까지를 출력하라는 뜻이 된다.

다른 예를 하나 더 들어 보자. v11, v12, …… v15라는 변수 이름을 x1971, x1972, …… x1975라고 바꾸려면 다음과 같이 입력한다.

```
clear
```

```
input v11 v12 v13 v14 v15
1 1 2 3 0
end

local year=1960
forval i=11/15 {
   gen x`=`year'+`i''=v`i'
}
```

이 프로그램의 전반부는 어렵지 않다. 그러나 gen x`=`year'+`i''=v`i'라는 명령어는 조금 복잡하게 보인다. x`=`year'+`i''라는 매크로 안에 있는 등호(=)는 밖의 매크로를 실행하기 전에 안의 매크로를 먼저 실행하라는 의미다. 그러므로 `year'+`i'를 먼저 실행하여 그 결과를 x`=`year'+`i''에 채우라는 이야기다. 이어 돌기의 첫 순서에서 `year'는 1960이고 `i'는 11이므로 1971이 되는데, 결국 x`=`year'+`i''는 x1971이 된다. 두 번째 이어 돌기에서 `year'는 1960이고 `i'는 12이므로 x`=`year'+`i''는 x1972가 된다. 위 프로그램에서 등호를 생략하면 어떤 결과가 나오는지를 알아보라.

새 변수는 만들어졌는가? 확인해 보자.

```
. des
Contains data
obs:            1
vars:           10
size:           44 (99.9% of memory free)
```

variable name	storage type	display format	value label	variable label
v11	float	%9.0g		
v12	float	%9.0g		
v13	float	%9.0g		
v14	float	%9.0g		
v15	float	%9.0g		
x1971	float	%9.0g		
x1972	float	%9.0g		
x1973	float	%9.0g		

x1974	float	%9.0g
x1975	float	%9.0g

Sorted by:

    Note: dataset has changed since last saved

우리가 원하는 대로 x1971 등의 변수가 만들어졌다. 그러면 새로 만든 x1971은 v11과 과연 같은가?

```
. assert x1971==v11
```

오류 신호가 없다. 그러므로 x1971은 v11과 같은 변수라는 것을 확인할 수 있다. 여기서 assert 명령어는 특정 조건식이 사실인지를 확인하라는 명령어다. 이후의 조건이 사실이면 아무 반응도 보이지 않지만, 사실이 아니면 오류 신호를 내보낸다. 응답 기호(오류 기호)도 내보낸다. 예를 들면

```
. sysuse auto, clear
. assert mpg<=50

. assert mpg<=30
5 contradictions in 74 observations
assertion is false
r(9);
```

어쨌든 매크로는 이처럼 복잡한 형태를 띨 수 있지만, 매크로와 임시 변수 표기법 원리를 충실히 따르면 이를 이해하기는 그렇게 어렵지 않다. `x`i" 등과 같은 매크로는 때때로 유용하지만, 이보다 복잡한 형태는 피하는 게 좋다. 원리상 불가피하게 ``x`i'" 또는 ```x`i'"'이라고 표기해야 할 때도 있겠지만, 이렇게 형태가 복잡해지면 해석하기 어렵고 실수하기도 쉽다.

제4장 | 행렬

통계 자료는 대체로 개인이나 집단, 조직 등의 갖가지 정보를 수집하여 이를 숫자로 표시한다. 이 자료는 보통 다음과 같은 사각형의 숫자 조합 형태를 띤다.

```
1 120 25
1 130 28
1 125 29
1 128 30
2 118 24
2 121 27
2 125 30
```

위 자료는 어린이 일곱 명의 성, 키, 몸무게 정보를 모아 놓은 것이다. 행(行, row)은 사례(事例, observations)를 지칭한다. 여기서 사례는 개별 어린이를 지칭한다. 열(列, column)은 변수(變數, variables)를 나타낸다. 1열은 성 변수이고, 2열과 3열은 각각 키와 몸무게 변수다. 이런 사각형의 숫자(문자) 조합을 행렬(matrix)이라고 하는데, 우리는 이 행렬을 다루는 방법을 알아 둘 필요가 있다. 통계학이 이 행렬을 자주 사용하기 때문이고, 당연하게도 프로그래밍에서도 행렬을 자주 다루기 때문이다. 여기서는 Stata에서 행렬을 입력하고 연산하는 방법 그리고 Stata의 작업 수행 결과를 행렬로 출력하는 방법을 다루기로 한다.[6]

1. 행렬 입력

행렬을 손으로 입력해 보자. 행렬을 직접 만드는 명령은 matrix input이다. 이 명령에서 input은 생략해도 된다.

---

6) 행렬 연산의 기본 사항은 Greene(2008)을 보라.

matrix [input] *mat_name* = (···)

행렬을 입력하는 예를 들어 보자.

. matrix input a = (1,2)

행 벡터(vector)는 쉼표(,)로 만든다. 이렇게 만든 행렬을 화면에 출력하는 명령어는 matrix list 또는 matlist다. 명령 창에 mat list a와 matlist a를 입력하여, 그 차이가 무엇인지를 확인해 보라.

. matrix list a
a[1,2]
    c1 c2
r1 1   2

열 벡터는 쉼표(,)가 아니라 역사선(\)으로 만든다.

. matrix b = (3\4)
. matrix list b
b[2,1]
    c1
r1 3
r2 4

이런 원리로 다양한 행렬을 만들 수 있다.

. matrix C = (1,2\3,4)
. mat list C
C[2,2]
    c1 c2
r1 1   2
r2 3   4

. matrix D = (1, 2+3/2\cos(_pi), _pi)

```
. mat list D

D[2,2]
         c1        c2
r1        1        3.5
r2       -1        3.1415927
```

위 명령에서 _pi는 Stata가 내장한 원주율(圓周率) 상수다. 아래 명령으로 이 값을 확인해 보라.

```
. display _pi
```

이렇게 만든 행렬의 행과 열에 이름을 붙일 수 있다.

```
. mat E = (1,2,3\4,5,6)
. mat colnames E = foreign alpha _cons
. mat rownames E = one two
. mat list E
E[2,3]
        foreign    alpha    _cons
one         1        2        3
two         4        5        6
```

이처럼 행렬을 명령 창에 직접 입력할 수 있다. 그러나 우리가 Stata를 사용하면서 이렇게 행렬을 직접 만들지 않고, 이미 주어진 행렬을 사용할 가능성이 더 크다. 그렇다면 어느 무렵에서 행렬을 만날 것인가? 다음 회귀분석을 실행했다고 하자.

```
. sysuse auto, clear
. regress mpg weight length foreign
```

이 명령어는 mpg를 종속변수로 하고 weight, length, foreign을 독립변수로 한 다중선형 회귀분석을 하라는 것이다. Stata는 명령 수행 결과를 거의 모두 저장하는데, 회귀분석의 결과도 기억한다. 기억한 추정치와 관련 정보는 ereturn list 명령어로 확인할 수 있다. 추정치를 출력하는 이 명령어의 형태는 일반 명령어의 출력 결과를 보이라는 명령어, 즉 return list의 형태와 흡사하지만, 말할 필요도 없이, 출력 내용 은 전혀 다르다.[7]

```
. ereturn  list
scalars:
                    e(N)    =    74
                 e(df_m)    =    3
                 e(df_r)    =    70
                    e(F)    =    48.09758216118106
                   e(r2)    =    .6733440531764536
                 e(rmse)    =    3.376749415921177
                  e(mss)    =    1645.288896204779
                  e(rss)    =    798.1705632546807
                 e(r2_a)    =    .6593445125983016
                   e(ll)    =    -192.9969685905311
                 e(ll_0)    =    -234.3943376482347

macros:
              e(cmdline)    :    "regress mpg weight length foreign"
                e(title)    :    "Linear  regression"
                  e(vce)    :    "ols"
               e(depvar)    :    "mpg"
                  e(cmd)    :    "regress"
           e(properties)    :    "b  V"
              e(predict)    :    "regres_p"
                e(model)    :    "ols"
            e(estat_cmd)    :    "regress_estat"

matrices:
                    e(b)    :    1×4
                    e(V)    :    4×4

functions:
              e(sample)
```

여기서 e(N), e(df_r), e(r2_a) 등은 각각 표본의 크기, 자유도, 수정한 결정계수 등 을 기억한 것이다. 우리는 이를 불러내거나 저장할 수 있다.

---

[7] summarize mpg라는 명령을 내린 다음에 return list 명령으로 출력 결과를 확인할 수 있다.

```
. display e(r2_a)
. local df_r e(df_r)
. display `df_r'
70
```

추정치 저장결과에서 e(b)와 e(V)는 각각 회귀계수와 계수 분산 행렬인데, 이 행렬의 내용을 보자.

```
. mat list e(b)
e(b)[1,4]
            weight        length       foreign        _cons
y1       -.00436563    -.08274318    -1.7079039    50.537013
```

이 계수 벡터의 원소를 분리해서 출력할 수도 있다. 행렬의 원소를 볼 때는 mat list가 아니라 display 명령어를 사용한다.[8]

```
. mat B=e(b)
. display B[1,4]
50.537013
```

이처럼 첨자(subscript)를 사용하면 행렬의 원소를 볼 수 있지만, 첨자를 활용하여 행렬을 분할할 수도 있다.

```
. mat P=(1,2,3\4,5,6\7,8,9\10,11,12)
. matlist P
```

	c1	c2	c3
r1	1	2	3
r2	4	5	6
r3	7	8	9
r4	10	11	12

```
. mat Q=P[2···,2···]                   // P 행렬의 2행 이후와 2열 이후로 Q 행렬 만들기
. matlist Q
```

---

8) 이때 display e(b)[1,4]라고 명령할 수 없음에 주의하라.

	c2	c3
r2	5	6
r3	8	9
r4	11	12

. mat R＝P[1, 2⋯]   // P 행렬의 1행과 2열 이후로 R 행렬 만들기
. matlist R

	c2	c3
r1	2	3

행렬을 이렇게 분할할 수 있지만, 행렬을 덧붙일 수도 있다. 다음 명령을 수행하고 그 결과를 확인해 보라.

. mat A＝(1\2)
. mat B＝(3\4)
. mat C＝(A, B)
. mat D＝(A\B)

. matlist A

	c1
r1	1
r2	2

. matlist B

	c1
r1	3
r2	4

. matlist C

	c1	c1
r1	1	3
r2	2	4

. matlist D

	c1
r1	1
r2	2
r1	3
r2	4

2. 행렬 연산

행렬 연산을 하는 명령어는 matrix define이다. define은 생략할 수 있다.

matrix [define] *mat_name=exp*

이 명령으로 다음과 같은 연산을 할 수 있다.

```
+ 더하기
− 빼기
* 곱하기
/ 나누기
' 전치(轉置, transpose)
```

다음 명령어를 명령 창에 하나씩 입력하고 그 결과를 확인해 보라.

```
mat r1=(1,2)
mat c1=(3\4)
mat r2=(2,2)
mat c2=(2\2)

mat r=r1+r2
matlist r
mat c=c1+c2
matlist c
mat rc=r1*c1                  // 내적(inner product) 1×1 스칼라
matlist rc
mat cr=c1*r1                  // 외적(outer product) 2×2 행렬
matlist cr
mat r3=r1/2
matlist r3
mat A=(1,2,3\4,5,6\7,8,9\10,11,12)
matlist A
mat P=A'
matlist P
mat Q=P/A[2,1]                // A[2,1]=4
matlist Q
```

3. 행렬 함수

이제 행렬 연산과 프로그래밍에 유용한 몇 가지 행렬 함수를 알아보자. 행렬 함수는 무척 많다. 이를 보려면 명령 창에 help matrix function을 쳐 보라. 그러나 여기서는 몇 가지 함수만을 제시한다.

```
colsof(M) : M 행렬의 열수
rowof(M) : M 행렬의 행수

. mat A=(1,2,3\4,5,6\7,8,9\10,11,12)
. display rowsof(A)
4

. display colsof(A)
3
```

trace(M) : 정사각행렬 M의 대각선 합

```
. mat B=(1,−1, .5\3,3,−1\5,−1,2)
. disp trace(B)
```

corr(M) : M 행렬이 분산행렬일 때, 상관계수 행렬로 전환

```
. sysuse auto, clear
. reg mpg weight length foreign
. mat V=e(V)
. mat v=corr(V)
. matlist V
```

	weight	length	foreign	_cons
weight	2.56e-06			
length	-.0000806	.0030024		
foreign	.0003428	.0021	1.138724	
_cons	.0073092	-.3213945	-1.768282	39.01046

```
. matlist v
```

	weight	length	foreign	_cons
weight	1			
length	-.9189756	1		
foreign	.2006051	.0359155	1	
_cons	.7307777	-.9391036	-.2653089	1

diag(V): 행 벡터나 열 벡터의 값을 대각선으로 삼은 대칭행렬로 전환

```
. mat  a=(1,2,3)
. matlist  a
```

	c1	c2	c3
r1	1	2	3

```
. mat  v=diag(a)
. matlist  v
```

	c1	c2	c3
c1	1		
c2	0	2	
c3	0	0	3

hadamard(M,N) : M 행렬과 N 행렬에서 같은 위치에 있는 요소의 곱, 즉 M[1,1]*N[1,1], M[1,2]*N[1,2], M[1,3]*N[1,3] 등.

```
. mat  C=(1,  2,  3\-1,  3,  1\.5,  -1,  2)
. matlist  C
```

	c1	c2	c3
r1	1	2	3
r2	-1	3	1
r3	.5	-1	2

```
. mat  D=(1,  0,  0\-1,  1,414214,  0\.5,  -3535534,  1.274755)
. matlist  D
```

	c1	c2	c3
r1	1	0	0
r2	-1	1.414214	0
r3	.5	-.3535534	1.274755

. mat F＝hadamard(C,D)

. matlist F

	c1	c2	c3
r1	1	0	0
r2	1	4.242641	0
r3	.25	.3535534	2.54951

I(n) : 1을 대각선 값으로 하는 n 정사각 대칭행렬

. mat G＝I(5)

. matlist G

	c1	c2	c3	c4	c5
r1	1				
r2	0	1			
r3	0	0	1		
r4	0	0	0	1	
r5	0	0	0	0	1

inv(M) : M의 역행렬

. mat H=inv(F)

. matlist H

	r1	r2	r3
c1	1	0	0
c2	-.2357023	.2357023	0
c3	-.065372	-.032686	.3922323

. mat I=F*H

. matlist I

	r1	r2	r3
r1	1		
r2	0	1	
r3	0	0	1

invsym(M): 대칭행렬 M의 역행렬

```
. mat J = invsym(C)
. matlist J
```

	r1	r2	r3
c1	1.538462		
c2	.4615385	.5384615	
c3	-.1538462	.1538462	.6153846

J(r, c, z): r×c 행렬에 z라는 숫자를 기입한 행렬 만들기

```
. mat K = J(5,5,1)
. matlist K
```

	c1	c2	c3	c4	c5
r1	1				
r2	1	1			
r3	1	1	1		
r4	1	1	1	1	
r5	1	1	1	1	1

vecdiag(M): M 행렬의 대각선 값을 취한 행 벡터 만들기

```
. matlist C
```

	c1	c2	c3
r1	1		
r2	-1	3	
r3	.5	-1	2

```
. mat L=vecdiag(c)
. matlist L
```

	c1	c2	c3
r1	1	3	2

nullmat(*matname*): 이 함수는 쉼표(,)와 역사선(\), 연산자를 활용하여 행(또는 열)을 결합(join)할 때 사용한다. 다음과 같이 벡터가 존재한다고 해 보자.

```
.  mat  a1 = (1,2)
.  mat  a2 = (3,4)
.  mat  a3 = (5,6)
```

이 벡터의 각 요소를 한 행으로 한 벡터를 만든다고 할 때,

```
forvalues  i = 1/3  {
   mat  a = (a,  a`i')
}
```

라는 명령은 작동하지 않는다. 첫 번째 이어 돌기에서 a라는 벡터는 아직 존재하지
않기 때문이다. 그러므로 (a, a`i')는 아무 의미도 없다. nullmat()은 이 한계를 극복
한다.

```
.  forvalues  i = 1/3  {
    mat  a = (nullmat(a),  a`i')
  }
```

```
.  matlist  a
               c1      c2      c1      c2      c1      c2
       r1      1       2       3       4       5       6
```

행렬 a를 미리 규정하지 않으면, 즉 a가 존재하지 않으면, nullmat(a)는 빈칸이 된
다. 그러므로 이어 돌기의 첫 과정에서 (nullmat(a), a`i')는 (a1)이 된다. 이어 돌기의
두 번째 단계에서 a는 a1이므로 nullmat(a1)는 a1이 되고 (nullmat(a), a`i')는 (a1, a2)
가 된다. 이런 방식으로 진행하면 벡터 a1, a2, a3을 행으로 결합한 벡터 a를 구할
수 있다.

열을 결합할 때는 쉼표 대신 역사선을 사용하면 된다.

```
.  forvalues  i = 1/3  {
    mat  a = (nullmat(a)\  a`i')
  }
```

```
. matlist a
                    c1            c2
      r1 |           1             2
      r1 |           3             4
      r1 |           5             6
```

위 예문에서는 굳이 nullmat() 함수를 사용할 필요가 없다. mat define a=
(a1\a2\a3)로 간단하게 결합할 수 있기 때문이다. 그러나 결합하는 벡터의 수가 불특
정의 `nvar'개라면 어떤가? 이때는 nullmat() 함수를 사용하지 않을 수 없다.

4. 행렬을 이용한 출력

행렬은 주로 원하는 수치를 얻으려는 연산에 사용하지만, 그 연산 결과를 한자리
에 모아, 바라는 형태로 출력할 때도 사용할 수 있다.

자동차 자료에서 mpg weight length price rep78 변수의 평균과 중앙값 그리고 표
본의 크기만을 따로 떼어, Stata의 결과물 방식으로 출력하고 싶다고 해 보자. 우선
변수 목록을 만든다.

```
. sysuse auto, clear
. local varlist "mpg weight length price rep78"
```

이 변수 목록에 포함한 변수 개수는 확장 매크로로 확인할 수 있다.

```
. local nvar: word count `varlist'
```

`varlist'에 있는 변수는 모두 `nvar'개이므로 분석 결과를 출력하는 행렬의 행수도
역시 `nvar'개여야 한다. 다른 한편, 변수마다 알고 싶은 정보는 평균과 중앙값 그리
고 표본의 크기로 모두 3개다. 그러므로 우선 `nvar'×3 행렬을 만들어야 한다. 이 행
렬을 만들 때는 J(r, c, z) 함수를 사용한다.

```
. mat stats = J(`nvar', 3, 99)
```

여기서 99는 `nvar'×3 행렬에 채워 넣을 임의의 수다. 99 대신 어떤 수를 사용해도 된다. 보통 사람들은 이 자리에 결측값(.)을 넣는다. 즉 다음과 같은 행렬을 만든다.

```
. mat stats = J(`nvar', 3, .)
```

이제 이 행렬의 행과 열 이름을 붙여 보자. 행 이름은 "`varlist'"고 열 이름은 mean, median N이다. 그러므로

```
mat rownames stats = `varlist'
mat colnames stats =  mean median  N
```

이 행렬은 지금 다음과 같은 모습을 하고 있다.

```
. matlist stats
```

	mean	median	N
mpg	.	.	.
weight	.	.	.
length	.	.	.
price	.	.	.
rep78	.	.	.

이제 행렬의 각 원소를 대체할 차례다. 원소를 대체하려면, 첨자를 이용해야 한다. 다시 말해 다음과 같은 방식으로 대체해야 한다.

```
mat stats[1,1]      = exp
mat stats[2,1]      = exp
..........................
mat stats[`nvar',1] = exp
```

이렇게 원소를 대체하려면 1에서 `nvar'까지 계속하는 숫자의 순서를 매겨야 한다. 그러므로 순서를 매기는 매크로를 사용하는 것은 필연적이다.

잠시 논의를 벗어나, 순서를 부여하는 매크로를 작성하는 예를 들어 보자. 어떤 이어 돌기에서 우리가 몇 번이나 이어 도는지를 알아야 한다고 해 보자. 이어 돌기에 들어가기에 앞서, 순서 세기 매크로 counter를 만든다. 아직 이어 돌기를 시작하지 않았으므로 counter를 0으로 한다.

```
. sysuse auto, clear
. local counter 0
```

이제 이어 돌기 구문을 만든다.

```
. foreach v in mpg weight length price rep78 {
    local counter =`counter' +1
    local varlabel: var label `v'
    display as result "`counter'. `v'" _col(12) "`varlabel'"
}
```

이어 돌기의 첫 단계에서 등호 오른편에 있는 `counter'는 0이고 그러므로 등호 왼편의 매크로 counter의 값은 1이 된다. 그러므로 다음 단계에서 `counter'는 1이 된다. 그리고 확장 매크로로 첫 변수의 표지 매크로(varlabel)를 만든 다음, display 명령을 수행한다. display 명령으로 출력할 내용은 `counter'와 `v' 그리고 `varlabel'이다. 이때 `counter'는 1이다. 그리고 첫 변수 이름을 출력해야 하는데 그 변수 이름은 mpg다. 변수 표지는 Mileage (mpg)다. 그러므로 display 명령의 결과는 다음과 같이 된다.

```
1. mpg    Mileage (mpg)
```

다음 돌기에서 `counter'는 2가 되고, 변수 이름은 weight가 된다. 이런 방식으로 변수가 소진할 때까지 이어 돌면 다음과 같은 결과를 얻는다.[9]

---

9) local counter =`counter' +1이라는 명령어는 local ++counter라고 바꾸어 쓸 수 있다. `counter'는 1, 2, 3······ 등의 값을 갖겠지만, 이 값이 계속 증가하지는 않는다. 이 값은 이어 돌기가 끝나는 어느 지점에서 그친다.

1. mpg   Mileage (mpg)
2. weight   Weight (lbs.)
3. length   Length (in.)
4. price   Price
5. rep78   Repair Record 1978

순서 세기 매크로를 만드는 방식은 이와 같다. 이제 다시 우리의 주제로 돌아와 행렬의 각 원소를 대체하는 방법을 생각해 보자. 우선 순서 매크로는 다음과 같이 만들 수 있다.

```
. local irow=0
. foreach varname of local varlist {
    local  ++irow
    ...........
    ...........
  }
```

이 이어 돌기 안에서 평균과 중앙값, 표본의 크기를 아는 방법은 간단하다.

```
. quietly sum `varname', detail
. local mean=r(mean)
. local median=r(p50)
. local N=r(N)
```

라는 프로그램은 개별 변수의 평균과 중앙값, 표본의 크기를 각각 mean, median, N 매크로에 저장한다. 이어 돌기의 첫 과정에서 첫 번째 변수, 즉 mpg의 평균과 중앙값, 표본의 크기를 각 매크로에 저장한다. 이제 stats 행렬의 원소를 이 매크로로 대체한다.

```
mat stats[`irow', 1]=`mean'
mat stats[`irow', 2]=`median'
mat stats[`irow', 3]=`N'
```

`irow'는 1이기 때문에 stats[`irow',1], stats[`irow',2], stats[`irow',3]은 각각 stats[1,1], stats[1,2], stats[1,3]이 되고, 이를 각각 `mean', `median', `N'으로 대체한다.

이어 돌기의 다음 순서에서 `varname'은 weight가 되고, 이것의 평균과 중앙값 그리고 표본 크기를 다시 mean, median, N에 저장한다. 이때 `irow'는 2이므로, stats[`irow',1], stats[`irow',2], stats[`irow',3]은 stats[2,1], stats[2,2], stats[2,3]이 되고, 이를 각각 `mean', `median', `N'으로 대체한다. 이런 식으로 계속 이어 돌면 우리가 원하는 행렬을 얻는다. 이 행렬을 출력하는 명령은 다음과 같다.

```
. local header "Mean−Median for Each Variable"
. matlist stats, format(%9.3g) title(`header')
```

지금까지 논의한 바를 문서 편집 창에서 종합해 보자.

```
clear
sysuse auto
local varlist "mpg weight length price rep78"
local nvar: word count `varlist'

mat stats=J(`nvar',3,99)
mat rownames stats=`varlist'
mat colnames stats=mean median N

local irow=0
foreach varname of local varlist {
    local ++irow
    quietly sum `varname', detail
    local mean=r(mean)
    local median=r(p50)
    local N=r(N)
    mat stats[`irow', 1]=`mean'
    mat stats[`irow', 2]=`median'
    mat stats[`irow', 3]=`N'
}

local header "Mean−Median for Each Variable"
matlist stats, format(%9.3g)title(`header')
```

Mean-Median for Each Variable

	mean	median	N
mpg	21.3	20	74
weight	3019	3190	74
length	188	193	74
price	6165	5007	74
rep78	3.41	3	69

```
    exit
```

비록 사소하기는 하지만 Stata의 연산 또는 분석 결과를 행렬로 출력할 때 유용하게 쓸 수 있는 한 가지 사실을 언급하면서 이 장을 마무리하자. 행렬로 출력할 때 특별히 출력하지 않아도 되는 원소를 결측값으로 표현할 수 있다. 최종적으로 얻은 행렬이 다음과 같은 형태를 띠고 있다고 하자.

```
. mat A=(1, ., ., .\2, 3, ., .\4, 5, 6, .\7, 8, 9, 10)
. matlist A
```

	c1	c2	c3	c4
r1	1	.	.	.
r2	2	3	.	.
r3	4	5	6	.
r4	7	8	9	10

이런 모습을 있는 그대로 출력할 수도 있지만, 결측값으로 나타낸 칸을 빈칸으로 표시하는 것이 더 보기 좋다. 이를 빈칸으로 출력할 수는 없는가? 있다. 결측값을 . 으로 나타내는 것이 아니라, .z라는 특별한 방식으로 표시하고, 나중에 matlist 명령을 내릴 때 nodotz라는 선택 명령을 내리면 된다.[10] 이 선택 명령은 .z이라는 결측값

---

10) Stata에서 결측값을 표기하는 가장 고전적인 방법은 .을 사용하는 것이다. 예를 들자면 gen x=. 등이다. 그러나 결측값을 꼭 이런 방식으로 나타내야 하는 것은 아니다. 결측값을 .a, .b, .c, ……, .z 등으로 나타낼 수도 있다. 그러므로 결측값을 표기하는 방식은 모두 27개다. 각 값은 모두 다른 것으로 간주된다. 예컨대 .a는 .z와 다르다.

```
. assert .a==.z
```

```
assertion is false
r(9);
```

이 있는 칸을 빈칸으로 처리한다.

```
. mat A=(1,.z,.z,.z\2,3,.z,.z\4,5,6,.z\7,8,9,10)
. matlist A
```

	c1	c2	c3	c4
r1	1	.z	.z	.z
r2	2	3	.z	.z
r3	4	5	6	.z
r4	7	8	9	10

```
. matlist A, nodotz
```

	c1	c2	c3	c4
r1	1			
r2	2	3		
r3	4	5	6	
r4	7	8	9	10

제5장 | ado 파일

지금까지 프로그램을 작성하는 데 필요한 기초 사항, 즉 프로그램 구조와 매크로, 스칼라, 이어 돌기와 가지치기 등을 살펴보았다. 이제 프로그램을 직접 만들어 보기로 하자. 그러나 프로그램을 만들기 전에 먼저 프로그램과 do 파일, ado 파일의 관계를 정리하는 게 좋겠다.

프로그램은 특정 방식으로 조직한 명령어 체계이고, do 파일과 ado 파일도 명령어 체계다. 그러므로 do 파일과 ado 파일도 프로그램의 한 종류라고 할 수 있다. 다만 do 파일은 ado 파일보다 더 넓은 의미의 프로그램이다.

do 파일과 ado 파일은 크게 다른데 첫째, ado 파일은 언제나 program 명령어로 시작하므로 항상 프로그램을 포함하지만, do 파일은 그렇지 않다. do 파일은 아예 좁은 의미의 프로그램을 포함하지 않을 수도 있다. 둘째, 이 두 파일이 좁은 의미의 프로그램을 포함한다고 해도, do 파일과 ado 파일은 크게 다르다. 그 차이는 프로그램을 짜는 맥락의 인지 여부에 있다. do 파일을 만들 때 프로그래머(당신)는 프로그램의 맥락을 미리 알고 있다. 자료나 변수 이름을 알고 있고, 변수의 속성도 안다. 예컨대 auto.dta라는 자료에 어떤 변수가 있는지 알고, mpg라는 변수가 문자변수인지 숫자 변수인지도 파악하고 있다. 그러므로 use auto, clear라는 명령어를 내릴 수 있고, summarize mpg라는 명령을 내릴 수 있다. country라는 변수는 없다는 것을 알고 있으므로 실수가 아니라면 tabulate country라고 명령하지 않는다.

do 파일에서는 이런 사전 지식을 바탕으로 프로그램을 만든다. 예컨대 do 파일에서는 구체적 자료와 변수를 포함하는 다음과 같은 프로그램을 짤 수 있다.

```
clear
sysuse  auto
local  k  mpg
capture  program  drop  exercise
program  define  exercise
```

```
        disp in white "Baseline Model"
        reg `k'
        disp in white "Model 1"
        reg `k' weight
        disp in white "Model 2"
        reg `k' weight foreign
    end

    exercise
    exit
```

그러나 ado 파일을 만들 때는 상황이 전혀 다르다. 프로그래머는 사용자가 어떤 자료를 사용할지, 어떤 속성의 변수를 투입할지 전혀 모른다. 그러므로 사용자가 어떤 자료, 어떤 변수를 투입하더라도 이에 적절히 대처할 수 있는 형식의 프로그램을 짜야 한다.

```
    program X
      tab `1' `2'
    end
```

프로그램의 이름, 즉 X 다음에 어떤 문자나 숫자도 올 수 있는데, 이 ado 파일은 이를 '1'과 '2'로 표현하였다. 지금 이 예로 판단하건대 ado 파일은 do 파일보다 훨씬 더 간단하게 보인다. 그러나 실은 전혀 그렇지 않다. 사용자가 어떤 맥락에서 이 프로그램을 사용할지 모르기 때문에 ado 파일은 do 파일보다 훨씬 더 복잡하다. 예컨대 첫 번째와 두 번째 오는 변수, 즉 '1'과 '2'는 어떤 속성을 지녀야 하는지 미리 지정해야 하고, 세 번째 투입요소, 즉 '3'이 비어 있지 않으면 어떻게 해야 하는지도 미리 정해야 한다. 그러므로 일반적으로 ado 파일은 do 파일보다 더 복잡하다.

어쨌든 이런 차이를 염두에 두고, 비교적 단순한 ado 파일부터 작성해 보자.[11]

---

11) 이 장의 서술은 주로 Stata Corp(1999, 2000)에 의존하였다.

1. ado 파일의 작성례: doanl.ado

모두 그러하지는 않지만, 사람들은 흔히 do 파일을 다음 구조로 짜곤 한다.

```
capture log close
log using X, text replace
..........
..........
log close
exit
```

기실 우리는 이런 작업을 수없이 반복한다. 우리가 어떤 작업을 하고 난 뒤에는 그 결과를 저장할 필요를 느끼기 때문이다. 특히 최종 분석의 결과는 더욱 그렇다. 이렇게 반복하는 작업은 프로그램으로 해결하는 것이 좋다.

새로 만드는 프로그램의 목적이 이미 만든 어떤 do 파일(*filename*.do)을 실행하여 그 결과를 결과기록(로그) 파일에 저장하는 것이라고 하자. 그리고 이런 작업을 하는 프로그램 이름을 doanl.ado라고 하자. 이 파일은 다음과 같이 쓸 수 있다.

```
program doanl
    capture log close
    set more off
    log using `1', text replace
    do `1'
    log close
end
exit
```

이 프로그램을 이해하는 것은 쉽다. 이 프로그램 이름 다음에 특정한 do 파일의 이름을 입력해 보자. 예컨대 doanl xmpl라고 입력하면 `1'은 xmpl이 된다. 그러면 위 프로그램은

```
capture log close
log using xmpl, text replace
```

```
do xmpl
log close
```

가 된다. 이는 xmpl.do라는 do 파일을 실행하여, 그 결과를 xmpl.log 파일에 기록한다는 뜻이 된다.

위 프로그램을 자동으로 탑재되는 do 파일, 즉 ado 파일로 만들려면 아무 곳에나 저장해서는 안 된다. Stata는 ado 파일을 특정 장소에서 찾을 것이므로 그 장소에 저장해야 한다. Stata가 doanl이라는 파일을 찾는 장소는 ado 디렉터리다. 이 디렉터리의 위치는 sysdir 명령어로 확인할 수 있다.

```
. sysdir
      STATA:  C: \Program Files\Stata10\
    UPDATES:  C: \Program Files\Stata10\ado\updates\
       BASE:  C: \Program Files\Stata10\ado\base\
       SLTE:  C: \Program Files\Stata10\ado\site\
       PLUS:  C: \ado\plus\
   PERSONAL:  C: \ado\personal\
   OLDPLACE:  C: \ado\
```

Stata가 관리하는 ado 관련 디렉터리가 여러 개지만, 우리가 개인적으로 작성하는 ado 파일은 c:\ado\personal 디렉터리에 저장하는 것이 좋다. Stata가 제공하는 ado 파일과 구별하기 위함이다. 그러므로 위 프로그램을 doanl.ado라는 이름으로 그 디렉터리에 저장한다.

이제 doanl 프로그램은 언제나 불러 쓸 수 있는 위치에 놓여 있는데, 이를 실행해 보자. 다음 파일이 xmpl.do라는 이름으로 현재의 작업 디렉터리, c:\mystata\ statprog에 저장되어 있다고 하자.

```
clear
input a b
   1 2
   3 4
   5 6
end
```

```
summarize
exit
```

명령 창에 doanl xmpl이라고 입력하면, 다음과 같은 결과를 얻는다.

```
. doanl xmpl
(note: file C:\mystata\statprog\xmpl.log not found)

log:          C:\mystata\statprog\xmpl.log
log type:     text
opened on:    13 Jul 2009, 09:23:38


. clear

. input a b

                      a           b
1.          1    2
2.          3    4
3.          5    6
4.          end
. summarize
      Variable │      Obs       Mean    Std. Dev.        Min        Max

             a │        3          3           2          1          5
             b │        3          4           2          2          6

. exit

end of do-file
        log: │ C: \mystata\statprog\xmpl.log
   log type: │ text
  closed on: │ 13 Jul 2009, 09:23:38
```

doanl.ado 파일은 정상적으로 작동한다. 이 프로그램은 작업 내용을 결과 창에 내
보이기도 하지만 이 내용을 xmpl.log라는 결과기록 파일에 저장하기도 한다. 다른
작업을 한 탓에 화면이 넘어가 버렸을 때는 명령 창에 type xmpl.log를 입력하면 결
과기록 파일의 내용을 다시 확인할 수 있다.

이 doanl.ado 파일이 정상적으로 작동하므로 아무 문제가 없는 것 같지만, 그렇지

않다. 만일 이 ado 파일이 다루는 do 파일에 어떤 문제가 있다고 해 보자. 예컨대 xmpl.do 파일이 다음과 같다고 해 보자.

```
clear
input a b
  1 2
  3 4
  5 6
end
sommarize              // notice: typing error
exit
```

이 파일을 ado 파일로 부르면 다음과 같은 결과를 얻는다.

```
. doanl xmpl
```

```
          log:   C:\mystata\statprog\xmpl.log
     log type:   text
    opened on:   13 Jul 2009, 09:29:18
. clear

. input a b

                    a              b
1.        1    2
2.        3    4
3.        5    6
4.        end
. sommarize
unrecognized command:   sommarize
r(199);

end of do-file
r(199);
```

xmpl.do 파일을 실행하다 오류가 발생하여, Stata가 작업을 중지하였다. 문제가 있는 파일에서 오류를 만나면 작업을 중지하는 것은 당연하면서도 바람직한 일이다. 그러나 결코 바람직스럽지 않은 일이 있는데, 그것은 doanl 프로그램의 시작 부분에서 결과기록 파일을 열었는데, 명령 수행 도중에 오류를 만나는 바람에 미처 log close 명령어를 실행하지 못하고, 결국 결과기록 파일을 계속 열어 두게 되었다는 것이다. 이런 상태에서는 이후에 수행하는 작업 결과는 계속 xmpl.log 파일에 저장된다. 이는 결코 우리가 원하는 바가 아니다. 이런 불편이나 비효율을 수정(debug)하는 방법은 없는가? 없을 리 없다. doanl.ado 파일을 do 편집기로 다시 불러 다음과 같이 수정해 보자.

```
program doanl
    capture log close
    set more off
    log using `1', text replace
    capture noisily do `1'        // new
    local myrc _rc                // new
    log close
    exit `myrc'                   // new
end
exit
```

doanl 파일을 이렇게 수정하고 저장한 다음, 명령 창에

```
. discard
. doanl xmpl
```

이라고 순차적으로 입력해 보자.

```
. doanl xmpl
```

```
      log:  C:\mystata\statprog\xmpl.log
 log type:  text
opened on:  13 Jul 2009, 09:31:39
```

```
. clear

. input a b

                          a                    b
  1.            1      2
  2.            3      4
  3.            5      6
  4.            end
. sommarize
unrecognized command:    sommarize
r(199);
end of do-file
              log:      C:\mystata\statprog\xmpl.log
        log type:      text
        opened on:     13 Jul 2009, 09:31:39
r(199);
```

오류가 무엇 때문에 발생하였고, Stata가 어느 곳에서 작업을 중단했는지를 알리
지만 결과기록 파일은 닫혔다. 우리가 원하는 바가 바로 이것이다. 어떻게 이런 결과
를 얻었는가? 추가한 새 명령어 때문이다.

doanl xmpl이라고 하면, capture noisily do `1'은 capture noisily do xmpl로 전환한
다. 이 명령은 capture do xmpl과 다르다. 후자는 do xmpl이라는 명령을 실행하다
오류가 발생하더라도 작업을 중단하지 말고 계속하라는 뜻이다. 이때 오류 신호는
출력하지 않는다. 그러나 capture noisily do xmpl이라고 하면, 오류가 발생했을 때
Stata 작업을 중지하지 말고 다음 명령을 계속 수행하되 오류 신호는 내보내라는 것
이다. 이 차이를 살펴보자.

```
. sysuse auto, clear
. capture confirm new var mpg
. sum mpg
```

이렇게 입력하면 mpg는 새 변수가 아니므로 오류 신호가 있어야 한다. 그러나
Stata는 아무 응답도 하지 않고 다음 명령, 즉 sum mpg 명령을 수행한다. 오류 신호
를 내보내지 말라는 capture 명령에 충실한 것이다. 그러나 다음 명령을 보자.

```
. capture noisily confirm new var mpg
variable mpg already defined

. sum mpg
```

Variable	Obs	Mean	Std. Dev.	Min	Max
mpg	74	21.2973	5.785503	12	41

오류 신호가 뜬다. 그러나 이렇게 오류 신호는 뜨지만, 이번에는 capture 명령어의 뜻에 충실하여 작업을 중단하지 않고 sum mpg라는 다음 명령어를 실행한다. 다시 앞의 예로 돌아가자. capture noisily do `1' 다음에 local myrc _rc 명령어를 만나는데, 이는 capture 명령어로 붙잡은 응답 기호(_rc)를 myrc라는 매크로에 저장하라는 뜻이다. 이 값은 얼마인가?

```
. disp `myrc'
110
```

응답 기호는 110이다. 지금으로서는 이 숫자의 의미가 무엇인지를 헤아릴 필요는 없다. 다만 0이 아니라는 것, 즉 명령 실행 결과가 오류라는 사실만 중요할 뿐이다. 어쨌든 capture 명령어 덕분에 분석 도중에 오류를 만났는데도 Stata는 작업을 계속하여 log close를 실행한다. 결과기록 파일을 닫은 다음에 exit 명령을 실행한다. 그런데 exit 명령어의 형태가 지금까지 우리가 본 것과 다르다.

앞에서 우리는 exit의 두 가지 용법을 보았다. 하나는 명령 창에 써넣는 사용법이다. 명령 창에 이 명령을 입력하면 Stata는 작업을 종료하고 Stata를 닫는다. 다른 하나는 do 파일이나 ado 파일의 끝에 붙여 프로그램의 끝을 알릴 때 쓰는 사용법이다. 사실 이 명령어의 원래 형태는 exit 0이다. 프로그램을 빠져나가고 응답 기호를 0으로 되돌려 놓으라는 뜻이다. 응답 기호가 0이면 아무런 응답도 하지 않는다는 뜻이다. 그러므로 프로그램이 정상적으로 끝나면 아무런 신호도 발견할 수 없다. 이와 달리 exit *non-zero numbers*는 작업을 종료하면서 그 응답 기호를 화면에 내놓으라는 뜻이다. 명령 창에 exit 110을 쳐 보라.

```
. exit 110
r(110);
```

110이라는 응답 기호가 무엇을 의미하는지를 알고 싶으면, 마우스로 r(110)을 클릭해 보라. 어떤 오류인지를 알 수 있는 새 창이 뜬다.

Search of official help files, FAQs, Examples, SJs, and STBs

[P]   error . . . . Return code 110
            _____ already defined
            A variable or a value label has already been defined, and you
            attempted to redefine it. This occurs most often with generate.
            If you really intend to replace the values, use replace. If you
            intend to replace a value label, specify the replace option with
            the label define command. If you are attempting to alter an
            existing label, specify the add or modify option with the
            label define command.

(end of search)

어쨌든 doanl 파일에서 exit `myrc' 명령어는 해당 오류 신호를 내보내면서 작업을 끝낸다.

지금까지 간단한 ado 파일을 작성하는 방법을 보았다. 이런 ado 파일을 만들어 프로그래머가 사용할 수도 있지만, 이를 다른 사용자에게 배포할 수도 있다. 프로그램 작성자가 사용하면 ado 파일의 내용과 구조를 잘 알고 있기 때문에 이를 사용할 때 큰 불편이 없지만, 다른 사용자는 이 파일을 어떻게 사용해야 하는지 잘 모른다. 다른 사용자가 쉽게 사용할 수 있게 하려면 몇 가지 안내가 꼭 필요하다. hlp 파일은 이 안내를 담당한다. do 편집기에서 다음을 입력해 보자.

The syntax of −doanl− is

    doanl <filename>

−doanl− :

1. closes any open log.
2. opens a new log(<filename>.log).

3. drops all data.

4. executes <filename>.do ; see help do

5. closes the log

이를 c:\ado\personal에 doanl.hlp라는 이름으로 저장한다. 그런 다음 명령 창에 help doanl을 입력해 본다. 새 창이 뜨면서 우리가 입력한 대로 도움말을 내보낸다. 그러나 이 hlp 파일은 지나치게 단순하다. 좀 더 보기 좋은 hlp 파일은 다음과 같이 만들 수 있다. 무엇이 어떻게 달라지는지 확인해 보라.

The syntax of −doanl− is

doanl ^filename^

−doanl− :

1. closes any open log.

2. opens a new log(filename^.log^).

3. drops all data.

4. executes filename^.do^ ; see help @do@

5. closes the log

2. ado 파일의 작성례: iqr.ado

어떤 변수의 기술통계치를 파악하는 Stata 명령어는 summarize다. 이 명령어로 표본의 크기, 평균과 표준편차, 최댓값, 최솟값 등을 알 수 있다. 그러나 우리가 알고 싶은 정보가 이런 것이 아니고, 표본의 개수와 중앙값, 그리고 4분위 범위(interquartile range)이고, 이를 다음과 같은 방식으로 출력하고 싶다고 하자.

mpg	obs = 74	median = 20	iqr = 7
weight	obs = 74	median = 3190	iqr = 1360

이런 결과를 출력하는 iqr.ado 파일은 다음과 같이 만들 수 있다.

```
program iqr
  quietly summarize `1', detail
  disp "`1'" "obs= " r(N) "median= " r(p50) "iqr= " r(p75)-r(p25)
end
exit
```

이 프로그램을 c:\ado\personal 디렉터리에 iqr.ado라는 이름으로 저장하고, 명령 창에 다음 명령을 차례로 입력해 보자.

```
. sysuse auto, clear
. iqr mpg
mpgobs=74median= 20iqr= 7
```

원하는 결과를 얻은 것 같지만, 출력 형태가 좋지 않으므로 출력 형태를 다음과 같이 바꾼다.

```
program iqr
  quietly summarize `1', detail
  disp _col(10)  "`1'"                       ///
      _col(20)  "obs= "         r(N)         ///
      _col(30)  "median= "   r(p50)          ///
      _col(45)  "iqr= "          r(p75)-r(p25)
end
exit
```

_col(10)은 10번째 칸에서 출력하라는 이야기고, _col(20)는 20번째 칸에서 출력하라는 뜻이다. 새로 고친 ado 파일을 저장한 후에 다음 명령어를 입력해 보자.

```
. discard
. iqr mpg
    mpg          obs= 74    median= 20    iqr= 7
```

제대로 작동한다. 그러나 이 파일은 약점을 지닌다. 여러 개의 변수를 입력해도 오직 첫 번째 변수의 중앙값과 4분위 범위만을 제시할 뿐이다. 프로그램이 그와 같이 되어 있기 때문이다.

```
. iqr mpg weight length
      mpg           obs= 74    median= 20    iqr= 7
```

여러 변수를 투입하려면 프로그램에 아래와 같은 이어 돌기 절차를 삽입한 다음, 다시 저장한다.

```
program iqr
  while "`1'"~= "" {                              // new
    quietly summarize `1', detail
    disp _col(10)   "`1'"                         ///
         _col(20)   "obs= "        r(N)           ///
         _col(30)   "median= "  r(p50)            ///
         _col(45)   "iqr= "       r(p75)-r(p25)
    macro shift                                    // new
  }                                                // new
end
exit
```

```
. iqr mpg weight length
      mpg       obs= 74    median= 20       iqr= 7
      weight    obs= 74    median= 3190     iqr= 1360
      length    obs= 74    median= 192.5    iqr= 34
```

프로그램이 잘 작동하는 것 같지만, 출력 형태는 그다지 마음에 들지 않는다. 일반적으로 변수 이름은 녹색으로 표시하고 결과로 제시하는 숫자는 노란색으로 표시하는데, 위 출력 결과는 모두 흰색이다. 이를 수정해 보자. display 명령문의 수정에 주목하라.

```
program iqr
```

```
while "`1'" ~= "" {
quietly summarize `1', detail
  disp _col(10)   as txt "`1'"                              ///
      _col(20)   as txt "obs= "      as result r(N)        ///
      _col(30)   as txt "median= "   as res   r(p50)       ///
      _col(45)   as txt "iqr= "      as res   r(p75)−r(p25)
  macro shift
  }
end
exit
```

명령 창에 다시 다음 명령어를 입력해 보자.


```
. iqr mpg weight length
      mpg      obs= 74      median= 20         iqr= 7
      weight   obs= 74      median= 3190       iqr= 1360
      length   obs= 74      median= 192.5      iqr= 34
```

위 프로그램의 결과는 꽤 말끔하게 보이지만, 아직 몇 가지가 부족하다. summarize 명령어와 iqr 명령어를 비교해 보자.


```
1) sum wei        iqr wei
2) sum m*         iqr m*
3) sum            iqr
```

1) summarize 명령어는 변수 이름의 약자를 원래 이름으로 복원하는데, iqr은 복원하지 않는다.


```
. sum wei
```

Variable	Obs	Mean	Std. Dev.	Min	Max
weight	74	3019.459	777.1936	1760	4840

```
. iqr wei
wei               obs= 74    median= 3190    iqr= 1360
```

2) summarize와 iqr은 모두 애매한 변수 이름에 오류 신호를 보낸다(auto 데이터에는 m으로 시작하는 변수는 make와 mpg 두 개다). 이는 바람직한 일이다.

```
. sum  m
m  ambiguous  abbreviation
r(111);

. iqr  m
m  ambiguous  abbreviation
r(111);
```

그러나 *를 사용하면 summarize는 두 변수의 통계치를 제시하는데, iqr 명령어는 이상하게도 한 변수의 통계치만 제시한다.

```
. sum  m*
```

Variable	Obs	Mean	Std. Dev.	Min	Max
make	0				
mpg	74	21.2973	5.785503	12	41

```
.iqr  m*
        m*    obs= 74    median= 20     iqr= 7
```

3) 변수 이름을 나열하지 않고 summarize만 기입하면 모든 변수의 통계치를 제시하는데, iqr은 어떤 결과도 출력하지 않는다.

```
. sum
```

Variable	Obs	Mean	Std. Dev.	Min	Max
make	0				
price	74	6165.257	2949.496	3291	15906
mpg	74	21.2973	5.785503	12	41
rep78	69	3.405979	.9899323	1	5
headroom	74	2.993243	.8459948	1.5	5
trunk	74	13.75676	4.277404	5	23
weight	74	3019.459	777.1936	1760	4840

length	74	187.9324	22.26634	142	233
turn	74	39.64865	4.399354	31	51
displacement	74	197.2973	91.83722	79	425
gear_ratio	74	3.014865	.4562871	2.19	3.89
foreign	74	.2972973	.4601885	0	1

```
. iqr
```

iqr 프로그램의 이런 문제점은 iqr.ado 파일에 다음 두 줄을 삽입하여 해결할 수 있다. 이 두 명령어가 무엇을 뜻하는지는 조금 뒤에 살펴보고, 우선 이 프로그램이 제대로 작동하는지를 확인해 보자.

```
program iqr
    syntax [varlist]                                          // new
    tokenize "`varlist'"                                      // new
    while "`1'"~ = "" {
        quietly summarize `1', detail
        disp _col(10)   as txt "`1'"                              ///
            _col(20)   as txt "obs= "       as result  r(N)      ///
            _col(30)   as txt "median= "    as res     r(p50)    ///
            _col(45)   as txt "iqr= "       as res     r(p75)−r(p25)
        macro shift
    }
end
```

이 파일을 저장한 후에

```
. discard
. iqr wei
. iqr m
. iqr m*
. iqr
```

이라고 차례로 입력해 보자. 우리가 원하는 그대로 출력된다(결과 제시 생략). 어떻게 이런 일이 발생하는가? syntax와 tokenize 명령어 때문이다. 다음 절에서는 이 명령어를 자세하게 알아본다.

3. syntax와 tokenize

1) 개관

program X로 시작하는 **ado** 파일은 나중에 X라는 명령어로 이 파일을 구동한다. 앞에서 든 예로 보건대, **iqr.ado** 파일은 iqr이라는 명령어로 실행한다.

syntax는 이렇게 새로 만든 명령어의 구문(構文)을 어떤 형식으로 구성할 것일지를 지정하는 명령어다. iqr이라는 명령어는 어떤 요소를 필요로 하는가? iqr이라는 명령 다음에 변수를 입력해야 하는가, 아니면 파일 이름을 넣어야 하는가? **if**나 **in**이라는 제한자를 붙여도 좋은가? **detail**이나 **replace** 같은 선택 명령을 부가해도 되는가? syntax는 새로 만드는 명령의 구문을 지정하는 명령어다. 예컨대

```
program iqr
  syntax varlist if
  ................................
  ................................
end
```

라고 입력하면 **iqr**이라는 명령어 구문은 명령어＋변수＋if가 되어야 한다. 이렇게 구문을 정의했는데, 만일 사용자가 명령 창에 **iqr mpg**라고 입력하면 어떻게 되는가? if를 넣지 않았기 때문에 문법 오류다. 그러므로 if를 넣어 달라는 오류 신호가 뜬다.

```
. iqr
if exp required
r(100);
```

그러나 구문을 다음처럼 정의하면 결과는 어떻게 되는가?

```
syntax varlist [if]
```

이 구문은 변수는 꼭 있어야 하지만 if는 지정해도 좋고 지정하지 않아도 무방하

다는 뜻이다. 그러므로 iqr mpg라고 입력해도 오류 신호는 뜨지 않고 결과를 출력한다. 요컨대 syntax 명령어에서 대괄호([ ])는 꼭 입력해야 하는 필수 사항이 아니라 사용자가 바라면 넣을 수 있는 선택 사항이라는 말이다.

이와 달리 syntax 구문이 위와 같은데, iqr mpg weight in 1/50이라고 명령하면 어떻게 될 것인가? in이라는 명령어를 사용할 수 없다는 응답이 나온다.

```
. iqr mpg weight in 1/50
in range not allowed
r(101);
```

syntax는 이처럼 프로그램의 구문을 규정한다. 그러나 이 명령어는 또 하나의 중요한 작업을 수행하는데, 구문의 각 요소를 같은 이름의 매크로로 전환하는 것이 바로 그것이다.

```
syntax [varlist] [if]
```

이런 명령은 사용자가 입력하는 문자 전체를 0과 *이라는 이름의 매크로에 저장하고, 나열하는 변수를 varlist라는 이름의 매크로에, 그리고 if 절은 if라는 이름의 매크로에 저장한다. 예컨대 trysyn.ado라는 프로그램에서 syntax 명령으로 구문을 위처럼 지정하고, 이 구문에 맞추어 trysyn mpg weight if foreign==1이라고 명령하면 mpg weight if foreign==1이라는 문자열을 0이나 *이라는 매크로에 저장하고, mpg weight라는 문자열을 varlist라는 매크로에 저장한다. if foreign==1이라는 문자열은 if라는 이름의 매크로에 저장한다. 과연 그러한가? 확인해 보자.

```
sysuse auto, clear
program trysyn
   syntax [varlist][if]
   display "The macro named as 0          contains |`0'|"
   display "The macro named as *          contains |`*'|"
   display "The macro named as varlist contains |`varlist'|"
   display "The macro named as if          contains |`if'|"
```

```
end
. trysyn mpg weight if foreign==1
The   macro   named   as   0         contains   | mpg weight if foreign==1 |
The   macro   named   as   *         contains   | mpg weight if foreign==1 |
The   macro   named   as   varlist   contains   | mpg weight |
The   macro   named   as   if        contains   | if foreign==1 |
```

syntax의 이 기능, 즉 사용자가 입력한 문자열을 매크로로 전환하는 기능은 매우 유용하다. 그러나 이 유용성은 조금 뒤에 살피기로 하고 우선 tokenize 명령어의 기능을 보기로 하자. tokenize는 사용자가 입력한 변수를 개별 요소(token)로 분해하라는 명령어다. 예컨대 사용자가 trysyn mpg weight if foreign==1이라고 입력했다면 변수를 나타내는 문자열은 mpg weight다. 즉 "`varlist'"는 "mpg weight"다. tokenize 명령어는 이 문자열을 mpg와 weight라는 두 개의 요소로 분리하라는 명령어다. 분리 기준은 한 칸 이상의 공백이다.

tokenize 명령어는 syntax 명령과 비슷하게 이렇게 분리한 요소를 순서대로 1, 2, 3,……이라는 이름의 매크로에 저장한다. 위의 예에서는 `1'에는 mpg, `2'에는 weight를 저장하고, `3', `4' 등은 빈칸으로 남긴다. 과연 그러한지 살펴보자.[12]

```
program trysyn2
  syntax [varlist][if]
  tokenize "`varlist'"                                      // 삽입
  display "The macro named as 0         contains |`0'|"
  display "The macro named as *         contains |`*'|"
  display "The macro named as varlist contains |`varlist'|"
  display "The macro named as if        contains |`if'|"
  display "The macro named as 1         contains |`1'|"
  display "The macro named as 2         contains |`2'|"
  display "The macro named as 3         contains |`3'|"
  end
```

---

12) 앞의 iqr.ado 파일에서 syntax 명령어는 그대로 두고 tokenize 명령어를 삭제했을 때 결과가 어떻게 달라지는지를 확인해 보라.

```
. trysyn2  mpg  weight  if  foreign==1
The   macro   named   as   0       contains   | mpg weight if foreign==1 |
The   macro   named   as   *       contains   | mpg weight |
The   macro   named   as   varlist contains   | mpg weight |
The   macro   named   as   if      contains   | if foreign==1 |
The   macro   named   as   1       contains   | mpg |
The   macro   named   as   2       contains   | weight |
The   macro   named   as   3       contains   |  |
```

앞에서 설명한 대로다. 그런데 지금 이 결과는 tokenize 명령어가 없을 때 얻은 결과와 약간 다르다. tokenize 명령어가 없을 때 '*'는 사용자가 입력한 모든 문자열인데, tokenize 명령어를 붙이면 '*'는 변수만 나타낸다.

syntax와 tokenize 명령어의 뜻이 이와 같은데, 앞의 iqr 파일에 두 명령어를 붙이면, 이것이 어떻게 작동하여 바라는 결과를 출력하는가? 이를 해설해 보자.

    iqr wei

라고 입력하면 먼저,

    syntax [valrist][if]

는 사용자가 입력한 wei를 본다. 그리고 syntax가 규정한 구문을 좇아 이것을 변수로 해석한다. 주어진 자료에서 이런 이름으로 시작하는 변수를 찾고 마침내 weight라는 변수를 찾는다. 그리고 이것, 즉 weight를 varlist라는 매크로에 저장한다. 그 다음 if 절을 찾는다. 없다. 그러므로 'if'는 빈칸이 된다. 명령 창에

    iqr m*

라고 입력하면 syntax [varlist][if] 명령어는 사용자가 입력한 m*를 보고 이것을 변수로 해석한다. 주어진 자료에서 m으로 시작하는 변수를 찾고 마침내 make와 mpg를 발견한다. 그리고 이것, 즉 make mpg라는 문자열을 varlist라는 매크로에 저장한다. 그 다음 if 절을 찾는다. 없다. 그러므로 'if'는 빈칸이다. 명령 창에

```
iqr
```

이라고 입력하면 syntax [varlist][if]는 사용자가 입력한 변수를 찾으려 한다. 없다. syntax는 이렇게 아무것도 없는 것을 자료의 모든 변수로 해석한다.[13] 그러므로 auto.dta 데이터가 포함하는 모든 변수, 즉 make price mpg rep78 headroom trunk weight length turn displacement gear_ratio foreign이라는 긴 문자열을 varlist라는 매크로에 저장한다. 그 다음 if 절을 찾는다. 없다. 그러므로 'if'는 빈칸이다. 명령 창에

```
iqr mpg weight if foreign==1
```

이라고 입력하면 syntax [varlist][if]는 사용자가 입력한 변수, mpg weight를 찾아 이 문자열을 varlist에 저장한다. if 절이 존재하므로 'if'는 if foreign==1이 된다.

syntax가 수행하는 작업은 바로 이런 것들이다. syntax 명령은 할 일을 다 마쳤으므로 이제 tokenize 명령어로 이동한다. 명령 창에

```
iqr mpg weight
```

라고 입력하면, 'varlist'는 mpg weight이므로 tokenize "'varlist'"는 tokenize "mpg weight"가 된다. 그리하여 mpg는 1에, weight는 2에 저장한다. 3과 4 등에는 아무것도 저장하지 않는다.

이제 다시 앞의 iqr.ado 파일로 되돌아가자. syntax와 tokenize라는 명령어로 이런 작업을 수행한 후에 다음 명령, 즉 이어 돌기로 들어간다. '1'과 '2', 즉 mpg와 weight가 차례로 이어 돌기로 들어가고 바라는 결과를 출력한다.

이상과 같은 과정을 거쳐 syntax와 tokenize는 우리가 원하는 결과를 만들어 낸다. 그러나 앞에서 제시한 iqr.ado 파일을 더 정교화할 필요가 있다. 왜냐하면, 현재의 프로그램은 if나 in 같은 제한자를 고려하지 않기 때문이다. 이를 고려한 프로그램은 다음과 같다.

---

13) 나중에 보겠지만, syntax 구문을 조정하여, ado 명령어 다음에 아무것도 입력하지 않으면 변수가 아예 없다는 뜻으로 바꿀 수 있다.

```
program iqr
   syntax [varlist][if][in]                          // modified
   tokenize "`varlist'"
   foreach v of local varlist {                      // modified
      quietly summarize `v' `if' `in' , detail        // modified
      disp _col(10)   as txt "`v'"                               ///
           _col(20)   as txt "obs= "          as result   r(N)    ///
           _col(30)   as txt "median= "       as res      r(p50)  ///
           _col(45)   as txt "iqr= "as res    r(p75)−r(p25)
   }
end
```

이 ado 파일이 앞의 그것과 다른 점은 syntax 구문에 if와 in을 규정하였고, while 문 대신에 foreach 문을 선택하였으며, summarize 명령어에 `if'와 `in'을 부가하였다 는 것이다. 이 ado 파일을 저장한 후에

```
iqr mpg weight
```

라고 하면 제한자가 없는 결과를 출력할 것이지만,

```
iqr mpg weight if foreign==1
```

이라고 하면 외제차 경우의 결과만 내보일 것이다.

2) syntax 명령의 구조

지금까지 syntax와 tokenize 명령이 작동하는 방식을 개관하였다. 이제부터는 syntax와 tokenize 명령어의 구조를 더 자세히 살펴보자. syntax 명령어의 구조를 이 해하려면, Stata 명령어의 기본 구조를 알아야 한다.

```
stata_command varlist weight=exp if exp   ///
              in range using filename, [options]
```

이런 요소를 모두 사용하는 명령어는 드물다. 명령어마다 이 요소를 달리 결합한다. 예컨대 다음 명령어들을 보라.

```
summarize  mpg  weight  if  foreign==1
regress  death  medage  region2-region4  [aw=pop]
append  using  auto2
save,  replace
```

Stata 명령어가 모두 위와 같은 구조를 띠므로 syntax는 이런 요소를 지정해야 할 것이다. 이 요소를 모두 지정하는 것이 아니라 일부만 지정하겠지만 말이다. syntax 의 구문은 다음과 같다.

```
syntax  [varlist|varname|newvarlist|newvarname(optional  specifiers)]
        [fw  iw  aw  pw]  [if]  [in]  [using]  [,options]
```

위 구조에서 맨 먼저 거론해야 하는 것은 varlist다. 이 항목에는 varlist라는 용어 외에 다른 용어를 쓸 수 있다. 필요하다면 varname, newvarlist, newvarname이라고 쓸 수 있다. syntax varname……이라고 쓰면 ado 명령어 다음에 변수 하나만 와야 한다. 두 개 이상의 변수를 쓰면 오류 신호가 나타난다. 예를 들어 Stata에 histogram이라는 명령어가 없다고 하자. 그래서 새 ado 파일을 만들어, 이 파일의 이름을 myhist라고 가정하자. 우리는 오직 변수 하나의 도수분포만을 볼 수 있다. 그러므로 myhist 명령어는

```
myhist  varname
```

라는 구조를 띨 것이다. 명령어가 이런 형태이므로 이 파일의 syntax 구문은 다음과 같아야 한다.

```
syntax  varname
```

이 구문에서 varname에 대괄호를 붙이지 않은 까닭은 이 변수가 꼭 있어야 하기 때문이다.

다른 한편, newvarlist와 newvarname은 ado 명령어 다음에 새 변수가 와야 한다는 것을 의미한다. 그러나 기억해야 할 것은 syntax 명령어 다음에 varlist를 설정하든, varname, newvarlist, newvarname 등을 설정하든, 이것이 만들어 내는 매크로 이름은 varlist고 그 내용을 지칭할 때는 `varlist'라고 써야 한다는 사실이다.

가중 분석을 할 때 사용하는 가중치(weight)는 빈도 가중치(frequency weight), 확률 가중치(probability weight), 분석 가중치(analytic weight), 중요도 가중치(importance wcight) 등으로 분류할 수 있나(help weight 잠조). 이를 각각 fw, pw, aw, iw 등으로 약칭한다. 예를 들어 가중 회귀분석을 하는 ado 파일(w_regress)을 만든다고 하자. 이 명령은 대략 다음과 같은 형태를 띨 것이다.

　　　w_regress *dep_var ind_vars* [pw=*exp*]

예컨대, 다소 비실용적이지만, 이해를 돕기 위한 예를 들자면, 위 형태의 명령은 다음과 같은 명령어가 될 것이다.

　　　w_regress mpg weight foreign [pw=displacement]

그러므로 이런 명령어를 만드는 syntax 구문은

　　　syntax [varlist][pw]

가 될 것이다. 가중치(pw) 항이 만드는 매크로는 `weight'이고 등호와 등호 다음에 표시되는 문자 또는 숫자가 만드는 매크로는 `exp'다. 이 외에도 if, in, using, options 라는 항목이 만드는 매크로는 각각 `if', `in', `using'이다.

이상의 논의를 정리하자.

Stata 명령어 형태	syntax 형태	매크로
varlist	varlist varname newvarlist newvarname	`varlist'
weight	fw pw aw iw	`weight'
=exp	=exp	`exp'
if *exp*	if	`if'
in *range*	in	`in'
using *filename*	using	`using'
options	추후 논의	추후 논의

syntax에 관한 논의를 마치기 전에 두 가지를 더 언급해야 한다. 하나는 varlist에 부가하는 선택 사항이고, 다른 하나는 option이라는 선택 명령이다. 이를 차례로 살펴보자.

varlist에 괄호를 부가하여 몇 가지 선택 조건을 붙일 수 있다. 그 선택 조건이란 다음과 같다.

```
default=none
min=#
max=#
numeric
string
ts
generate
```

예컨대

```
syntax [varlist]
syntax [varlist(default=none)]
syntax varlist(min=1)
syntax varlist(max=2)
syntax varlist(min=2  max=4  numeric)
syntax newvarlist(max=1  string)
```

등이라고 쓸 수 있다는 말이다. 이 선택 사항은 무엇을 의미하는가?

default: varlist에 아무 선택 사항도 붙이지 않으면 사용자가 명령어 다음에 어떤 변수도 입력하지 않았을 때, 자료의 모든 변수를 varlist로 삼는다. 거꾸로 default = none이라는 선택 조건을 붙이면 사용자가 변수를 입력하지 않았을 때는 변수가 없는 것으로 간주한다.

min =#, max =#: 변수가 최소 몇 개, 최대 몇 개라는 것을 지정한다. 위의 예에서 varlist(min =1)은 최소한 한 개의 변수를 지정해야 한다는 의미이고, max =2는 세 개 이상의 변수는 허용하지 않는다는 의미다. syntax varname은 syntax varlist(max = 1)과 뜻이 같다.

numeric, string: 변수가 숫자 변수인지 문자변수인지를 지정한다. syntax varlist(min = 2 max =4 numeric)는 변수가 최소 두 개, 최대 4개이되, 모두 숫자 변수여야 한다는 뜻이다.

ts: 변수가 시계열(time series) 변수라는 것을 지칭한다.
generate: varlist를 newvarlist, newvarname이라고 지정하였을 때 사용한다.

이제 varlist의 선택 사항이 아니라 syntax의 option 항을 살펴보자. Stata 명령어는 대부분 다양한 선택 명령(option)을 포함한다. 예컨대

```
summarize mpg, detail
tabulate rep78 foreign, chi2
histogram mpg, normal
```

등에서 보듯 명령+변수라는 문장 다음에 쉼표(",")를 붙이고, 선택 명령을 지정함으로써 추가 작업을 하도록 명령한다. 예컨대 tab rep78 foreign은 두 변수의 교차표를 작성하지만, chi2라는 선택 명령은 교차표뿐만 아니라 χ^2값도 제시한다.

syntax에서 이런 선택 명령을 어떻게 지정할 수 있는가? detail이라는 선택 명령을 지정하고 싶다면

        syntax [varlist(max=2)][if][,detail]

이라고 하면 detail이라는 선택 명령을 붙일 수 있다. syntax에서 이렇게 지정하면 'detail'이라는 매크로가 자동 형성된다. 그리하여 만일 사용자가 detail이라고 명령하면 'detail'은 ,detail이 될 것이고, detail이라는 명령을 붙이지 않으면 'detail'은 빈칸이 된다.

   만일 detail에 덧붙여 beta라는 선택 명령을 더하고 싶다면

        syntax [varlist(max=2)][if][,detail beta]

라고 하면 되는데, 이때는 'detail'과 'beta'라는 두 개의 매크로가 만들어진다. 이를 약간 변형할 수도 있다.

        syntax [varlist(max=2)][if][,Detail BEta]

라고 하면 명령을 내릴 때 대문자로 기입한 문자를 단축 명령어로 사용할 수 있다. 예컨대 sum mpg, detail이라고 해도 되지만, sum mpg, d라고 해도 좋다는 말이다. 또 regress mpg weight foreign, beta라고 해도 되지만, regress mpg weight foreign, be 라고 해도 좋다는 뜻이다.

   이런 선택 명령에서 유용한 기호는 *다.

        syntax [varlist(max=2)][if][,Detail *]

라고 하면, 사용자는 detail이 아닌 그 어떤 선택 명령도 부가할 수 있다는 의미를 지닌다. 예컨대

        mycmd ……, detail saving(mygph, replace)

라고 명령할 수도 있다는 뜻이다. 이때 saving(mygph, replace)는 options라는 매크로에 저장된다. 그러므로 `detail'은 ,detail이고, `options'는 saving(mygph, replace)이다. 이렇게 *는 매우 유용한데, 이런 기호 덕분에 선택 명령이 복잡해도 syntax 구문을 간단하게 만들 수 있다.

syntax 명령어가 과연 이런 식으로 작동하는지 잠시 확인해 보자.

```
capture program drop tryit
program tryit
    syntax varname [pw] if in, DEtail *
    disp "the macro named as varlist contains |`varlist'|"
    disp "the macro named as weight contains |`weight'|"
    disp "the macro named as exp       contains |`exp'|"
    disp "the macro named as if        contains |`if'|"
    disp "the macro named as in         contains |`in'|"
    disp "the macro named as detail   contains |`detail'|"
    disp "the macro named as *        contains |`options'|"
end
```

가상 명령어 tryit을 실행하면 그 결과는 다음과 같다. 이 결과는 앞의 논의와 정확하게 일치한다.

```
. tryit mpg[pw=rep78] if foreign in 1/50, de parameter
the     macro   named   as   varlist   contains   | mpg |
the     macro   named   as   weight    contains   | pweight |
the     macro   named   as   exp       contains   | =rep78 |

the     macro   named   as   if        contains   | if foreign |
the     macro   named   as   in        contains   | in 1/50 |
the     macro   named   as   detail    contains   | detail |
the     macro   named   as   *         contains   | parameter |
```

3) tokenize 명령의 구조

지금까지 syntax 명령어의 구조를 자세하게 알아보았다. 이제 tokenize 명령어의 구조도 조금 더 살펴보자. 앞에서 tokenize는 `varlist'의 목록을 하나씩 분리하는데, 빈칸을 기준으로 분리한다고 하였다. 예를 들면 "`varlist'"가 "mpg weight length"라고 하면 빈칸을 기준으로 mpg, weight, length를 별개의 변수로 구분한 다음에 mpg 를 '1'에, weight를 '2'에, length를 '3'에 배당한다. 그러나 빈칸만 분리 기준으로 삼을 수 있는 것은 아니다. 다른 어떤 기호도 분리 기준으로 삼을 수 있다. 사실 빈칸을 기준으로 삼는 tokenize라는 명령어는

```
tokenize whatever, parse(" ")
```

를 줄여 놓은 것이다. 이 명령어를 더 일반적으로 확장하면

```
tokenize whatever, parse("characters")
```

라고 쓸 수 있다. 만일

```
tokenize whatever, parse("+")
```

라고 명령하면 whatever를 구분하는 기준은 공백이 아니라 +가 된다. 더 나아가

```
tokenize whatever, parse(" =+,-")
```

라고 하면(겹따옴표를 연 뒤에 한 칸을 빈칸으로 두었다는 데에 주의), 분리 기준은 빈칸, 등호(=), plus 부호(+), 쉼표(,), 마이너스 부호(-)가 된다. 과연 그런지를 가상적 예를 들어 시험해 보자.

```
capture program drop trytoken
program trytoken
    tokenize "`0'", parse(" +,-")
    display "the 1st token is |`1'|"
    display "the 2nd token is |`2'|"
    display "the 3rd token is |`3'|"
    display "the 4th token is |`4'|"
    display "the 5th token is |`5'|"
    display "the 6th token is |`6'|"
```

```
end
```

```
. trytoken  know  1+2=3?
the      1st      token     is      | know |
the      2nd      token     is      | 1 |
the      3rd      token     is      | + |
the      4th      token     is      | 2=3? |
the      5th      token     is      | |
the      6th      token     is      | |
```

```
. trytoken  2+3*6,  or  20
the      1st      token     is      | 2 |
the      2nd      token     is      | + |
the      3rd      token     is      | 3*6 |
the      4th      token     is      | , |
the      5th      token     is      | or |
the      6th      token     is      | 20 |
```

위 예에서 보는 것처럼 빈칸만 분리 기준으로 삼을 수 있는 것이 아니라 요소 분할(parse) 명령어를 사용하면 어떤 기호든 이를 분리 기준으로 삼을 수 있다.

지금까지 ado 파일을 작성하는 데 필요한 기초 지식을 살펴보았다. 지금부터는 이런 지식을 활용하여 몇 가지 ado 파일을 만들어 보자. 이런 실습은 Stata 프로그래밍을 이해하는 데 큰 도움을 줄 것이다.

PART 2

활용

제6장 | 기술 통계

1. 평균과 중앙값, 분산과 표준편차

자료를 분석하기에 앞서 사람들은 보통 변수의 속성과 분포를 가장 먼저 파악한다. 변수의 속성이나 분포가 분석 방법을 결정하기 때문이다. 변수의 속성을 파악할 때는 흔히 describe나 summarize, tabulate 명령어를 사용한다. 예컨대 어떤 변수가 연속변수인지 범주형 변수인지는 summarize와 tabulate 명령으로 파악할 수 있다.

```
. summarize mpg
```

Variable	obs	Mean	std. Dev.	Min	Max
mpg	74	.21,2973	.5.785503	12	41

```
. tabulate foreign
```

Car type	Friq.	Percent	Cum.
Domestic	52	70.27	70.27
Foreign	22	29.73	100.00
Total	74	100.00	

summarize 명령으로 파악하건대, mpg는 연속변수로 최솟값은 12이고 최댓값은 41이다. tabulate 명령어로 판단하건대, foreign 변수는 범주형 변수로 0과 1 값만 갖는다.

어떤 변수가 연속변수라면, 이 변수의 분포를 파악해야 하는데, 분포를 아는 가장 좋은 방법은 도수분포표(히스토그램)를 그려 보는 것이다.

```
. histogram mpg, bin(10)
```

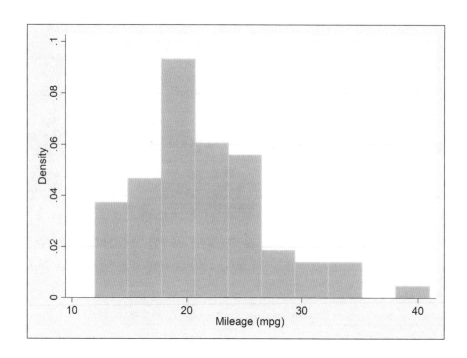

지금까지 변수의 속성이나 분포를 파악하였다. 이렇게 속성이나 분포를 파악한 뒤, 변수가 연속변수면 곧바로 변수의 중심 경향치(central tendency)를 알고 싶다. 중심 경향치는 흔히 평균(mean)이나 중앙값(median)으로 파악한다. 평균($\overline{x}$)은 변수의 개별 값을 모두 합한 다음 이를 표본의 크기(n)으로 나눈 값이다.

$$\overline{x} = (x_1 + x_2 \cdots + x_n)/n = \frac{1}{n}\sum x_i$$

만일 변숫값이 여러 번(f_i번) 반복하여 출현한다면, 평균은 다음과 같이 계산한다.

$$\overline{x} = (x_1 f_1 + x_2 f_2 \cdots + x_n fn)/n = \frac{1}{n}\sum x_i f_i = \sum x_i \frac{f_i}{n} = \sum x_i p_i$$

중앙값은 변숫값을 크기 순서로 줄지어 놓았을 때 한가운데 위치하는 값이다. 표본의 크기(n)가 홀수면 중앙값은 $(n+1)/2$번째 값이지만, 짝수면 $n/2$번째 값과 $(n+1)/2$번째 값의 평균이 중앙값이다.

변수의 평균이나 중앙값을 아는 것도 필요하지만 이 변수의 개별 값들이 중심 위치에서 얼마나 멀리 떨어져 있는지를 아는 것도 필요하다. 말하자면 산포도(散布度, dispersion)를 알아야 한다. 산포도를 측정하는 여러 가지 방법에서 가장 많이 쓰는 것은 분산(分散, variance)이다. 분산(s^2)은 변수의 개별 값에서 평균을 뺀 값의 제곱, 즉 편차 제곱 합(d^2)을 자유도(n−1)로 나눈 값이다.

$$d^2 = [(x_1 - \overline{x})^2 + (x_2 - \overline{x})^2 \ldots\ldots + (x_n - \overline{x})^2] = \sum (x_i - \overline{x})^2$$

$$s^2 = \frac{d^2}{n-1}$$

만일 변숫값이 여러 번(f_i번) 반복 출현한다면 위 식은 아래처럼 고칠 수 있다.

$$d^2 = [(x_1 - \overline{x})^2 f_1 + (x_2 - \overline{x})^2 f_2 \ldots\ldots + (x_n - \overline{x})^2 f_n] = \sum (x_i - \overline{x})^2 f_i$$
$$s^2 = \frac{d^2}{n-1}$$

표준편차(s)는 이 분산의 제곱근이다. Stata로 변수의 평균과 분산을 구하는 방법은 매우 간단하다. 중앙값을 구하는 방법도 그렇게 어렵지 않다.

```
. sysuse auto, clear
. summarize mpg, detail
. disp r(mean)
21.297297

. disp r(p50)
20

. disp r(var)
33.472047
```

연비(mpg)의 평균은 21.30이고, 50% 위치에 있는 중앙값은 20, 분산은 33.47이다.

2. mysum.ado

이처럼 변수의 중심 위치와 산포도를 아는 것은 어렵지 않다. 그러나 우리 목적은 프로그래밍을 실습하는 것이므로, 비록 비현실적 가정이긴 하지만, Stata에 중심 위치와 산포도를 계산하는 명령어가 없다고 가정해 보자. 그리하여 평균과 표준편차를 구하는 프로그램을 만들어야 한다고 해 보자. 이를 구하는 프로그램, 즉 mysum.ado 파일을 어떻게 만들 것인가?

가장 먼저 mysum 명령어의 구문을 생각해야 할 것이다. 이를 가장 손쉽게 떠올릴 수 있는 방법은 summarize 명령의 구문을 참고하는 것이다. summarize 명령어의 구문은 다음과 같다.

summarize [varlist] [if] [in] [weight] [, options]

동일 기능을 수행하는 mysum 명령어의 구문도 이와 흡사할 것이다. 즉 명령어 다음에 변수가 올 수도 있고 오지 않을 수도 있다. 그리고 if, in, weight, option 등이 있을 수도, 없을 수도 있다. 그러므로 mysum 프로그램은 다음과 같이 시작할 것이다.

syntax [varlist][if][in][pw][,options]

이런 구문을 염두에 두고, 먼저 평균을 구해 보자. 처음부터 여러 변수를 한꺼번에 고려하기는 힘드니 우선 한 변수의 평균을 생각해 보자. 앞에서 보았다시피, 평균은 여러 사례의 변숫값을 합한 다음에 이를 표본의 크기로 나눈 값이다. 여기서 문제는 개별 사례의 변숫값을 모두 합하는 것이다. 변숫값은 여러 가지 방식으로 합할 수 있겠지만 가장 손쉬운 방법은 sum() 함수를 사용하는 것이다. sum() 함수는 변숫값의 누적 합(running sum)을 제시한다.

```
. sysuse auto, clear
. gen x=sum(mpg)
```

```
. list mpg x in 1/5
```

	mpg	x
1.	22	22
2.	17	39
3.	22	61
4.	20	81
5.	15	96

여기에서 x는 mpg 값을 누적한 값이다. 그렇다면 x의 맨 마지막 값은 변수(mpg)의 값을 모두 합한 것일 텐데, x의 맨 마지막 값은 x[_N]이다.

```
. display x[_N]
1576
```

변숫값의 합을 알면 평균은 쉽게 계산할 수 있다. 평균은 x[_N]/_N이다. 프로그램 이름, 즉 mysum이라는 명령어 다음에 어떤 변수가 들어갈지 모르지만 한 변수만 들어간다고 가정했으므로 그것을 그저 `1'이라고 하자.

```
gen sum=sum(`1')
scalar avgsum=sum[_N]
gen mean=avgsum/_N
```

평균을 구하면 표준편차를 구하는 것도 그렇게 어렵지 않다. 변숫값과 평균의 차를 구하여 제곱한 다음 이를 모두 합하여 _N−1로 나누면 된다.

```
gen diff=`1'−mean
gen diffsq=(diff)^2
gen sdsum=sum(diffsq)
scalar sd_sum=sdsum[_N]
gen sd=sqrt(sd_sum/(_N−1))
```

평균과 표준편차에 이어, 최댓값과 최솟값도 쉽게 구할 수 있다. 변수를 작은 값에서 큰 값까지 나열하면 첫째 값이 최솟값이고, 마지막 값이 최댓값이다. 그러므로 다음과 같이 쓸 수 있다.

```
sort `1'
scalar min = `1'[1]
scalar max = `1'[_N]
```

평균과 표준편차, 최댓값과 최솟값을 구했으므로 이를 출력해야 한다.

```
disp in green "`1'"
        _col(15) in green "obs= " in yellow %3.0f _N      ///
        _col(25) in green "avg= " in yellow %9.3f mean    ///
        _col(40) in green "sd=  " in yellow %9.3f sd      ///
        _col(55) in green "min= " in yellow %9.3f min     ///
        _col(70) in green "max= " in yellow %9.3f max
```

앞의 논의를 모아 보자. 이런 명령으로 짠 프로그램은 아직 구상 단계에 있으므로 그 이름을 mysum.ado라고 하지 말고, 그저 first.ado라고 하자.

```
program first
  syntax [varlist][if][in][,options]
  // calculating the mean
  quietly {
    gen sum = sum(`1')
    scalar avgsum = sum[_N]
    scalar mean = avgsum/_N
  }

  //calculating the standard deviation
  quietly {
    gen diff = `1' - mean
    gen diffsq = (diff)^2
    gen sdsum = sum(diffsq)
    scalar sd_sum = sdsum[_N]
    gen sd = sqrt(sd_sum/(_N-1))
  }
```

```
// calculating the minimum and maximum value
quietly {
  sort `1'
  scalar min = `1'[1]
  scalar max = `1'[_N]
}

//displaying the results
disp in green "`1'"                                              ///
    _col(15) in green "obs= " in yellow %3.0f _N                ///
    _col(25) in green "avg= " in yellow %9.3f mean             ///
    _col(40) in green "sd= " in yellow %9.3f sd                ///
    _col(55) in green "min= " in yellow %9.3f min              ///
    _col(70) in green "max= " in yellow %9.3f  max
end
```

프로그램을 제대로 만들었는지를 시험해 보자.

```
. sysuse auto, clear
. first mpg
mpg       obs= 74 avg= 21.297 sd= 5.786 min= 12.000 max= 41.000
```

이 결과는 정확한가? 확인해 보자.

```
. summarize mpg
```

Variable	Obs	Mean	Std. Dev.	Min	Max
mpg	74	21.2973	5.785503	12	41

first 프로그램의 인쇄 모양새는 그렇게 좋아 보이지 않지만(지금 인쇄 모양새에 신경 쓸 필요는 없다. 나중에 얼마든지 바꿀 수 있다), 그 결과는 summarize 명령어의 결과와 정확하게 일치한다. 그러므로 프로그램의 방향이 크게 잘못된 것은 아니라고 판단할 수 있다.

그러나 방금 만든 이 프로그램, 즉 first.ado에는 많은 약점이 있다. 첫째, 이 프로그램은 오직 한 변수의 평균과 표준편차, 최솟값과 최댓값을 구한다.[14) 여러 변수의 평균과 산포도를 동시에 계산하지 못한다. 둘째, 프로그램을 짜는 과정에서 우리는 새 변수를 만들었다. 이런 변수는 단지 최종 결과를 계산하려고 만들었던 것이다. 그러므로 프로그램이 끝나면 이런 변수들을 버리는 것이 마땅하다. 나중에 확인하겠지만, 이 변수를 버리지 않으면 문제가 발생한다. 셋째, 이 프로그램은 각 변수에 있는 결측값을 고려하지 않는다. 만일 어떤 변수에 결측값이 존재하면 평균과 표준편차가 달라질 것인데, 이를 어떻게 처리할 것인가? 넷째, 제한자를 고려하지 않는다. 즉 사용자가 if나 in을 사용할 경우를 대비하지 않는다. 다섯째, 문자변수가 있다면 이를 어떻게 할 것인지를 생각하지 않는다. 이런 문제를 하나하나 해결해 보자.

먼지 여러 변수를 한써번에 고려해 보자. 여러 변수를 고려하려면 이어 돌기를 활용한다. 먼저 평균을 구하는 방식을 다음과 같이 바꾸어 보자.

```
foreach i of local varlist {
   quietly {
     gen sum_`i'=sum(`i')
     scalar avgsum_`i'=sum_`i'[_N]
     scalar mean_`i'=avgsum_`i'/_N
   }
}
```

여기에서 sum_`i'는 `i' 변수의 누적 합이다. 예컨대 사용자가 first mpg weight라고 명령하면, `varlist'는 mpg weight가 되고 곧 위의 이어 돌기로 들어간다. 이어 돌기에서 mpg의 순서가 되면, sum_`i'라는 변수는 sum_mpg가 되고, 이는 sum(mpg)의 결과를 저장한다. 이어 돌기에서 weight의 순서가 되면 sum_`i'는 sum_weight라는 변수가 되고, 이는 sum(weight)의 결과를 저장한다.

표준편차를 구하는 방식도 이와 흡사하다.

```
foreach i of local varlist {
   quietly {
```

---

14) 명령 창에서 다음 명령을 내려 보고 그 결과를 확인해 보라.

```
first mpg weight
```

```
        gen  diff_`i' = `i' − mean_`i'
        gen  diffsq_`i' = (diff_`i')^2
        gen  sdsum_`i' = sum(diffsq_`i')
        scalar  sd_sum_`i' = sdsum_`i'[_N]
        scalar  sd_`i' = sqrt(sd_sum_`i'/(_N − 1))
    }
}
```

최댓값과 최솟값도 마찬가지 방식으로 전환하면 된다.

```
foreach  i  of  local  varlist {
  quietly {
     sort  `i'
     gen  min_`i' = `i'[1]
     gen  max_`i' = `i'[_N]
  }
}
```

평균과 표준편차, 최솟값과 최댓값의 표기방식을 바꾸었으므로 출력할 때 그 이름을 바꿔야 할 것이다.

```
foreach  i  of  local  varlist {
  disp  in  green  "`i'"                                          ///
    _col(15)  in  green  "obs= "  in  yellow  %3.0f  _N           ///
    _col(25)  in  green  "avg= "  in  yellow  %9.3f  mean_`i'     ///
    _col(40)  in  green  "sd= "   in  yellow  %9.3f  sd_`i'       ///
    _col(55)  in  green  "min= "  in  yellow  %9.3f  min_`i'      ///
    _col(70)  in  green  "max= "  in  yellow  %9.3f  max_`i'
}
```

이를 모두 합한 파일을 second.ado라고 하자. 이 파일은 다음과 같다. 평균과 표준편차, 최솟값과 최댓값을 구할 때, 반복 사용한 foreach 명령을 하나로 묶었다는 것에 주목하자. 그리고 개별 명령의 결과를 화면에 보이지 않도록 quietly 명령어도 사용했음에 유의하라.

```
program second
  syntax [varlist][if][in][,options]
  foreach i of local varlist {
   // calculating the mean
    quietly {
      gen sum_`i'=sum(`i')
      scalar avgsum_`i'=sum_`i'[_N]
      scalar mean_`i'=avgsum_`i'/_N
    }
     //calculating the standard deviation
     quietly {
       gen diff_`i'=`i'-mean_`i'
       gen diffsq_`i'=(diff_`i')^2
       gen sdsum_`i'=sum(diffsq_`i')
       scalar sd_sum_`i'=sdsum_`i'[_N]
       scalar sd_`i'=sqrt(sd_sum_`i'/(_N-1))
     }

     // calculating the minimum and maximum value
     quietly {
       sort `i'
       gen min_`i'=`i'[1]
       gen max_`i'=`i'[_N]
     }

     //displaying the results
     disp in green "`i'"                                     ///
         _col(15) in green "obs= " in yellow %3.0f _N        ///
         _col(25) in green "avg= " in yellow %9.3f mean_`i'  ///
         _col(40) in green "sd= "  in yellow %9.3f sd_`i'    ///
         _col(55) in green "min= " in yellow %9.3f min_`i'   ///
         _col(70) in green "max= " in yellow %9.3f max_`i'
  }
end
```

이 파일이 제대로 작동하는지 확인해 보자.

```
. second mpg weight
mpg      obs= 74  avg=    21.297 sd=   5.786 min=   12.000 max=    41.000
weight   obs= 74  avg=  3019.459 sd= 777.194 min= 1760.000 max=  4840.000
```

이 결과는 summarize mpg weight 명령의 결과와 일치한다. 그러므로 프로그램을 제법 그럴싸하게 만들었다는 것을 알 수 있다. 그러나 이 프로그램은 심각한 결함을 노출한다. 위 명령을 실행한 후에 명령 창에 다음 명령을 입력해 보자.

```
.  second mpg weight price
sum_mpg already defined
r (110) ;
```

오류 신호다. sum_mpg라는 변수가 이미 있다는 것이다. 이 변수는 원자료, 즉 auto.dta에는 없던 것이다. 그렇다면 언제 만들어졌는가? 이 변수는 second mpg weight라는 명령을 실행하면서 새로 만들어진 것이다. 이 명령 실행은 이미 끝났지만, Stata는 명령 실행 결과로 만든 변수를 버리지 않고 그대로 보관한다. 그리하여 새 명령어, 즉 second mpg weight price가 프로그램 내부에서 sum_mpg라는 변수를 만들라고 명령하자 그 변수가 존재한다는 신호를 내보낸 것이다.

기실 second.ado와 같은 프로그램은 매우 불편하다. 불필요한 변수를 잔뜩 만들어 내기도 하지만, 변수를 반복 투입하면 곧바로 오류 신호를 내보내기 때문이다. 이런 문제를 해결하는 방법은 임시 변수를 활용하는 것이다. 앞에서 이미 보았듯, 임시 변수는 프로그램이 끝나면 곧 사라지므로 지금 겪는 이런 불편은 없어질 것이다. 제3 장에서 이미 보았듯, 임시 변수나 임시 스칼라를 만드는 일은 매우 쉽다. 임시 변수나 임시 스칼라를 만들 때는 tempvar나 tempname 명령을 사용한다. 여기서는 변수와 스칼라를 동시에 만들어야 하기 때문에 tempvar보다 tempname을 사용한다. 임시 변수나 스칼라를 만들려면,

```
tempname names
```

라고 하면 된다. second.ado 파일에서 우리가 만든 변수와 스칼라는 sum_`i', avgsum_`i', mean_`i'였는데, 이를 임시 변수나 임시 스칼라로 전환하려면

```
tempname sum_`i' avgsum_`i' mean_`i'
```

라고 명령한다. 문제는 이 이름에 내용을 채울 때 생긴다. 임시 변수나 임시 스칼라에 내용을 채울 때는 임시 이름에 작은 매크로 따옴표(`')를 붙여야 한다. 예컨대 임시 스칼라는

```
tempname abc
scalar abc =ln(mpg)
```

처럼 만드는 것이 아니라

```
tempname abc
scalar `abc' =ln(mpg)
```

처럼 만들어야 한다. 그러므로 앞의 sum_`i'라는 이름의 임시 변수의 내용을 채우려면

```
gen `sum_`i'' =sum(`i')
```

처럼 매크로 따옴표가 겹치게 된다. 이렇게 따옴표가 겹쳐도, 해석하기는 어렵지 않다. `i'가 mpg일 때는 `sum_`i''는 `sum_mpg'가 되고, `i'가 weight일 때는 `sum_weight'가 되기 때문이다. 어쨌든 이런 방식으로 임시 변수나 임시 스칼라를 만들면 second.ado 파일을 다음과 같이 고칠 수 있다. 이렇게 고친 파일을 third.ado라고 하자.

```
program third
  syntax [varlist][if][in][,options]

  foreach i of local varlist {
    // calculating the mean
    tempname sum_`i' avgsum_`i' mean_`i'
    quietly {
      gen `sum_`i'' =sum(`i')
      scalar `avgsum_`i'' =`sum_`i''[_N]
      scalar `mean_`i'' =`avgsum_`i''/_N
    }
```

```
//calculating the standard deviation
tempname diff_`i' diffsq_`i' sdsum_`i' sd_sum_`i' sd_`i'
quietly {
    gen `diff_`i'' = `i' - `mean_`i''
    gen `diffsq_`i'' = (`diff_`i'')^2
    gen `sdsum_`i'' = sum(`diffsq_`i'')
    scalar `sd_sum_`i'' = `sdsum_`i''[_N]
    scalar `sd_`i'' = sqrt(`sd_sum_`i''/(_N-1))
}
// calculating the minimum and maximum value
tempname min_`i' max_`i'
quietly {
    sort `i'
    gen `min_`i'' = `i'[1]
    gen `max_`i'' = `i'[_N]
}

//displaying the results
disp in green "`i'"                                              ///
    _col(15) in green "obs= " in yellow %3.0f _N                 ///
    _col(25) in green "avg= " in yellow %9.3f `mean_`i''         ///
    _col(40) in green "sd= "  in yellow %9.3f `sd_`i''           ///
    _col(55) in green "min= " in yellow %9.3f  `min_`i''         ///
    _col(70) in green "max= " in yellow %9.3f  `max_`i''
}
end
```

third.ado는 second.ado보다 훨씬 복잡해 보인다. 그러나 이 프로그램은 앞에서 우리를 괴롭힌 문제를 잘 해결한다.

```
. third mpg weight
mpg     obs=  74  avg=    21.297  sd=     5.786 min=    12.000 max=     41.000
weight  obs=  74  avg=  3019.459  sd=   777.194 min=  1760.000 max=   4840.000

. third mpg weight
mpg     obs=  74  avg=    21.297  sd=     5.786 min=    12.000 max=     41.000
weight  obs=  74  avg=  3019.459  sd=   777.194 min=  1760.000 max=   4840.000
price   obs=  74  avg=  6165.257  sd=  2949.496 min=  3291.000 max=  15906.000
```

명령 창에 동일 변수를 반복해서 입력해도 second.ado처럼 불평하지 않고 우리가
원하는 결과를 제대로 출력한다. 임시 변수를 활용하면 이렇게 프로그램의 운용이
편할 뿐 아니라 다른 장점도 누릴 수 있다. 프로그램의 수행이 끝났을 때 원자료는
변하지 않고 그대로 있다는 것이다. second.ado와 third.ado가 그 작업을 끝냈을 때
자료의 상태를 비교해 보자.

```
. sysuse auto, clear
. second mpg weight
. describe
```

Contains data from C:\Program Files\Stata10\ado\base/a/auto.dta

obs:	74			1978 Automobile Data
vars:	28			13 Apr 2007 17:45
size:	8,214 (99.9% of memory free)			(_dta has notes)

variable name	storage type	display format	value label	variable label
make	str18	%-18s		Make and Model
price	int	%8.0gc		Price
mpg	int	%8.0g		Mileage (mpg)
rep78	int	%8.0g		Repair Record 1978
headroom	float	%6.1f		Headroom (in.)
trunk	int	%8.0g		Trunk space (cu. ft.)
weight	int	%8.0gc		Weight (lbs.)
lenght	int	%8.0g		Lenght (in.)
turn	int	%8.0g		Turn Circle (ft.)
displacement	int	%8.0g		Displacement (cu. in.)
gear_ratio	float	%6.2f		Gear Ratio
foreign	byte	%8.0g	origin	Car type
sum_mpg	float	%9.0g		
mean_mpg	float	%9.0g		
diff_mpg	float	%9.0g		
diffsq_mpg	float	%9.0g		
sdsum_mpg	float	%9.0g		
sd_mpg	float	%9.0g		
min_mpg	float	%9.0g		
max_mpg	float	%9.0g		
sum_weight	float	%9.0g		
mean_weight	float	%9.0g		
diff_weight	float	%9.0g		
diffsq_weight	float	%9.0g		
sdsum_weight	float	%9.0g		

sd_weight	float	%9.0g		
min_weight	float	%9.0g		
max_weight	float	%9.0g		

Sorted by: weight
Note: dataset has changed since last saved

second.ado 프로그램은 원자료에 없던 변수를 많이 만든다. 말할 필요도 없지만, 자료 크기도 커진다. 그러나 third.ado 파일의 실행 결과는 이와 크게 다르다.

```
. sysuse auto, clear
. third mpg weight

. describe
```

Contains data from C:\Program Files\Stata10\ado\base/a/auto.dta

obs:	74		1978 Automobile Data
vars:	12		13 Apr 2007 17:45
size:	3,478 (99.9% of memory free)		(_dta has notes)

variable name	storage type	display format	value label	variable label
make	str18	%-18s		Make and Model
price	int	%8.0gc		Price
mpg	int	%8.0g		Mileage (mpg)
rep78	int	%8.0g		Repair Record 1978
headroom	float	%6.1f		Headroom (in.)
trunk	int	%8.0g		Trunk space (cu. ft.)
weight	int	%8.0gc		Weight (lbs.)
lenght	int	%8.0g		Lenght (in.)
turn	int	%8.0g		Turn Circle (ft.)
displacement	int	%8.0g		Displacement (cu. in.)
gear_ratio	float	%6.2f		Gear Ratio
foreign	byte	%8.0g	origin	Car type

sorted by: foreign

프로그램에서 우리가 새로 만든 변수는 온데간데없고 원자료만 그대로 남는다. 원자료를 그대로 남겨 두는 것이 바람직한 일이라면, 모양은 훨씬 복잡하지만 second.ado보다 third.ado가 더 나은 프로그램이라고 판단할 수 있다.

그러나 이 프로그램도 아직 완전하지 않다. 명령 창에 다음 명령어를 입력해 보자.

```
. third mpg weight rep78
mpg    obs= 74  avg=      21.297  sd=     5.786  min=   12.000  max=    41.000
weight obs= 74  avg=    3019.459  sd=   777.194  min= 1760.000  max=  4840.000
rep78  obs= 74  avg=       3.176  sd=     0.981  min=    1.000  max=
```

```
. sum mpg weight rep78
```

Variable	Obs	Mean	Std. Dev.	Min	Max
mpg	74	21.2973	5.785503	12	41
weight	74	3019.459	777.1936	1760	4840
rep78	69	3.405797	.9899323	1	5

두 명령의 실행 결과를 비교하면, 몇 가지 상이한 사실을 발견한다. rep78 변수의 결과를 보라. 첫째, 표본의 크기가 다르다. 둘째, 평균과 표준편차가 다르고, 최댓값이 다르다. 이런 차이는 무엇 때문에 나타났는가? 결측값을 고려하지 않았기 때문이다. 다른 변수에는 결측값이 없어 summarize 명령이나 third 명령에 똑같은 반응을 보이지만 rep78 변수에는 다섯 개의 결측값이 존재하여 결과가 달라졌다. 우리가 만든 third.ado 파일은 이 결측값을 고려하지 않아 표본의 크기를 5개 더 큰 것으로 과장하고, 그로 말미암아 평균과 표준편차는 더 작다. 또한, 최댓값은 결측값이 된다 (Stata는 결측값을 다른 어떤 숫자보다 큰 숫자로 인식한다. 그러므로 결측값이 있는 경우, 변수를 정렬해서 마지막 숫자를 최댓값으로 하라고 명령하면 결측값을 제시한다). 이렇게 결측값을 계산에 넣지 못하게 된 까닭은 _N을 사용했기 때문이다. _N은 결측값이나 제한자와는 무관하게 항상 표본의 전체 크기를 제시한다.

```
. quietly sum rep78
. display _N
74


. quietly sum mpg if foreign
. display _N
74
```

이런 문제를 해결하려면 _N이라는 지시자를 다른 것으로 대체해야 한다. 한 가지 방법은 sum() 함수와 $var\text{~}= .$이라는 조건식을 결합하는 것이다. 즉 sum($var\text{~}= .$)을 도입하는 것이다.

sum(*var*~=.)의 논리를 살펴보자. *var*~=.은 어떤 변수가 결측값이 아닐 때는 1, 결측값일 때는 0의 값을 부여한다는 조건식이다. sum(var~=.)은 이 값, 즉 0과 1들을 모두 합한 것인데 이 누적 합은 결측값이 아닌 사례 수가 된다. 다음 예를 보자.

```
clear
input x y
   1 7
   2 .
   3 5
   4 .
   5 6
end

. sort y
. gen obs_y=sum(y~=.)
. list y obs_y
```

	y	obs_y
1.	5	1
2.	6	2
3.	7	3
4.	.	3
5.	.	3

위의 예에서 보듯, 결측값이 존재하는 4번째 5번째 항에서도 obs_y의 값은 변하지 않는다. 결측값에서 y~=.은 0이므로 이를 더해도 sum(y~=.)값은 변하지 않기 때문이다. 어쨌든 sum(y~=.)의 마지막 값, 즉 obs_y[_N]은 3이고 이는 결측값을 제외한 사례 수를 나타낸다. 이런 논법으로 앞의 third.ado 파일을 고칠 수 있다. 예컨대

```
gen `mean_`i'' = `avgsum_`i''/_N
```

을

```
tempvar obs_`i'
```

```
gen `obs_`i'' = sum(`i'~=.)
gen `mean_`i'' = `avgsum_`i''/`obs_`i'[_N]
```

이거나

```
tempvar obs_`i' N_`i'
gen `obs_`i'' = sum(`i'~=.)
scalar `N_`i'' = `obs_`i''[_N]
gen `mean_`i'' = `avgsum_`i''/`N_`i''
```

로 바꾸면 된다. _N을 사용한 다른 수식에도 이런 방식을 적용하여 fourth.ado 파일을 만들어 보자.

```
program fourth
  syntax [varlist] [if] [in] [,options]
  // calculating the mean
  foreach i of local varlist {
    tempname sum_`i' avgsum_`i' mean_`i' obs_`i' N_`i'          // modified
    quietly {
      gen `sum_`i'' = sum(`i')
      scalar `avgsum_`i'' = `sum_`i''[_N]
      gen `obs_`i'' = sum(`i'~=.)                                // new
      scalar `N_`i'' = `obs_`i''[_N]                             // new
      scalar `mean_`i'' = `avgsum_`i''/`N_`i''                   // modified
    }
    //calculating the standard deviation
    tempname diff_`i' diffsq_`i' sdsum_`i' sd_sum_`i' sd_`i'
    quietly {
      gen `diff_`i'' = `i' - `mean_`i''
      gen `diffsq_`i'' = (`diff_`i'')^2
      gen `sdsum_`i'' = sum(`diffsq_`i'')
      scalar `sd_sum_`i'' = `sdsum_`i''[_N]                      // modified
      scalar `sd_`i'' = sqrt(`sd_sum_`i''/(`N_`i''-1))          // modified
    }
    // calculating the minimum and maximum value
    tempname min_`i' max_`i'
    quietly {
```

```
            sort `i'
            scalar `min_`i'' = `i'[1]
            scalar `max_`i'' = `i'[`N_`i']                         // modified
        }

        //displaying the results
        disp in green "`i'"                                        ///
            _col(15) in green "obs= " in yellow %3.0f `N_`i'       ///
            _col(25) in green "avg= " in yellow %9.3f `mean_`i''   ///
            _col(40) in green "sd= "  in yellow %9.3f `sd_`i''     ///
            _col(55) in green "min= " in yellow %9.3f `min_`i''    ///
            _col(70) in green "max= " in yellow %9.3f `max_`i''
    }
    end
```

이 프로그램이 제대로 작동하는지 확인하자.

```
. fourth mpg weight rep78
    mpg  obs= 74  avg=   21.297  sd=    5.786  min=   12.000  max=   41.000
 weight  obs= 74  avg= 3019.459  sd=  777.194  min= 1760.000  max= 4840.000
  rep78  obs= 69  avg=    3.406  sd= 2949.496  min=    1.000  max=    5.000
```

이제는 잘 작동한다. 결측값 문제는 해결하였다.

앞에서도 이야기했지만, **first.ado** 파일은 if나 in과 같은 제한자를 고려하지 않는다. 방금 만든 fourth.ado도 이를 고려하지 않기는 마찬가지다. 이런 프로그램이 완전하지 않다는 것은 말할 필요가 없다. 이제 사용자가 분석 대상을 일정 범위로 제한할 때, 즉 제한자를 사용할 때, 이에 대응하는 방법을 살펴보자. 제한자를 고려하는 가장 기초적인 방법은 자료 처리 과정마다 `if'와 `in'을 붙이는 것이다. 예컨대

```
        gen `sum_`i'' = sum(`i') `if' `in'
        gen `diff_`i'' = `i' − `mean_`i'' `if' `in'
```

등이 바로 그것들이다. 그러나 이런 방법은 매우 번거로울 뿐 아니라, 때로 오류를 저지르기 쉽다. 간단하면서도 안전한 방법은 먼저 프로그램의 머리에

```
tempvar touse
gen `touse'=0
replace `touse'=1 `if' `in'
```

명령어를 붙이고 자료 처리 과정에서 if `touse'를 덧붙이는 것이다. 예컨대 다음과
같은 방식이다.

```
gen `sum_`i''=sum(`i') if `touse'
```

이런 작업이 무엇을 뜻하는지를 알아보자. 먼저 tempvar touse리는 명령이로 touse
라는 임시 변수를 만든다. gen `touse'=0은 임시 변숫값을 0으로 한다는 뜻이다.
replace `touse'=1 `if' `in' 명령어의 의미는 다음과 같다. 만일 사용자가 if나 in을 붙
이면 그 해당 조건이나 범위에 해당하는 임시 변수의 값을 1로 바꾼다. 그러면 gen
…… if `touse'는 `touse'가 1일 때, 즉 일정한 조건이나 범위일 때만 변수를 만든다
는 의미를 띠게 된다. 만일 사용자가 if나 in 같은 제한자를 붙이지 않으면 어떻게
되는가? replace `touse'=1 `if' `in'에서 `if'와 `in'은 빈칸이 된다. 그러면 위 명령은
replace `touse'=1이 되는데, 결국 모든 사례가 분석 대상이 된다.
   어쨌든 사용자가 제한자를 붙이는 경우에 사용하는 이 방법은 널리 쓰기 때문에
Stata는 touse 변수를 쉽게 만드는 대체 명령을 보유한다. 즉

```
tempvar touse
quietly gen `touse'=0
quietly replace `touse'=1 `if' `in'
```

이라고 쓰는 대신,

```
tempvar touse
mark `touse' `if' `in'
```

이라고 줄여도 된다. 이 명령어가 무엇을 의미하는지를 이해해 보자. mark 명령어는
0과 1 값을 갖는 명목변수를 생성하라는 명령어다. 명령 창에서 다음 명령어를 순서

대로 입력해 보자.

```
. sysuse auto, clear
. mark one
. tab one
```

one	Freq.	Percent	Cum.
1	74	100.00	100.00
Total	74	100.00	

```
. mark two if foreign==1
. tab two
```

two	Freq.	Percent	Cum.
0	52	70.27	70.27
1	22	29.73	100.00
Total	74	100.00	

이처럼 mark *varname*은 1값을 갖는 변수를 생성하고 mark *varname* if *exp*는 조건에 맞는 특정 표본의 개체에는 1을, 그렇지 않은 개체에는 0을 부여한 변수를 만든다. 그러므로

```
mark `touse' `if' `in'
```

은

```
quietly gen `touse'=0
quietly replace `touse'=1 `if' `in'
```

과 같은 뜻을 지닌다. 이런 작업은 매우 잦기 때문에 Stata는 이를 더 줄인 명령어도 만들었다.

```
tempvar touse
mark `touse' `if' `in'
```

은

```
marksample touse
```

로 줄일 수 있다. 이 명령어는 syntax 구문 다음에 바로 넣는 것이 효율적이다.

```
syntax varname [if][in], BY(varname) [UNEqual Welch]
marksample touse
```

한 가지 주의해야 할 것은

```
tempvar touse
mark `touse' `if' `in'
```

은 대부분

```
marksample touse
```

로 줄일 수 있지만, 항상 그런 것은 아니다. marksample touse는 사용자가 제한자를 사용할 때 그에 해당하지 않는 사례를 분석 대상에서 제외하기도 하지만, 어떤 변수에 결측값이 있는 경우에 그 사례마저 일괄삭제(listwise deletion) 한다. 그러나 mark `touse' `if' `in'은 결측값에는 반응하지 않고 순전히 제한자에만 반응한다. 예를 들어 보자.

```
clear
sysuse auto
capture program drop try1
program try1
    syntax varlist [if]
    marksample touse
    sum `1' if `touse'
    sum `2' if `touse'
end

sysuse auto, clear
```

```
capture program drop try2
program try2
    syntax varlist [if]
    tempvar touse
    mark `touse' `if'
    sum `1' if `touse'
    sum `2' if `touse'
end
```

이 프로그램을 실행해 보자.

. try1 mpg rep78 if foreign
(53 observations deleted)

Variable	Obs	Mean	Std. Dev.	Min	Max
mpg	21	25.28571	6.309856	17	41

Variable	Obs	Mean	Std. Dev.	Min	Max
rep78	21	4.285714	.7171372	3	5

. try2 mpg rep78 if foreign
(52 observations deleted)

Variable	Obs	Mean	Std. Dev.	Min	Max
mpg	22	24.77273	6.611187	14	41

Variable	Obs	Mean	Std. Dev.	Min	Max
rep78	21	4.285714	.7171372	3	5

marksample 명령을 사용한 try1의 경우 rep78의 조건식에 맞지 않는 사례와 결측 값이 있는 사례를 일괄삭제하여 21개 사례만을 분석하지만, mark 명령을 사용한 try2는 오직 조건식에 맞지 않은 사례만을 제거한다. 그러므로 일괄삭제를 원하지 않는 우리 프로그램에서는 marksample이 아니라 mark 명령을 사용하기로 한다.

임시 변수를 활용하는 이런 방식은 매번 `if'나 `in'을 입력하는 이전 방식보다 훨 씬 간편하다. 그러나 이런 방식도 조금 덜 복잡할 뿐 복잡하기는 마찬가지다. 자료 처리 과정에서 매번 if `touse'를 입력해야 하기 때문이다. 이런 복잡함을 피하는 가 장 쉬운 방법은 프로그램의 머리 부분에 다음 명령을 붙이는 것이다.

```
tempvar touse
mark `touse' `if' `in'
preserve
keep if `touse'
```

preserve를 제외한 이 명령어의 뜻은 분명하다. 사용자가 제한자를 붙이면, 그 범위의 값만을 대상으로 분석하라는 것이다.

그렇다면 preserve는 무엇인가? preserve 명령은 원자료를 복사해서 보관한다. 이 명령을 내리면, 추후에 어떤 명령으로 자료를 변형하였다고 해도, Stata는 원래 자료를 그대로 보관하다 프로그램이 끝나면 그 자료를 자동으로 복원한다. 예컨대 keep if `touse'는 이 제한 범위 안에 있는 값만을 따로 분리한다. 그러므로 이 명령을 수행하면 이런 조건에 맞는 자료만 남는다. 그러나 이렇게 자료를 변형해도 preserve 명령 때문에 프로그램이 끝나면 보관해 놓았던 원자료로 되돌아간다. 확인해 보자.

```
sysuse auto, clear
capture program drop silly
program silly
  preserve
  keep if foreign
  sum mpg
end

. silly
(52 observationa deletad)
```

Variable	Obs	Mean	Std. Dev.	Min	Max
mpg	22	24.77273	6.611187	14	41

```
. sum mpg
```

Variable	Obs	Mean	Std. Dev.		Max
mpg	74	21.2973	5.785503		41

silly 프로그램 안에서 외제차만 대상으로 하여 **mpg** 값의 기술통계치를 제시하라고 하였는데, 프로그램을 실행하여 우리가 원하는 값을 얻었다. 그러나 프로그램이 끝난 후 다시 **mpg**의 기술통계치를 제시하라는 명령을 내렸을 때는 외제차가 아니라

원자료를 분석한다.

preserve 명령을 사용하면, 자료는 프로그램이 끝나자마자 자동으로 원래의 상태로 되돌아가지만, 프로그램이 끝나지 않으면 자동으로 돌아가지 않는다. 이럴 때는 restore를 써서 강제로 복원해야 한다. 다음 예를 보자.

```
program silly2
  local varlist "`0'"
  foreach i of local varlist {
    preserve
    quietly keep if foreign
    sum `i'
  }
end
```

이런 프로그램을 짠 다음, 아래 명령을 실행해 보자.

```
. silly2 mpg weight
```

Variable	Obs	Mean	Std. Dev.	Min	Mex
mpg	22	24.77273	6.611187	14	41

```
already preserved
r(621);
```

오류 신호다. 왜인가? 첫 변수 mpg가 이어 돌기로 들어갈 때 preserve 명령어가 실행되어 원래의 데이터를 보존한다. 그 다음 keep if foreign 명령어로 외제차만 골라낸다. sum mpg라는 명령으로 외제차 mpg의 기술통계치를 제시한다. 다음 이어 돌기에서 다시 preserve를 만나는데, 이는 이미 보관한 데이터와 구별되는 다른 데이터를 보관하라고 명령하는 것이니 오류 신호를 보낸 것이다. 이럴 때는 이어 돌기 끝무렵에 restore 명령으로 원래 데이터를 복원하라는 명령을 내려야 한다.

```
program silly3
  local varlist "`0'"
  foreach i of local varlist {
```

```
        preserve
        quietly keep if foreign
        sum `i'
        restore                                    // new
      }
    end
```

이 프로그램을 실행하면 우리가 원하는 결과를 얻을 수 있다.

```
. silly3 mpg weight
```

Variable	Obs	Mean	Std. Dev.	Min	Max
mpg	22	24.77273	6.611187	14	41
Variable	Obs	Mean	Std. Dev.	Min	Max
weight	22	2315.909	433.0035	1760	3420

어쨌든, 이런 논의를 바탕으로, 제한자를 붙인 프로그램의 세부 사항을 완성할 수 있다. 이를 조합한 파일을 fifth.ado라고 하자.

```
program fifth
  syntax [varlist][if][in][,options]
  tempvar touse                              // new
  mark `touse' `if' `in'                     // new
  preserve                                   // new
  quietly keep if `touse'                    // new

  // calculating the mean
  foreach i of local varlist {
    tempname sum_`i' avgsum_`i' mean_`i' obs_`i' N_`i'
    quietly {
      gen `sum_`i'' =sum(`i')
      scalar `avgsum_`i'' =`sum_`i''[_N]
      gen `obs_`i'' =sum(`i'~=.)
      scalar `N_`i'' =`obs_`i''[_N]
      scalar `mean_`i'' =`avgsum_`i''/`N_`i''
    }

    //calculating the standard deviation
```

```
    tempname diff_`i' diffsq_`i' sdsum_`i' sd_sum_`i' sd_`i'
    quietly {
        gen `diff_`i'' = `i' - `mean_`i''
        gen `diffsq_`i'' = (`diff_`i'')^2
        gen `sdsum_`i'' = sum(`diffsq_`i'')
        scalar `sd_sum_`i'' = `sdsum_`i''[_N]
        scalar `sd_`i'' = sqrt(`sd_sum_`i''/(`N_`i'' - 1))
    }

    // calculating the minimum and maximum value
    tempname min_`i' max_`i'
    quietly {
        sort `i'
        scalar `min_`i'' = `i'[1]
        scalar `max_`i'' = `i'[`N_`i'']
    }

    //displaying the results
    disp in green "`i'"                                              ///
        _col(15) in green "obs= " in yellow %3.0f `N_`i''           ///
        _col(25) in green "avg= " in yellow %9.3f `mean_`i''        ///
        _col(40) in green "sd= "  in yellow %9.3f `sd_`i''          ///
        _col(55) in green "min= " in yellow %9.3f `min_`i''         ///
        _col(70) in green "max= " in yellow %9.3f `max_`i''
    }
end
```

이 프로그램을 실행해 보자.

```
. fifth mpg weight rep78 if foreign
    mpg  obs= 22  avg=   24.773  sd=  6.611  min=  144000  max=  41.0000
 weight  obs= 22  avg= 2315.909  sd= 433.003  min= 1760.000  max= 3420.0000
  rep78  obs= 21  avg=    4.286  sd=  0.717  min=   3.000  max=   5.0000
```

이제 프로그램을 대체로 완성한 듯하다. 그러나 이 프로그램은 아직도 부족하다. 명령 창에 다음 명령어를 입력해 보자.

```
. fifth
type mismatch
r(109);
```

앞에서 보았듯 syntax 명령어에 특정한 선택 조건을 달지 않은 상태에서 프로그램
이름 다음에 특정 변수를 나열하지 않고 프로그램 이름만 입력하면, 모든 변수의 기
술통계치를 제시한다. 그러나 이런 기대가 무너졌을 뿐 아니라 오류 신호까지 만났
다. 무엇 때문인가? set trace on 명령으로 한줄 한줄 실행 결과를 살펴보자.

```
. set trace on
.  fifth                                                              ──── begin  fifth ────
- version 10.1
- syntax  [varlist][if][in][,options]
- tempvar touse
- mark `touse' `if' `in'
= mark  __000000
- preserve
- quietly keep if `touse'
= quietly keep if  __000000
- foreach i of local varlist {
- tempname sum_`i' avgsum_`i' mean_`i' obs_`i' N_`i'
= tempname sum_make avgsum_make mean_make obs_make N_make
- quietly {
- gen    sum_`i''=sum(`i') if `touse'
= gen  __000001=sum(make) if  __000000
type mismatch
```

위의 결과를 보면, make 변수에서 문제가 발생하였다는 것을 알 수 있다. sum
(make)이라고 했는데, make가 문자변수여서 숫자 변수를 대상으로 자료를 분석하는
sum() 함수와 유형이 일치하지 않는다는 것이다. 그렇다! 지금까지 문자변수를 고려
하지 않은 것이다! 문자변수는 어떻게 처리할 것인가? 특정 변수가 문자변수인지 아
닌지를 확인하여 문자변수인 경우 그 결과 출력 방식을 달리하면 된다. 이 작업은
confirm 명령어로 시작한다. 먼저 confirm 명령어로 어떤 변수가 문자변수인지 아닌
지를 확인한 다음, 문자변수일 때(_rc==0)와 문자변수가 아닐 때(_rc~=0)를 구분하
여 명령을 달리하면 된다. 다시 말해 프로그램을 다음과 같은 구조로 재편해야 한다.

```
foreach i of local varlist {
  capture confirm string var `i'
  if _rc==0 {
    ..........
  }
  else {
    ..........
  }
}
```

만일 변수가 문자변수라면 평균이나 표준편차, 최솟값과 최댓값을 출력할 필요가 없다. 표본의 크기만 제시하면 된다. 그러나 여기서는 Stata의 summarize 명령의 결과처럼 표본의 크기도 0으로 처리하기로 한다. 그러므로 이를 출력할 때는

```
disp in green "`i'"                                        ///
  _col(15) in green "obs= " in yellow %3.0f 0              ///
  _col(25) in green "avg= " in yellow %9.3f ""             ///
  _col(40) in green "sd= "  in yellow %9.3f ""             ///
  _col(55) in green "min= " in yellow %9.3f ""             ///
  _col(70) in green "max= " in yellow %9.3f ""
```

라고 하면 된다. 이를 앞의 논의와 조합한 것이 sixth.ado다.

```
program sixth
  syntax [varlist][if][in][,options]
  tempvar touse
  mark `touse' `if' `in'

  preserve
  quietly keep if `touse'

  //checking the variable
  foreach i of local varlist {
    capture confirm string var `i'
    // String variables
    if _rc==0 {
    // displaying the results
```

```
        disp in green "`i'"                                                   ///
            _col(15) in green "obs= " in yellow %3.0f 0                        ///
            _col(25) in green "avg= " in yellow %9.3f ""                       ///
            _col(40) in green "sd= "  in yellow %9.3f ""                       ///
            _col(55) in green "min= " in yellow %9.3f ""                       ///
            _col(70) in green "max= " in yellow %9.3f ""
    }

    // Numeric variables
    else {
        tempname sum_`i' avgsum_`i' mean_`i' obs_`i' N_`i'
        quietly {
            gen `sum_`i''=sum(`i')
            scalar `avgsum_`i''=`sum_`i''[_N]
            gen `obs_`i''=sum(`i'~=.)
            scalar `N_`i''=`obs_`i''[_N]
            scalar `mean_`i''=`avgsum_`i''/`N_`i''
        }

        // calculating the standard deviation
        tempname diff_`i' diffsq_`i' sdsum_`i' sd_sum_`i' sd_`i'
        quietly {
            gen `diff_`i''=`i'-`mean_`i''
            gen `diffsq_`i''=(`diff_`i'')^2
            gen `sdsum_`i''=sum(`diffsq_`i'')
            scalar `sd_sum_`i''=`sdsum_`i''[_N]
            scalar `sd_`i''=sqrt(`sd_sum_`i''/(`N_`i''-1))
        }

        // calculating the minimum and maximum value
        tempname min_`i' max_`i'
        quietly {
            sort `i'
            scalar `min_`i''=`i'[1]
            scalar `max_`i''=`i'[`N_`i'']
        }

        //displaying the results
        disp in green "`i'"                                                    ///
            _col(15) in green "obs= " in yellow %3.0f `N_`i''                  ///
```

```
          _col(25)  in  green  "avg = "   in  yellow  %9.3f  `mean_`i'"        ///
          _col(40)  in  green  "sd = "     in  yellow  %9.3f  `sd_`i'"          ///
          _col(55)  in  green  "min = "    in  yellow  %9.3f  `min_`i'"         ///
          _col(70)  in  green  "max = "    in  yellow  %9.3f  `max_`i'"
      }
   }
end
```

이런 방식으로 문제를 마무리하였으므로, 이제 명령 창에 sixth라고 입력해 보자. 우리가 원하는 결과를 얻을 수 있다.

```
. sixth
make          obs= 0     avg=            sd=            min=           max=
price         obs= 74    avg= 6165.257 sd= 2949.496 min= 3291.000 max= 15906.000
mpg           obs= 74    avg=   21.297 sd=    5.786 min=   12.000 max=    41.000
rep78         obs= 69    avg=    3.406 sd=    0.990 min=    1.000 max=     5.000
headroom      obs= 74    avg=    2.993 sd=    0.846 min=    1.500 max=     5.000
trunk         obs= 74    avg=   13.757 sd=    4.277 min=    5.000 max=    23.000
weight        obs= 74    avg= 3019.459 sd=  777.194 min= 1760.000 max=  4840.000
length        obs= 74    avg=  187.932 sd=   22.266 min=  142.000 max=   233.000
turn          obs= 74    avg=   39.649 sd=    4.399 min=   31.000 max=    51.000
displacement obs= 74     avg=  197.297 sd=   91.837 min=   79.000 max=   425.000
gear_ratio    obs= 74    avg=    3.015 sd=    0.456 min=    2.190 max=     3.890
foreign       obs= 74    avg=    0.297 sd=    0.460 min=    0.000 max=     1.000
```

이제 이 프로그램에 실질적인 문제는 남아 있는 것 같지 않다. 모든 것을 원하는 대로 출력할 수 있기 때문이다. 다만 두어 가지 형식 문제가 아직 마음에 걸린다. 하나는 프로그램의 모양이고, 다른 하나는 프로그램 실행 결과의 모양이다. 첫째, 프로그램은 일종의 언어다. 언어는 같은 뜻을 다른 형식으로 전달할 수 있다. 예컨대 "나는 어제 학교에 갔다. 그리고 공을 찼다"라는 문구와 "나는 어제 학교에 가서, 공을 찼다"라는 문구는 그 뜻이 같다. 그러나 전자보다 후자가 훨씬 더 읽기도 쉽고 듣기도 좋다. 우리가 지금 만든 sixth.ado 프로그램은 문법적으로 올바르지만, 그 수사(修辭)는 미흡한 글과 같다. 많은 중괄호와 들여쓰기 때문에 아름답지 않다. 둘째, sixth.ado의 출력 결과에는 같은 문자가 반복 출현하여 번잡하기 이를 데 없다. 지금부터 이 두 가지 문제를 해결해 보자.

먼저, 위 프로그램을 어떻게 단순하고 아름답게 만들 것인가? 프로그램을 단순하게 만드는 가장 쉬운 방법은 프로그램을 여러 하위 프로그램(subroutine)으로 분할하는 것이다. 앞의 sixth.ado 파일은 변수가 문자일 때와 숫자일 때를 구분한다. 그러므로 문자변수를 다루는 부분과 숫자 변수를 다루는 부분을 하위 프로그램으로 분리하는 것이 더 낫다. 하위 프로그램으로 가지치기하는 분기점은

```
capture confirm string var `i'
```

다. _rc==0이라면 문자를 다루는 하위 프로그램을 구동하고, 그렇지 않다면 숫자를 다루는 하위 프로그램을 구동하면 될 것 같다. 이 하위 프로그램의 이름을 각각 String, Numeric이라고 한다면, 큰 틀에서 프로그램을 다음과 같은 방식으로 재구성할 수 있다. 이제 이 프로그램은 완성단계에 이르렀으므로 이름을 mysum.ado 파일이라고 부르는 것이 좋겠다.

```
program mysum
  syntax [varlist][if][in][,options]
  foreach i of local varlist {
    capture confirm string var `i'
    if _rc==0 {
      String `i'
    }
    else {
      Numeric `i'
    }
  }
end

program String
  syntax varlist
  display "'`1'" _col(10) "descriptives for String variables"
end

program Numeric
  syntax [varlist][if][in][,options]
```

```
display "`1'" _col(10) "descriptives for Numeric variables"
end
```

이 프로그램에서 하위 프로그램, 즉 String과 Numeric의 구체적 내용은 아직 작성하지 않았다. 큰 틀의 프로그램이 무난하다고 판단될 때까지 하위 프로그램의 구체적 내용을 작성하지 않아도 무방하기 때문이다. 우선 이런 프로그램이 무난히 작동할 것인지를 알아보자.

```
. mysum make mpg weight
make        descriptives for String variables
mpg         descriptives for Numeric variables

weight      descriptives for Numeric variables
```

전체적 틀에서 프로그램은 잘 돌아간다. 문자변수는 문자변수를 다루는 String 프로그램으로 들어가고, 숫자 변수는 Numeric 프로그램으로 들어간다. 큰 틀을 제대로 만들었으므로, 이제 String 프로그램과 Numeric 프로그램을 채운다. String 프로그램과 Numeric 프로그램은 sixth.ado에 실려 있는 바와 크게 다르지 않다. 다만 한 가지를 변경했다는 사실에 주목하자. mysum.ado에서 하위 프로그램으로 분기할 때 String `i', Numeric `i'라고 하였는데, 매크로 i의 내용, 즉 `i'는 사용자가 특정 변수를 입력할 때마다 매번 바뀌겠지만, 즉 String make, Numeric price…… 등으로 명령이 바뀔 것이지만, String이나 Numeric 하위 프로그램에 투입되는 것은 오직 한 변수다. 그러므로 String과 Numeric 프로그램에서는 foreach 구문을 삭제하고 `i'를 모두 `1'로 바꾼다.

이런 종류의 프로그램에서 주목해야 할 사항은 주프로그램(mysum.ado) 내부에 있는 하위 프로그램, 즉 String, Numeric 프로그램은 오직 주프로그램 안에서만 인지될 뿐 이 프로그램 밖에서는 인식할 수 없다는 사실이다. mysum mpg라고 하면 `0'은 당연히 mpg이고 이는 숫자 변수이므로 Numeric 하위 프로그램이 이를 처리한다. 그러나 mysum.ado라는 프로그램 밖에서, 즉 명령 창에서 Numeric mpg이라고 입력하면 어떻게 될 것인가?

```
. Numeric mpg
unrecognized command:   Numeric
r(199);
```

분명히 Numeric이라는 프로그램이 존재하는데도 오류 신호가 뜬다. 어찌 된 일인가? 이는 Numeric이라는 프로그램은 mysum.ado라는 큰 프로그램 안에서만 의미를 가질 뿐 그 밖에서는 인지되지 않기 때문이다.

얼핏 보아 이런 속성은 불편해 보이지만 몇 가지 장점을 갖는다. 이런 속성 때문에 ado 파일을 불필요하게 많이 만들지 않아도 되고 하위 프로그램의 이름을 자유롭게 붙일 수 있다. summarize, describe 등과 같은 Stata 내장 프로그램의 이름만 피한다면 어떤 것이라도 하위 프로그램의 이름으로 삼을 수 있다.

둘째 과제, 즉 출력 결과를 말끔하게 정리하는 문제는 제8장에서 논의하였듯, 출력 내용을 행렬 형태로 제시함으로써 해결할 수 있다. 출력 형태를 행렬로 바꾸는 방법을 차근차근 살펴보자. 먼저 String 프로그램에서 출력을 담당하는 부분을 다음과 같이 바꾼다.

```
mat stat_`1'=J(1, 5, 99)
mat rownames stat_`1'=`1'
mat colnames stat_`1'=obs mean stddev min max

mat stat_`1'[1, 1]=0
mat stat_`1'[1, 2]=.z
mat stat_`1'[1, 3]=.z
mat stat_`1'[1, 4]=.z
mat stat_`1'[1, 5]=.z
```

Numeric 프로그램에서는 그 부분을 다음처럼 바꾼다.

```
mat stat_`1'=J(1, 5, 99)
mat rownames stat_`1'=`1'
mat colnames stat_`1'=obs mean stddev min max
```

```
mat stat_`1'[1, 1] = `N_`1"
mat stat_`1'[1, 2] = `mean_`1"
mat stat_`1'[1, 3] = `sd_`1"
mat stat_`1'[1, 4] = `min_`1"
mat stat_`1'[1, 5] = `max_`1"
```

이 프로그램에서 mat stat_`1' = J(1, 5, 99)라는 명령은 stat_make, stat_price 등의 행렬을 1×5 행렬로 만들어 각 원소를 99로 채우라는 것이고, mat rownames, mat colnames는 각각 행과 열의 이름을 붙이라는 것이다. 나머지 명령은 이렇게 만든 행렬의 원소를 사용자가 바라는 값으로 바꾼다(String 프로그램에서는 99를 0과 .z으로 바꾸었음에 유의하라). mysum 프로그램을 위와 같이 바꾸어 명령 창에 mysum make price mpg라고 입력하면, stat_make, stat_price, stat_mpg 등의 벡터를 다음과 같은 형태로 출력한다.

. mysum make price mpg

	obs	mean	std-dev	min	max
make	0	.z	.z	.z	.z

	obs	mean	std-dev	min	max
price	74	6165.257	2949.496	3291	15906

	obs	mean	std-dev	min	max
mpg	74	21.2973	5.785503	12	41

이제 남은 문제는 개별적으로 출력된 이들 각 벡터를 결합하여 한꺼번에 출력하는 것이다. 이를 합하는 절차를 주프로그램에 도입할 수 있다. 그러나 하위 프로그램을 만드는 방식을 이해하면 주프로그램에서 어떻게 이 절차를 도입할 것인지는 금방 이해할 수 있다. 그러므로 여기서는 Mat라는 하위 프로그램을 만들어 이를 결합해 보자. 우선 주프로그램에

Mat `varlist'

라는 구절을 삽입한다. 이는 Mat라는 하위 프로그램에 사용자가 지정한 변수를

투입하라는 명령어다. 이제 Mat 프로그램을 만든다. Mat 프로그램에는 몇 개의 변수가 투입될 것이므로 다음과 같이 만들 수 있다.

```
program Mat
   syntax [varlist]
   ..............
   ..............
end
```

사용자가 몇 개의 변수를 투입할지 모르므로 우선 사용자가 투입한 변수의 수를 세어 nvar라는 매크로에 저장한다. 이 매크로는 나중에 여러 행 벡터를 결합하는 데 사용할 것이다.

```
local nvar: word count `varlist'
```

이제 지금까지 만든 stat_*varname* 행 벡터를 결합하여 새 행렬 stat를 만든다. 행 벡터를 결합할 때는 nullmat() 함수를 사용한다(4장 참조).

```
forval i=1/`nvar' {
   local v: word `i' of `varlist'
   mat stat=(nullmat(stat)\ stat_`v')
}
```

이 명령어 조합의 의미는 다음과 같다. 이어 돌기의 첫 단계에서, 즉 `i'가 1일 때는 nullmat(stat)은 빈칸이고, `v'는 varlist의 첫 번째 변수인 make가 되므로 stat=(stat_make)다. 두 번째 이어 돌기에서 nullmat(stat)는 stat_make고, `v'는 varlist의 두 번째 변수인 price다. 그러므로 stat=(stat_make\stat_price)가 된다. 세 번째 이어 돌기에서 nullmat(stat)는 (stat_make\stat_price)고, `v'는 varlist의 세 번째 변수인 mpg다. 그러므로 stat=(stat_make\stat_price\stat_mpg)가 된다. 이런 방식으로 `nvar'번째 변수까지 도달하면, String 프로그램과 Numeric 프로그램에서 만든 모든 행 벡터를 결합하게 된다. 이렇게 결합한 행렬을 출력하는 명령어는

```
matlist stat, nodotz
```

이다. 여기서 nodotz라는 선택 명령은 결측값(.z)이 있는 항을 공란으로 만든다. 어쨌든 위 논의를 모두 포함한 Mat 프로그램은 다음과 같다.

```
program Mat
    syntax varlist
    local nvar: word count `varlist'
    forval i=1/`nvar' {
        local v: word `i' of `varlist'
        mat stat=(nullmat(stat)\ stat_`v')
    }
    matlist stat, nodotz
end
```

이 하위 프로그램에 큰 문제가 있는 것은 아니다. 그러나 앞에서도 지적하였듯, 프로그램이 모두 끝났을 때, 프로그래머가 만든 변수, 매크로, 행렬, 파일 등은 남겨두지 않는 것이 좋다. 이를 남기지 않는 한 방법은 임시 변수나 임시 행렬을 사용하는 것이지만, 그럴 수 없을 경우에는 이를 직접 지워야 한다.

Mat 프로그램에서 새로 만드는 stat 행렬은 임시 행렬로 만들어도 무방하다. 그러나 String 프로그램이나 Numeric 프로그램이 만든 stat_*varname* 벡터는 임시 행렬이 아니다. 이 프로그램들에서 이 벡터들을 임시 행렬로 만들지 않은 까닭은 이들을 Mat 프로그램에서 다시 사용하려고 했기 때문이다. 어쨌든 star_*varname* 벡터를 모두 활용한 지금에 와서는 이들을 직접 지워야 한다. 행렬을 지우는 명령어는 matrix drop이다. 그러므로 Mat 프로그램을 다음과 같이 바꾼다.

```
program Mat
    syntax varlist
    local nvar: word count `varlist'
    tempname stat                              // new
    forval i=1/`nvar' {
        local v: word `i' of `varlist'
        mat `stat'=(nullmat(`stat')\ stat_`v') // modified
```

```
        mat  drop  stat_`v'                    // added
    }
    matlist  `stat',  nodotz                   // modified
end
```

다른 한편, summarize 명령 등은 by라는 전치(前置, prefix) 명령어를 사용할 수 있다. 예컨대 by foreign: sum mpg 등의 명령을 내릴 수 있다. 이 명령은 foreign의 범주마다 요약 통계치를 제시하라는 것인데, 우리 프로그램도 이런 방식의 명령어로 만들 수 있다. 이런 방식의 명령을 가능하게 만드는 프로그램 언어는 byable(recall)이라는 선택 명령이다. 즉 AAA라는 프로그램이 있다면,

```
        program  AAA,  byable(recall)
```

이라고 하면 된다.15)

　이 모든 논의를 종합한 프로그램을 mysum.ado라고 하자. 이 파일의 내용은 아래와 같다. 이 파일은 완성 파일이므로 파일 주석("*! a command to show descriptive statistics 22oct2009 s.chang")과 판 번호("version 10")도 붙인다.

```
*! a command to show descriptive statistics  22oct2009  s.chang
program  mysum,  byable(recall)
    version  10
    syntax  [varlist][if][in]
    tempvar  touse
    mark  `touse'  `if'  `in'

    preserve
    quietly  keep  if  `touse'

    foreach  i  of  local  varlist  {
        capture  confirm  string  var  `i'
        if  _rc==0  {
            String  `i'
```

---

15) byable()의 괄호 안에 recall이 아니라 onecall을 붙일 수도 있다. 양자의 차이를 알려면 help byable을 입력해 보라.

```
    }
    else {
      Numeric `i'
    }
  }
  Mat `varlist'
end

program String
  syntax [varlist]

  quietly tab `1'
  tempname r_`1'
  scalar `r_`1''=r(N)

  // displaying the results
  mat stat_`1'=J(1,5,99)
  mat rownames stat_`1'=`1'
  mat colnames stat_`1'=obs mean std−dev min max
  mat stat_`1'[1, 1]=0
  mat stat_`1'[1, 2]=.z
  mat stat_`1'[1, 3]=.z
  mat stat_`1'[1, 4]=.z
  mat stat_`1'[1, 5]=.z
end

program Numeric
  syntax [varlist]

  tempname sum_`1' avgsum_`1' mean_`1' obs_`1' N_`1'
  quietly {
    gen `sum_`1''=sum(`1')
    scalar `avgsum_`1''=`sum_`1''[_N]
    gen `obs_`1''=sum(`1'∼=.)
    scalar `N_`1''=`obs_`1''[_N]
    scalar `mean_`1''=`avgsum_`1''/`N_`1''
  }

  // calculating the standard deviation
  tempname diff_`1' diffsq_`1' sdsum_`1' sd_sum_`1' sd_`1'
```

```
quietly {
    gen `diff_`1'" = `1' - `mean_`1'"
    gen `diffsq_`1'" = (`diff_`1'")^2
    gen `sdsum_`1'" = sum(`diffsq_`1'")
    scalar `sd_sum_`1'" = `sdsum_`1'"[_N]
    scalar `sd_`1'" = sqrt(`sd_sum_`1'"/(`N_`1'" - 1))
}

// calculating the minimum and maximum value
tempname min_`1' max_`1'
quietly {
    sort `1'
    scalar `min_`1'" = `1'[1]
    scalar `max_`1'" = `1'[`N_`1'"]
}

//displaying the results
mat stat_`1' = J(1,5,99)
mat rownames stat_`1' = `1'
mat colnames stat_`1' = obs mean std-dev min max

mat stat_`1'[1, 1] = `N_`1'"
mat stat_`1'[1, 2] = `mean_`1'"
mat stat_`1'[1, 3] = `sd_`1'"
mat stat_`1'[1, 4] = `min_`1'"
mat stat_`1'[1, 5] = `max_`1'"
end

program Mat
    syntax [varlist]
    local nvar: word count `varlist'
    tempname stat
    forval i = 1/`nvar' {
        local v: word `i' of `varlist'
        mat `stat' = (nullmat(`stat')\ stat_`v')
        mat drop stat_`v'
    }
    matlist `stat', nodotz
end
```

이 프로그램을 실행해 보자. 그리고 명령 창에 **mysum**이라고 입력해 보자.

```
. mysum
```

	obs	mean	std-dev	min	max
make	0				
price	74	6165.257	2949.496	3291	15906
mpg	74	21.2973	5.785503	12	41
rep78	69	3.405797	.9899323	1	5
headroom	74	2.993243	.8459948	1.5	5
trunk	74	13.75676	4.277404	5	23
weight	74	3019.459	777.1936	1760	4840
length	74	187.9324	22.26634	142	233
turn	74	39.64865	4.399354	31	51
displacement	74	197.2973	91.83722	79	425
gear_ratio	74	3.014865	.4562871	2.19	3.89
foreign	74	.2972973	.4601885	0	1

이 출력 형태는 **sixth.ado** 파일의 그것보다 훨씬 더 간결하고 산뜻하다. by 전치 명령을 붙여 보자. 이 역시 잘 작동한다.

```
. by foreign: mysum mpg weight
-> foreign = Domestic
```

	obs	mean	std-dev	min	max
mpg	52	19.82692	4.743297	12	34
weight	52	3317.115	695.3638	1800	4840

```
-> foreign = Foreign
```

	obs	mean	std-dev	min	max
mpg	22	24.77273	6.611187	14	41
weight	22	2315.909	433.0035	1760	3420

제7장 | 확률분포와 정상접근정리

1. 확률분포와 난수 발생

어떤 변수가 특정 값을 가질 확률을 계산할 수 있으면, 그 변수를 확률변수(random variable)라 하고, 이 변수의 값과 그 값이 나올 확률을 짝지은 것을 확률분포(probability distribution)라 한다. 예컨대 주사위를 던졌을 때 1부터 6까지의 값이 나올 확률은 각각 1/6인데, 이 변숫값과 확률, 즉 1과 1/6, 2와 1/6 등을 대응해 놓은 것이 확률분포다.

확률분포는 여러 형태를 띤다. 이런저런 형태에서 가장 단순한 분포는 아무래도 균등분포(uniform distribution)다. 이 분포에서 이런저런 경우가 나타날 확률은 모두 같다. 예를 들어 주사위를 던졌을 때, 각 눈이 나타날 확률은 모두 1/6이다.

```
clear
input x prob
 1  1/6
 2  1/6
 3  1/6
 4  1/6
 5  1/6
 6  1/6
end

. scatter prob x
```

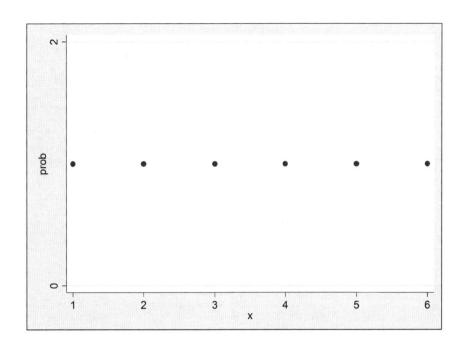

확률분포의 평균과 분산은 기술통계치를 다룬 앞 장의 논의와 흡사한 방식으로 구한다. 앞 장에서 개별 변수의 평균과 분산은 다음과 같은 수식으로 구하였다.

$$\bar{x} = \frac{1}{n}\sum x_i f_i = \sum x_i \frac{f_i}{n} = \sum x_i p_i$$

$$s^2 = \frac{1}{n-1}\sum (x_i - \bar{x})^2 f_i$$

확률분포의 평균과 분산도 이와 비슷한 방식으로 구한다.[16] 확률변수의 평균(μ)을 기댓값($E(x)$)라고 부르기도 하는데, 이 기댓값은 변숫값(x_i)과 확률(p_i)의 곱을 모두 합한 값이고, 분산($Var(x)$)은 편차 제곱($(x-\bar{x})^2$)과 확률의 곱을 모두 합한 값이다.

$$\mu = E(x) = \sum x_i p_i$$

---

16) 확률분포는 모집단의 속성을 나타내므로 이 평균과 분산은 보통 그리스 문자로 표현한다.

$$Var(x) = \sum (x_i - \overline{x})^2 p_i$$

앞서 예로 들었던 균등분포, 즉 주사위의 눈과 그 출현확률을 대응한 확률분포의
평균은

$$\mu = \sum x_i p_i = (1 \times \frac{1}{6} + 2 \times \frac{1}{6} + ..., + 6 \times \frac{1}{6}) = \frac{(1 + 2 +, ... + 6)}{6} = 3.5$$

이고, 분산은

$$Var(x) = \sum (x_i - \overline{x})^2 p_i = \frac{1}{6} \sum (x_i - 3.5)^2 = 2.92$$

이다.

만일 확률변수가 이산변수가 아니고 연속변수라면 확률분포의 평균은 확률밀도함
수($f(x)$)를 사용하여

$$\mu = E(x) = \int x f(x) dx$$

라고 쓰고, 분산은

$$Var(x) = \int (x - \mu)^2 f(x) dx$$

라고 쓴다.

이항분포(binomial distribution)는 독립 시행을 n번 반복할 때, r번 성공할 확률의
분포다. 자녀를 여덟 명 둔 가정을 생각해 보자. 딸이 한 명도 없을 확률은 얼마인
가? 출산할 때마다 딸을 낳은 확률이 1/2이라고 가정하면,[17] 그 확률은

---

17) 정확하게 말하면 이 가정은 틀렸다. 사람이 딸을 낳은 확률은 1/2보다 조금 작다.

$$_8C_0(\frac{1}{2})^0(\frac{1}{2})^8 = .002$$

이다. 확률이 이러하므로 만일, 여덟 자녀를 둔 1,000가구가 있다면, 그 가구에서 아들이 없는 가구는 약 2가구 정도 될 것이다. 그렇다면 딸이 1~8명일 확률은 어떻게 되는가? 위 식을 일반화하면 쉽게 구할 수 있다(여기서 n은 자녀의 수, r은 딸의 수, p는 딸을 낳을 확률이다).

$$_nC_r(p)^r(1-p)^{n-r}$$

이 확률의 분포를 그림으로 보자.

```
. clear
. set obs 9
. gen x=_n-1
. gen y=comb(8,x)*(.5^x)*(.5^(8-x))
. line y x, c(l)
```

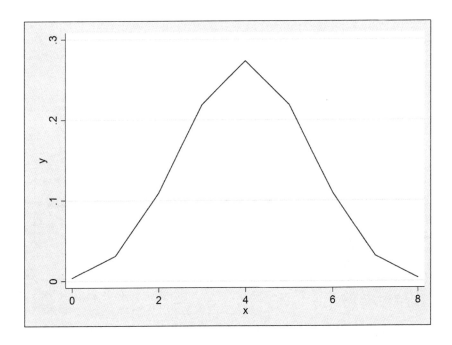

이항분포를 이해하기 위해 예를 하나 더 들어 보자. 5개 문항을 답안으로 한 문제가 20개이고, 수험생이 답을 아무렇게나 고른다고 할 때, 하나도 못 맞출 확률에서 20개 모두 맞을 확률까지 그 분포는 다음과 같다.

```
. clear
. set obs 21
. gen x = _n − 1
. gen y = comb(20,x)*(.2^x)*(.8^(20−x))        //  ${}_{20}C_x(.2)^x(.8)^{20-x}$
. gen mu = sum(x*y)
. local m = mu[_N]                              //  $\mu = \sum X_i p_i$
. line y x, c(l) xline(`m')
```

이 분포의 평균은 `m'인데, 이 값은 4다. 그러므로 아무렇게나 답을 고르면 평균적으로 약 네 개의 정답을 고를 수 있다. 그러나 평균의 크기보다 더 중요한 것은 분포의 모양이다. 정답이 네 개보다 더 많을 확률은 급격히 낮아져, 정답이 열 개 이상 될 확률은 거의 0에 가깝다. 어쨌든 앞의 두 예에서 알 수 있듯 이항분포는 특정한 모양을 띠지 않는다. 성공 확률이 달라지면 분포 모양도 달라진다.

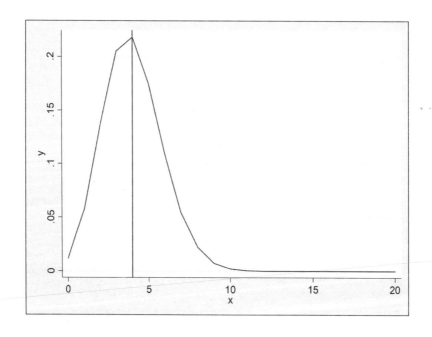

이항분포와는 달리 정상분포(normal distribution)는 특별한 형태, 즉 좌우 대칭의 종 모양을 띤다. 정상분포의 확률밀도함수는 다음과 같다.

$$y = \Phi(x) = \frac{1}{\sigma\sqrt{2\pi}} e^{-\frac{1}{2}(\frac{x-\mu}{\sigma})^2}$$

여기서 x는 변숫값이고 y는 확률이다. 그리고 μ, σ 는 분포의 평균과 표준편차다. 아래 그림에서는 평균은 똑같이 0이지만, 표준편차가 1, 2, 1/2인 정상분포를 비교하였다.[18] 여기서 평균이 0이고, 표준편차가 1인 분포를 표준정상분포라고 한다.

```
. clear
. set obs 100
. range t −5 5
. gen x=sqrt(1/(1*(2*_pi)))*exp(−.5*((t−0)/1)^2)
. gen y=sqrt(1/(2*(2*_pi)))*exp(−.5*((t−0)/2)^2)
. gen z=sqrt(1/(.5*(2*_pi)))*exp(−.5*((t−0)/.5)^2)

. line x y z t, xline(0) lpattern(solid dash dash_dot)
```

---

18) 기실 이렇게 복잡한 명령으로 그림을 그릴 필요는 없다. 정상분포곡선은 Stata의 normalden() 함수를 이용하면 간단하게 그릴 수 있다.

```
. clear
. set obs 100
. range t −5 5
. gen x=normalden(t)
. gen y=normalden(t,0,2)
. gen z=normalden(t,0,.5)
. line x y z t
```

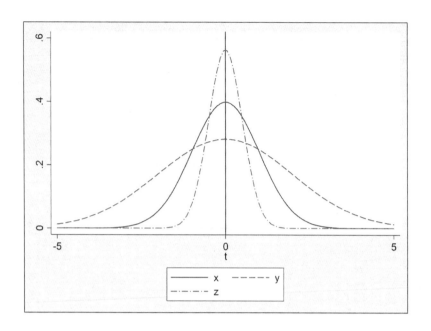

Stata는 이러저러한 확률분포에서 난수(亂數, random number)를 발생하여 일정 수의 개체를 추출할 수 있다. 이렇게 뽑은 표본의 확률분포는 당연히 모집단의 확률분포를 닮는다. 이렇게 난수를 발생하는 함수는 확률분포마다 다른데, 0에서 1 사이의 값을 취하는 균등분포에서 1,000개의 값을 뽑는 명령어는 다음과 같다.[19]

```
. clear
. set obs 1000
. gen x=runiform()
```

이렇게 뽑은 1,000개의 값들은 과연 균등분포를 따르는가? 그림으로 알아보자.

```
. hist x
```

---

19) 1에서 10까지의 범위에서 균등분포의 난수를 추출하는 방법은 다음과 같다.

```
. clear
. set obs 1000
. generate x=1+10*runiform()
```

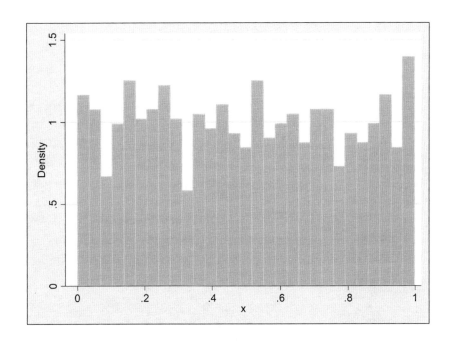

들쭉날쭉하지만 확률변수(x)의 각 값마다 밀도(density)는 비교적 일정한 편이다. 1,000개보다 더 많은 사례를 뽑으면 밀도는 더욱더 평평해질 것이다. 이 분포의 평균과 표준편차는 얼마나 되는가? 이론적으로 0에서 1까지의 값을 취하는 균등분포의 확률밀도함수($f(x)$)는 1이므로 평균은 다음과 같고,

$$u = \int_0^1 xf(x)dx = \int_0^1 xdx = [\frac{1}{2}x^2]_0^1 = .5$$

분산은

$$Var(x) = \int_0^1 (x-\mu)^2 f(x)dx = \int_0^1 (x-\mu)^2 dx = [\frac{1}{3}x^3 - \mu x^2 + \mu^2 x]_0^1 = \frac{1}{12}$$

이다. 그러므로 표준편차는 $1/\sqrt{12}$ =.289다.

우리가 추출한 1,000개 값의 평균과 표준편차는 이 이론적 값과 근사할 것인가?

```
. sum x
```

Variable	Obs	Mean	Std. Dev.	Min	Max
x	1000	.5122802	.2832022	.0022719	.9996551

우리가 무작위로 추출한 이 분포의 평균은 .51로 .5와 근사하고, 표준편차도 .289
에 근접한다.

위의 gen x=runiform() 명령은 사례 수 1,000개를 무작위로 뽑기 때문에 평균이
나 표준편차는 이 명령을 실행할 때마다 달라진다.

```
. set obs 1000
. gen y=runiform()
. sum y
```

Variable	Obs	Mean	Std. Dev.	Min	Max
y	1000	.5019275	.291899	.0007097	.9980542

1,000개의 사례를 같은 방식으로 추출하였지만, 앞의 x와 y 분포의 평균과 표준편
차는 다르다. 그러나 이렇게 경우마다 평균이나 표준편차가 달라지면 곤란할 때가
있다. 이 평균이나 표준편차를 이용한 분석이 매번 달라지기 때문이다. 그러므로 비
록 무작위로 뽑긴 하지만 일정한 값을 얻을 필요가 있을 때는 set seed # 명령을 사
용한다. #에는 어떤 자연수를 붙여도 무방하다.

```
. clear
. set seed 101
. set obs 1000
. gen x=runiform()
```

균등분포에서만 난수를 뽑을 수 있는 것은 아니다. 정상분포, t 분포, x^2 분포에서
도 난수를 발생할 수 있다. 이 난수발생 함수는 각각 rnormal(), rt(), rchi2() 등이다.

```
. clear
. set seed 10101
. set obs 1000
. gen xn=rnormal()                    // mean=0, sd=1
```

```
. gen xn2 = rnormal(3,2)          // mean = 3, sd = 2
. gen xt = rt(10)                 // t 분포, df = 10
. gen xc = rchi2(10)              // chi square 분포, df = 10
```

이렇게 뽑은 난수가 해당 분포의 모습과 근사한지를 그림으로 확인해 보자.

```
. hist xn, normal
. graph save xn, replace
. hist xn2, normal
. graph save xn2, replace
. graph combine xn.gph xn2.gph, xcommon row(2)
```

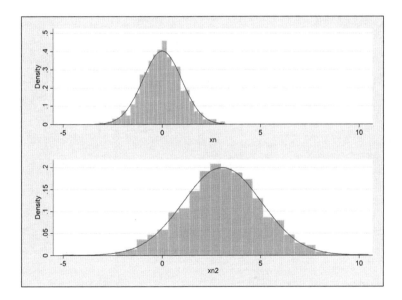

```
. twoway (hist xt)(kdensity xt)
. graph save xt, replace
. twoway (hist xc)(kdensity xc)
. graph save xc, replace
. graph combine xt.gph xc.gph, xcommon row(2)
```

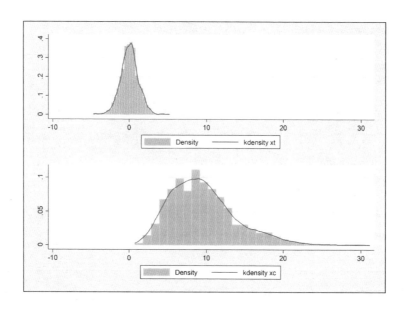

앞에서 말한 여러 분포에서 이론적으로 가장 주목할 만한 분포는 정상분포다. 표준정상분포에서 난수를 발생하여 이 분포의 특징을 확인해 보자. 평균이 0, 표준편차가 1인 표준정상분포에서 특정 변숫값이 −1.96과 1.96 사이에 놓일 확률은 이론적으로 0.95이다. 과연 그러한가? 1,000개의 난수로 검증해 보자.

```
. clear
. set seed 10102
. set obs 1000
. gen x=rnormal()
. count if −1.96<x & x<1.96
  949
```

1,000개의 개체에서 −1.96과 1.96 사이에 놓인 개체 수는 949개다. 그러므로 표준정상분포를 따르는 어떤 개체가 이 범위에 놓일 확률은 대략 .95라고 할 수 있다. 다른 방식으로 접근해도 결과는 마찬가지다.

```
. clear
. set obs 1000
```

```
. range t  −5 5
. gen x=sqrt(1/(1*(2*_pi)))*exp(−.5*((t−0)/1)^2)
. line x t, xline(−1.96) xline(1.96)
```

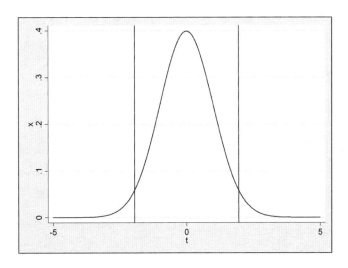

```
. integ x t if -1.96<t & t<1.96, trapezoid
number of points = 392
integral          = .94964558
```

여기서 integ 명령은 일정 범위의 면적을 구하라는 것인데,[20] −1.96과 1.96 사이에 있는 면적은 대략 .95다. 그러므로 어떤 개체가 이 범위에 놓일 확률은 .95라고 할 수 있다.

정상분포가 모두 표준정상분포인 것은 아니다. 개별 정상분포의 평균이나 표준편차는 제각각 다르다. 그러나 이 분포들은 아래와 같은 표준화를 거치면 표준정상분포로 바꿀 수 있다.

$$Z=\frac{X-\mu}{\sigma}$$

---

20) 이는 $\int_{-1.96}^{1.96} x\,dt = \int_{-1.96}^{1.96} \Phi(t)\,dt$ 값을 구하라는 명령이다.

예컨대 평균이 3이고, 표준편차가 2인 정상분포에서 1,000개의 값을 추출할 수 있다.

```
. clear
. set seed 10102
. set obs 1000
. gen x=rnormal(3,2)
```

당연한 귀결이지만, 이렇게 뽑은 사례는 평균이 3, 표준편차가 2인 정상분포에 근접할 것이다. 이 정상분포는 아래와 같은 조작으로 표준정상분포로 바꿀 수 있는데, 이렇게 바꾸면 일정 구간에 놓일 확률을 구하는 방법은 표준정상분포의 그것과 같게 된다.

```
. gen z=(x-3)/2
. count if -1.96<z & z<1.96
  949
```

2. 정상접근정리

모집단의 분포가 어떤 모양을 하고 있든, 그 모집단에서 일정 수(n)의 표본을 k번 반복해서 뽑는다면, k개의 표본에서 k개의 표본평균을 구할 수 있다. 표본을 무작위로 뽑기 때문에 k개의 평균값은 모두 다를 것이다. 이렇게 다른 표본특성의 분포를 표집분포 또는 표본분포(sampling distribution)라 부른다. k가 상당히 크면, 이 분포는 좌우 대칭의 종 모양을 띠는 정상분포가 되는데, 이 분포의 평균은 모집단의 평균(μ)에 근접하고, 표준편차는 모집단의 표준편차(σ)를 표본 크기의 제곱근으로 나눈 값($\sigma/\sqrt{n}$)에 근사한다. 이를 정상접근정리(the normal approximation theorem) 또는 중심극한정리(central limit theorem)라 부른다.

정상접근정리는 과연 사실인가? 확인해 보자. 0과 1 사이의 값을 갖는 한 변수(x)가 균등분포를 이룬다고 하자. 이 분포에서 추출한 수천, 수만 개의 표본평균($\overline{x_i}$)은 과연 정상분포를 이룰 것인가? 그리고 이 표집분포의 평균은 모집단의 평균에 근접할 것인가?

균등분포에서 30개의 표본을 추출하여 이것의 평균을 구하는 방식은 다음과 같다.

```
drop _all
set obs 30
tempvar x
gen `x'=runiform()
sum `x'
```

여기서 drop _all은 모든 변수와 사례를 제거하라는 명령이다. gen `x'=runiform()은 set obs 30 명령으로 만든 사례를 균등분포에서 추출할 것이다. sum `x'는 그렇게 추출한 30개 사례의 평균을 구할 것이다. 이제 위 명령을 수천 번, 수만 번 반복하여 그때마다 평균을 얻을 수 있다. 1,000번 반복 시행하여, 그 결과를 얻으려면 이어 돌기를 하면 된다.

```
forvalue i=1/1000 {
    drop _all
    set obs 30
    tempvar x
    gen `x'=runiform()
    sum `x'
}
```

30개 사례로 이루어진 표본의 개별 평균을 구하는 것은 이렇게 쉽다. 그러나 이렇게 얻은 1,000개 평균을 어떻게 가공하여 그 평균을 구할 것인가? 가장 원시적인 방법은 이를 일일이 합하여 1,000으로 나누어 주는 것이다. 그렇게 못 할 이유는 없다. 그러나 이런 작업이 머릿속에서는 가능할지 몰라도 현실적으로 매우 힘들다.

1,000개의 평균을 구하여 다시 이들의 평균을 구하는 한 가지 방법은 postfile, post, postclose 명령어 집합을 사용하는 것이다.[21] postfile은 지금 사용하는 자료를

---

21) 이 절의 논의는 주로 Stata Corp(1999)에 기대어 서술하였다.

그대로 둔 채, 새로운 Stata 자료를 열라는 명령어다. 다시 말해 지금 auto.dta라는 자료를 사용하고 있다면 이 자료를 그대로 두고, 새 자료를 만들라는 명령이다. post 는 새 자료에 특정한 값을 저장하라는 명령이고, postclose는 postfile 명령으로 연 자료 파일을 닫으라는 명령어다. 이 명령어 집합의 구조는 다음과 같다.

```
postfile            // open new data file
post                // add new value
post                // add new value
……
post                // add new value
postclose           // close new data file
```

postfile, post, postclose 명령어의 구문은 각각 다음과 같다.

```
postfile postname varlist using filename [, replace]
post postname (exp) (exp) (exp)
postclose postname
```

여기서 postname은 새로 만드는 자료 이름인데, 세 명령어에 공통으로 들어간다. 그러므로 이것은 세 명령어를 묶는 축으로 작용한다.

```
postfile mysim mean sd using simres, replace
```

라는 명령어는 mysim이라는 이름으로 자료 파일을 열고 이 파일에 mean과 sd라는 변수 이름을 만들라는 명령어다. 이때 변수 이름만 만들라는 것이지, 그 내용까지 만들라는 것은 아니다. 나중에 mysim이라는 파일은 닫을 것이다. 닫기 전에 자료에 포함된 내용을 저장해야 한다. using simres라는 명령어는 mysim 자료에서 저장한 결과를 simres.dta라는 자료로 이전하라는 뜻이고, replace 명령어는 혹시 simres.dta가 이미 존재하거든 이를 대체하라는 뜻이다.

```
post mysim r(mean) r(sd)
```

이 명령어는 mysim이라는 자료에 r(mean)을 mean 변수에 저장하고 r(sd)를 sd 변수에 순서대로 저장하라는 뜻이다. 이때 투입하는 변수의 순서에 신경을 써야 한다. 예컨대

      post mysim r(sd) r(mean)

이라고 하면 postfile 명령으로 만든 mean 변수에 r(sd)가 들어갈 것이고, sd 변수에 r(mean)이 들어갈 것이다. 이는 결코 우리가 원하는 바가 아니다.

      postfile mysim

이 명령어는 mysim이라는 파일을 닫으라는 명령어다.

이제 이 명령어 집합으로 앞에서 수천 번 반복하여 얻은 표본평균과 표준편차를 다른 파일에 저장해 보자.

```
program doit
   postfile mysim mean sd using simres, replace
   forval i=1/1000 {
     drop _all
     set obs 30
     tempvar x
     gen `x'=runiform()
     sum `x'
     post mysim (r(mean)) (r(sd))
   }
   postclose mysim
end
```

여기서 r(mean)과 r(sd)에 괄호를 붙인 것에 주의하라. 이 경우에는 그렇지 않지만 다른 경우에는 r(sd)에 해당하는 숫자가 음수가 될 수 있다. 그런 경우 Stata는 이를 연산기호로 착각하여 연이은 두 개의 숫자를 한 숫자로 판단한다. 그런 사태에 부딪히면, Stata는 당연히 오류 신호를 내보낼 것이다. 직전의 postfile 명령에서 두 개의

변수를 만들라고 했기 때문이다. 이를 방지하려고 Stata는 아예 post 명령 다음에 오는 *exp*에는 반드시 괄호를 붙이도록 하였다. 이 괄호를 붙이지 않으면 Stata가 어떤 반응을 보이는지 확인해 보라.

어쨌든 이 프로그램은 균등분포에서 30개의 표본을 1,000번 추출하여 각 표본의 평균과 표준편차를 구한 다음, 그 1,000개의 평균과 표준편차, 즉 r(mean)과 r(sd)를 mysim 자료의 mean과 sd라는 변수에 저장하고, 그 저장결과를 simres.dta 파일에 보관하였다. 그 보관 결과를 알아보자.

```
. set seed 10101
. doit
. use simres
. describe
Contains data from simres.dta
obs:      1,000
vars:     2                                                    4 Aug 2009 09:40
size:     12,000              (99.9% of memory free)
                    storage    display        value
variable name       type       format         label      variable label
mean                float      %9.0g
sd                  float      %9.0g
Sorted by:
     Note:   dataset has changed since last saved
```

우리가 원하는 대로 두 개의 변수, 즉 mean과 sd가 만들어졌다. mean은 1,000개의 평균값으로 구성된 변수인데, 정상접근정리가 예견하듯 이 변수의 분포는 과연 정상분포일까?

```
. histogram mean, normal
```

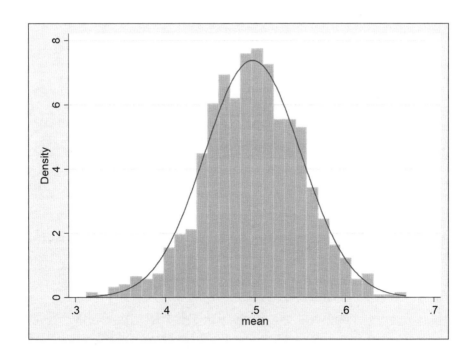

정상분포와 매끈하게 일치하지는 않지만, 그에 근사한다. 표본을 뽑는 횟수를 천 번이 아니라 만 번, 십만 번으로 늘리면 이 분포는 정상분포에 더 근접할 것이다. 그렇다면 이 분포, 즉 표집분포의 평균과 표준편차는 어떻게 되는가?

```
. sum mean
```

Variable	Obs	Mean	Std. Dev.	Min	Max
mean	1000	.4974844	.0540093	.3124042	.667933

평균은 .497로, 모집단의 이론적 평균 .5와 매우 근사하다. 표집분포의 표준편차는 .054인데, 이를 표집오차(sampling error) 또는 표준오차(standard error, SE)라고 부른다. 정상접근정리는 이 값이 $\sigma/\sqrt{n}$ 라고 예측한다. 과연 그러한가? 균등분포를 따르는 모집단의 이론적 표준편차(σ)는 .289이고 n은 30이므로 $\sigma/\sqrt{n}$ =.053이다. 앞의 표준오차 .054는 이 값에 근접한다.

표집분포가 정상분포라면, ±1.96 표준오차 구간 안에 95%의 사례가 포함되어야 한다. 즉 이 범위 안에 약 950개의 사례가 포함되어야 한다. 과연 그럴 것인가? 확인해 보자.

```
. use simres, clear
. tempname mean se ub lb
. quietly sum mean
. scalar `mean'=r(mean)
. scalar `se'=r(sd)
. scalar `ub'=`mean'+1.96*`se'
. scalar `lb'=`mean'-1.96*`se'
. count if mean<`ub' & mean>`lb'
   948
```

1,000개의 사례에서 948개가 1.96 표준오차 안에 포함된다. 그러므로 표집분포의 모양이 우리 예상과 크게 다르지 않다는 것을 알 수 있다.

앞의 프로그램을 실행하면서 보았겠지만, 프로그램 실행 시간이 매우 길다. 실행 시간이 긴 까닭은 1,000번에 이르는 명령 실행 결과를 화면에 출력하기 때문이다. 이렇게 불필요한 과정을 화면에서 지켜보고 있을 이유는 없다. quietly 명령어로 불필요한 출력을 제어할 수 있다.

```
capture program drop doit
program doit
  postfile mysim mean sd using simres, replace
  forval i=1/1000 {
    drop _all
    quietly set obs 30                    // modified
    tempvar x
    quietly gen `x'=runiform()            // modified
    quietly sum `x'                       // modified
    post mysim (r(mean)) (r(sd))
  }
  postclose mysim
end
```

프로그램의 개별명령어 앞에 quietly를 붙임으로써 불필요한 화면을 보지 않을 수 있고, 명령 실행 시간을 단축할 수 있다. 그러나 quietly를 이런 방식으로 개별명령어 앞에 붙일 수 있지만, 구역 전체에 붙일 수도 있다.

```
capture program drop doit
program doit
  postfile mysim mean sd using simres, replace
  forval i=1/1000 {
    quietly {
      drop _all
      set obs 30
      tempvar x
      gen `x'=runiform()
      sum `x'
      post mysim (r(mean)) (r(sd))
    }
  }
  postclose mysim
end
```

또는

```
capture program drop doit
program doit
  postfile mysim mean sd using simres, replace
  quietly {
    forval i=1/1000 {
      drop _all
      set obs 30
      tempvar x
      gen `x'=runiform()
      sum `x'
      post mysim (r(mean)) (r(sd))
    }
  }
  postclose mysim
end
```

그러나 이런 방식이 간편하기는 하지만, 읽기가 좋지 않다. 괄호가 반복 출현하면서 모양이 들쑥날쑥하기 때문이다. 이렇게 복잡한 모양은 보기에도 좋지 않고, 읽기도 복잡하며, 나중에 수정하기도 힘들다. 해결책은 무엇인가? 제6장에서 그러하였듯, 프로그램을 주프로그램과 하위 프로그램으로 나누는 것이다.

```
capture program drop doit
program doit
  postfile mysim mean sd using simres, replace
  quietly doasim
  postclose mysim
end

capture program drop doasim
program doasim
  forval i=1/1000 {
    drop _all
    set obs 30
    tempvar x
    gen `x'=runiform()
    sum `x'
    post mysim (r(mean)) (r(sd))
  }
end
```

지금까지 표집분포의 평균이 모집단의 평균과 일치하고, 표집분포의 표준편차, 즉 표준오차가 $\sigma/\sqrt{n}$에 근접하는지를 확인하였다. 그런데 표준오차가 $\sigma/\sqrt{n}$라면, 표본의 크기(n)가 클수록 표준오차는 점차 작아질 것이다. 이를 확인해 보자.

우리가 모집단의 평균을 알고 있다고 해 보자. 예컨대 지금껏 사용했던 자동차 자료를 모집단이라고 가정하자. 그렇다면 연비(mpg)의 모평균은 21.3이다. 이 모집단에서 n개의 사례를 뽑아 그 평균을 구하는 작업을 수천, 수만 번 반복하여 그 분포를 구했다고 가정해 보자. 이 분포의 평균은 표본의 크기와 관계없이 모평균에 근사할 것이다. 그러나 표본의 크기가 커지면, 즉 n이 2에서 4, 8로 커지면 표집분포의 표준편차는 $\sqrt{n}$배만큼 작아질 것인가? 확인해 보자.

표본평균을 구해 이를 누적하는 방식은 앞에서 그랬던 것처럼 postfile, post,

postclose 명령어 조합을 사용하면 된다. 표본의 크기가 2인 경우는 다음과 같은 방식으로 저장할 수 있다.

```
clear
sysuse auto
keep mpg
capture program drop auto
program auto
  postfile mypost mean using autores, replace
  forval j=1/1000 {
    preserve
    quietly sample 2, count
    quietly sum
    post mypost (r(mean))
    restore
  }
  postclose mypost
end
```

여기서 sample 2는 모집단에서 2%만 추출하라는 뜻이지만, count라는 선택 명령을 붙이면, 모집단에서 두 개의 사례를 추출하라는 뜻으로 바뀐다. 이 두 개의 사례는 매번 새로 뽑아야 하므로 sample 명령어 앞에 preserve를 붙이고, 뒤에 restore 명령을 붙인다. 그러면 두 개의 사례를 뽑은 다음에 원자료로 돌아가 다시 두 개를 뽑는 작업을 반복할 것이다. 표본의 크기를 두 개로 고정하지 않고 표본의 크기를 바꾸려면 프로그램을 다음처럼 고친다.

```
clear
sysuse auto
keep mpg
capture program drop auto
program auto
  postfile mypost mean using autores`1', replace
  forval j=1/1000 {
    preserve
    quietly sample `1', count
```

```
    quietly  sum
    post  mypost  (r(mean))
    restore
}
    postclose  mypost
end
```

이 프로그램 뒤에 다음 명령어 조합을 붙이면 표본의 크기가 커지면서 표집분포
의 표준편차가 어떻게 변하는지를 확인할 수 있다.

```
foreach  i  in  2  4  8  {
    sysuse  auto,  clear
    keep  mpg
    set  seed  10101
    auto  `i'
    use  autores`i',  clear
    sum
    local  x`i'=r(mean)
    hist  mean,  normal  xline(`x`i'')
    graph  save  auto`i',  replace
}
graph  combine  auto2.gph  auto4.gph  auto8.gph,  xcommon  row(3)
```

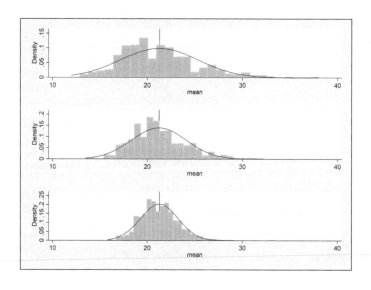

이 그림에서 볼 수 있듯, 표본의 크기가 크든 작든 표집분포의 평균은 크게 바뀌지 않는다. 각 표집분포의 평균은 순서대로 21.3, 21.2, 21.3으로 모평균 21.3과 매우 근사하다. 그러나 표준오차는 표본의 크기가 커지면서 점차 작아진다. 표본의 크기가 2일 때는 표준오차는 4.07이고, 표본의 크기가 4와 8일 때는 2.87, 1.96으로 점차 줄어든다.

이 표준오차는 이론적 표준오차에 근접하는가? 즉 $\sigma/\sqrt{n}$과 근사하는가? 우리가 이미 알고 있다시피, 모집단에서 연비의 표준편차, 즉 σ는 5.786이다.[22] 그러므로 표본의 크기가 2인 표집분포의 표준편차는 $5.786/\sqrt{2}=4.09$, 표본의 크기가 4와 8인 표집분포의 표준편차는 $5.786/\sqrt{4}=2.89$, $5.786/\sqrt{8}=2.05$여야 한다. 앞에서 얻은 표준오차는 이 수치와 크게 다르지 않다. 천 번을 뽑는 게 아니라 만 번을 뽑으면 표준오차는 이론적인 값에 더 근사할 것이다.

이처럼 postfile, post, postclose 명령어 조합은 반복 작업 결과를 저장하지만, 이런 작업을 이 방법으로만 할 수 있는 것은 아니다. simulate 명령어를 사용할 수도 있다. 그러나 이 명령을 설명하려면 rclass나 eclass 등의 선택 명령어를 이해해야 한다. 이는 회귀분석을 다루는 장에서 논의할 것인바, 여기서는 별다른 설명 없이 그저 simulate 명령어의 사용법을 간략히 제시하기로 한다.

앞의 doit 프로그램을 simulate 명령으로 바꾸어 써 보자.

```
clear
capture program drop onesample
program onesample, rclass
  drop _all
  quietly set obs 30
  tempvar x
  gen `x'=runiform()
  sum `x'
  return scalar meanforonesample=r(mean)
end

simulate xbar=r(meanforonesample), reps(1000) seed(10101): onesample
```

---

22) summarize mpg로 확인할 수 있다.

```
sum xbar
hist xbar, normal
```

프로그램 onesample의 내용은 앞의 논의와 매우 흡사하다. 다른 점이 있다면 program onesample 다음에 rclass라는 선택 명령이 붙어 있고, 프로그램의 끝 무렵에 return scalar meanforonesample＝r(mean)라는 명령이 붙는다는 것이다. 이 명령은 r(meanforonesample)을 만드는 것인데, simulate 명령어는 이렇게 만든 이 값을 사용한다.

auto.dta 자료를 활용하여 표집분포의 경향을 보인 예를 simulate 명령으로 바꾸면 다음과 같이 쓸 수 있다.

```
capture program drop auto2
program auto2, rclass
    sysuse auto, clear
    keep mpg
    quietly sample `1', count
    sum
    return scalar meanforone＝r(mean)
end

simulate xbar＝r(meanforone), reps(1000) seed(10101): auto2 2
sum xbar
hist xbar, normal
graph save auto2, replace
exit
```

제8장 | 가설 검증

1. 신뢰구간: myci

앞 장에서 우리는 모집단의 특성을 나타내는 수치, 즉 모수(parameter)를 안다고 가정하였다. 그러나 모수를 아는 경우보다 알지 못하는 경우가 훨씬 더 많다. 우리가 아는 것은 대체로 표본의 특성을 나타내는 수치, 즉 통계치(statistics)뿐이다.

통계학은 이 통계치로 모수를 짐작하거나 추론한다. 통계적 가설이란 이런 짐작과 추론을 하나의 주장으로 내세운 것이다. 이 가설은 모수가 어떤 범위에 있는지 또는 모수가 통계치와 얼마나 근사한지를 주장한다. 이 주장의 타당성을 판단하는 것을 우리는 가설 검증(hypothesis test)이라고 부른다. 가설 검증 방법은 크게 두 가지로 나눌 수 있다. 신뢰구간(confidence interval)을 사용하는 방법과 확률값(probability value, p)을 사용하는 방법이 바로 그것들이다(Wonnacott and Wonnacott, 1982). 이 절에서는 신뢰구간을 사용한 가설 검증을 살피고, 다음 절에서는 확률값을 이용한 가설 검증을 살핀다.

앞 장에서 우리는 모집단의 분포가 어떤 것이든지 이 모집단에서 일정 수(n)의 표본을 무수히 뽑으면, 그 표본의 특성, 예컨대 표본평균($\overline{X}$) 등은 정상분포를 띤다는 사실을 확인하였다. 그러나 우리는 보통 여러 표본을 반복해서 뽑는 것이 아니라 단 하나의 표본을 뽑는다. 이 표본의 평균은 모평균으로부터 얼마나 멀리 떨어져 있는 가? 표집분포의 특성에서 그 답을 찾을 수 있다.

표집분포는 특정한 평균(μ)과 표준편차($\sigma/\sqrt{n}$)를 갖는 정상분포다. 앞 장에서 이미 보았듯, 이 분포를 표준화하면 우리가 얻은 표본평균 $\overline{X}$가 -1.96과 1.96 사이에 있을 확률은 .95다. 즉

$$P(|Z = \frac{\overline{X} - \mu}{\sigma/\sqrt{n}}| < 1.96) = .95$$

이다. 이를 풀면

$$P(\mu - 1.96\frac{\sigma}{\sqrt{n}} < \overline{X} < \mu + 1.96\frac{\sigma}{\sqrt{n}}) = .95$$

인데, 이는 표본평균이 모평균에서 1.96 표준오차 안에 놓여 있을 확률이 .95라는 것을 뜻한다. 즉 임의의 표본평균 $\overline{X}$가 다음 범위에 있을 가능성은 95%이다.

$$\mu - 1.96\frac{\sigma}{\sqrt{n}} < \overline{X} < u + 1.96\frac{\sigma}{\sqrt{n}}$$

그러나 우리가 알고 싶은 것은 표본평균의 범위가 아니라(표본평균은 이미 알고 있다), 모평균의 범위다. 위 식의 순서를 바꾸면 다음과 같이 표기할 수 있다.

$$\overline{X} - 1.96\frac{\sigma}{\sqrt{n}} < \mu < \overline{X} + 1.96\frac{\sigma}{\sqrt{n}}$$

위 식으로 짐작할 수 있듯, 모집단의 평균이 표본평균으로부터 1.96 표준오차 범위 안에 포함될 확률은 .95이다. 이 범위, 즉 1.96 표준오차 범위를 95% 신뢰구간이라고 한다.

그러나 현실에서는 위 식으로 신뢰구간을 구할 수 없다. 왜냐하면, 우리는 모집단의 표준편차(σ)를 알지 못하기 때문이다. 모집단의 평균도 몰라 이 값이 어떤 범위에 있는지를 추정하려 하는 판에 모집단의 표준편차를 안다고 가정하는 것은 매우 비현실적이다. 현실에서 우리가 아는 것은 모집단의 표준편차가 아니라 표본의 표준편차(s)다. 그러므로 표준오차는 $\sigma/\sqrt{n}$ 대신 $s/\sqrt{n}$로 계산할 수밖에 없다. 이렇게 표준오차를 표본의 표준편차로 계산하면 신뢰구간을 구할 때, 정상분포가 아니라 t 분포를 사용해야 한다.[23) t 분포에서 95% 신뢰구간은 다음과 같다.

---

23) 분포의 형태는 정상분포와 거의 같다. 다만 좌우 양 끝의 크기는 정상분포의 그것보다 더 크다. t 분포의 확률 밀도함수는 자유도가 달라지면 그 형태를 달리하는데, 이는 임준택 · 심근섭 · 한원식(2007: 76)을 보라.

$$\overline{X} - t_{.025}\frac{s}{\sqrt{n}} < \mu < \overline{X} + t_{.025}\frac{s}{\sqrt{n}}$$

여기서 $t_{.025}$값은 표본의 크기(즉 자유도)에 따라 달라지지만, 보통은 1.96보다 더 큰 값이다. 다만 표본의 크기가 커지면서 점차 1.96에 근접한다.

이런 논의를 바탕으로 이제 95% 신뢰구간을 실제로 구해 보자. 신뢰구간이 얼마나 현실적인지를 눈으로 확인할 수 있도록 편리한 가정을 해 보자. 우리의 자동차 자료가 모집단이라고 해 보자. 그렇다면 우리가 이미 알고 있듯, 연비의 모평균은 21.297이다. 그러나 짐짓 이 모평균을 모른다고 가정하고, 이 모집단에서 네 개의 사례를 임의로 뽑아 이 모평균을 짐작하려 한다고 해 보자.

```
. sysuse auto, clear
. keep mpg
. set seed 10101
. sample 4, count
. list
```

	mpg
1.	14
2.	18
3.	26
4.	31

```
. sum mpg
```

Variable	Obs	Mean	Std. Dev.	Min	Max
mpg	4	22.25	7.675719	14	31

네 개로 이루어진 표본의 평균은 22.25다. 그렇다면 모평균이 놓여 있을 95% 신뢰구간은 어떤 범위인가?

$$22.25 - t_{.025}\frac{7.676}{\sqrt{4}} < \mu < 22.25 + t_{.025}\frac{7.676}{\sqrt{4}}$$

자유도$(n-1)$가 3일 때, $t_{.025}$값은 3.182(=invttail(3, .025))이므로 위 식은 다음과

같이 쓸 수 있다.

$$10.04 < \mu < 34.46$$

이는 모평균이 위 범위에 있을 확률이 .95라는 것을 뜻한다. 우리가 이미 알고 있듯, 실제로 모평균은 이 범위 안에 놓여 있다.

만일 어떤 이가 모집단의 연비는 채 10이 안 될 것이라고 주장한다면, 우리는 이 주장을 어떻게 판단할 것인가? 신뢰구간으로 보아 표본평균을 100번 뽑으면 95번은 10 이상이기 때문에 우리는 그 주장을 기각할 수밖에 없다. 만일 다른 이가 모집단의 연비는 30쯤 될 것이라고 주장하면 우리는 이를 어떻게 판단할 것인가? 앞의 신뢰구간으로 판단하건대 우리는 그 주장이 크게 잘못된 것은 아니라고 판단할 수 있다.

어쨌든 이렇게 신뢰구간을 활용하여 가설을 검증할 수 있는데, Stata에서 이런 신뢰구간을 구하는 명령어는 ci다. 이 명령어를 사용하면 위의 수식과 일치하는 결과를 얻을 수 있다.

```
. ci mpg
```

Variable	Obs	Mean	Std. Err.	[95% conf.Interval]	
mpg	4	22.25	3.83786	10.03622	34.46378

그러나 다소 비현실적이지만, 실습의 편의를 위해 Stata에 이 ci 명령어가 없다고 가정해 보자. 그리하여 신뢰구간을 구하는 ado 파일(myci.ado)을 만들어야 한다고 해 보자. 이 프로그램의 구문은 다음과 같을 것이다.

```
syntax varlist [if][in]
```

이 명령어가 의미하는 바는 myci라는 명령어 다음에 반드시 변수 이름을 입력해야 하지만, if나 in과 같은 제한자는 기입할 수도 하지 않을 수도 있다는 것이다. 이런 구문 명령 다음에 사용자가 if나 in과 같은 제한자를 사용할 경우를 대비한 명령

을 붙여야 한다.[24)]

```
tempvar touse
mark `touse' `if' `in'
```

이제 출력 내용을 행렬로 출력할 때, 행렬의 형태를 미리 생각해 둘 차례다. 출력 내용을 담을 행렬(`stat')의 행은 변수 이름으로 채울 것이고, 열은 관찰값(Obs), 평균(Mean), 표준오차(Std_Err), 95% 신뢰구간의 하한값, 상한값으로 채울 것이다. 그러므로 먼저 변수의 개수(`nvar')×5 형태의 행렬을 만들어야 한다. 이 행렬을 만들려면 우선 사용자가 사용할 변수의 개수를 세어야 한다.

```
local nvar: word count `varlist'
tempname stat
mat `stat'=J(`nvar', 5, 99)
```

그 다음에 행과 열에 이름을 붙인다.

```
mat colnames `stat'= Obs Mean Std_Err [95%_Conf  Interval]
mat rownames `stat'=`varlist'
```

이제 각 변수마다 표본의 크기, 평균, 표준오차, 신뢰구간의 하한값과 상한값을 계산해야 한다.

```
foreach i of local varlist {
    tempname xbar sd n se lb ub
    quietly sum `i' if `touse'
    scalar `xbar'=r(mean)
    scalar `sd'=r(sd)
    scalar `n'=r(N)
    scalar `se'=`sd'/sqrt(`n')
```

---

24) 이보다 더 간단한 명령어, 즉 marksample touse라는 명령을 사용하지 않은 까닭은 결측값마저 일괄삭제하고 싶지 않기 때문이다. 제6장의 논의를 보라.

```
        scalar `lb'=`xbar'−invttail(`n'−1, .025)*`se'
        scalar `ub'=`xbar'+invttail(`n'−1, .025)*`se'
    }
```

문제는 이렇게 계산한 결과를 출력 행렬의 각 원소로 대체하는 것이다. 제6장에서
보았듯, 행렬의 각 원소를 새 값으로 대체할 때는 약간의 기교가 필요하다. 위의 계
산 과정 전후에 다음 명령을 추가한다.

```
        local irow=0                                    //new
        foreach i of local varlist {
            local ++irow                               // new
            tempname xbar sd n se lb ub
            quietly sum `i' if `touse'
            scalar `xbar'=r(mean)
            scalar `sd'=r(sd)
            scalar `n'=r(N)
            scalar `se'=`sd'/sqrt(`n')
            scalar `lb'=`xbar'−invttail(`n'−1, .025)*`se'
            scalar `ub'=`xbar'+invttail(`n'−1, .025)*`se'
            mat `stat'[`irow', 1]=`n'                   // new
            mat `stat'[`irow', 2]=`xbar'                // new
            mat `stat'[`irow', 3]=`se'                  // new
            mat `stat'[`irow', 4]=`lb'                  // new
            mat `stat'[`irow', 5]=`ub'                  // new
        }
```

이 이어 돌기에서 변수 목록의 첫 번째 요소를 투입하여 표본 크기, 평균, 표준편
차, 신뢰구간을 구할 때, `irow'는 1이다. 그러므로 출력 행렬 `stat'[`irow',1]은
`stat'[1,1]이 되고, `stat'[`irow',2], ……, `stat'[`irow',5] 등은 `stat'[1,2], ……,
`stat'[1,5]가 된다. 두 번째 요소를 투입하면, `irow'는 2가 되고 `stat'[`irow',1],
……,`stat'[`irow',5] 등은 `stat'[2,1], ……, `stat'[2,5] 등이 된다. 이런 식으로 변수가
다할 때까지 이어 돌면 `stat' 행렬의 원소는 모두 대체된다. 이렇게 원소를 대체한
행렬을 출력할 때는

```
matlist `stat'
```

라는 명령을 내린다.

이상의 논의를 종합하면 다음과 같은 파일을 만들 수 있다.

```
program myci
    syntax varlist [if] [in]
    tempvar touse
    mark `touse' `if' `in'

    local nvar: word count `varlist'
    tempname stat
    mat `stat' = J(`nvar', 5, 99)
    mat colnames `stat' = Obs Mean Std_Err [95%_Conf  Interval]
    mat rownames `stat' = "`varlist'"

    local irow=0
    foreach i of local varlist {
        local ++irow
        tempname xbar sd n se lb ub
        quietly sum `i' if `touse'
        scalar `xbar'=r(mean)
        scalar `sd'=r(sd)
        scalar `n'=r(N)
        scalar `se'=`sd'/sqrt(`n')
        scalar `lb'=`xbar'-invttail(`n'-1, .025)*`se'
        scalar `ub'=`xbar'+invttail(`n'-1, .025)*`se'

        mat `stat'[`irow', 1]=`n'
        mat `stat'[`irow', 2]=`xbar'
        mat `stat'[`irow', 3]=`se'
        mat `stat'[`irow', 4]=`lb'
        mat `stat'[`irow', 5]=`ub'
    }
    matlist `stat'
end
```

이 파일을 c:\ado\personal 디렉터리에 저장한 다음, 명령 창에 다음 명령을 입력해 보자.

```
. myci mpg weight rep78 length
```

	Obs	Mean	Std _ Err	[95%_ conf Interval]	
mpg	74	21.2973	. 6725511	19.9569	22.63769
weight	74	3019.459	90.34692	2839.398	3199.521
rep78	69	3.405797	.1191738	3.167989	3.643605
length	74	187.9324	2.588409	182.7737	193.0911

이 결과는 Stata의 명령, 즉 ci 명령의 결과와 정확하게 일치한다.

```
. ci means mpg weight rep78 length
```

Variable	Obs	Mean	Std. Err.	[95% Conf. Interval]	
mpg	74	21.2973	. 6725511	19.9569	22.63769
weight	74	3019.459	90.34692	2839.398	3199.521
rep78	69	3.405797	.1191738	3.167989	3.643605
length	74	187.9324	2.588409	182.7737	193.0911

2. t 검증

1) mytt.ado

가설을 검증하는 또 하나의 방법은 p 값을 활용하는 것이다. p 값을 이해하려면 영가설(null hypothesis, H_0)과 대안 가설(alternative hypothesis, Ha 또는 H_1)을 구분해야 한다. 보통 대안 가설은 적극적인 주장이고, 영가설은 이를 부인하는 소극적 주장이다. p 값은 영가설이 옳다고 가정할 때 표본 통계치가 나타날 확률이다. 통계학에서는 흔히 이 확률이 .05보다 크면 영가설이 옳고, 이보다 작으면 대안 가설이 옳다고 판단한다.

예를 들어 보자. 어떤 직장에서 남자 다섯 명과 여자 다섯 명을 추출하여 각자의 소득을 조사했다고 하자.

```
clear
input sex salary
1 17
1 16
1 14
1 22
1 15
2 9
2 12
2 8
2 10
2 16
end
```

여기서 성(sex)의 값이 1이면 남자, 2면 여자다. 소득 단위는 백만 원이라고 하자. 이 자료에서 남자의 소득 평균(μ_m)은 16.8백만 원이고, 여자의 소득 평균(μ_f)은 11백만 원이다.

. bys sex: sum salary

→ sex=1 variable	Obs	Mean	Std. Dev.	Min	Max
salary	5	16.8	3.114482	14	22

→ sex=2 variable	Obs	Mean	Std. Dev.	Min	Max
salary	5	11	3.162278	8	16

표본의 통계치로 보자면, 남자가 여자보다 평균 5.8백만 원 더 많이 번다. 그런데 이 정도의 소득 차이로 남자의 소득이 더 많다고 주장할 수 있을까? 표본이 아닌 모집단에서도 남자는 여자보다 더 많이 벌 것이라고 추론할 수 있는가? 남자의 소득이 여자보다 더 많다는 적극적인 주장은 대안 가설($\mu_m - \mu_f > 0$ or $\mu_m - \mu_f \neq 0$)이고, 이를 반대하는 소극적 주장, 즉 남녀의 소득이 같다는 주장은 영가설($\mu_m - \mu_f = 0$)이다. 조금 뒤에 보겠지만, 두 집단의 평균 차이가 0인지 0이 아닌지를 검증하려면 t 값을 계산해야 한다. 이 t 값을 계산하는 방식은 다소 복잡하다. 그러나 아무리 복잡해도 그 값을 계산할 수 있다. 어쨌든 이 t 값과 표본의 크기를 바탕으로 p 값을 산출할

수 있는데, 방금 제시한 자료의 경우에 t 값은 2.922이고, 자유도는 8($=n_m+n_f-2$), p는 .019다. p 값은 다음을 의미한다. 만일 남자와 여자의 소득이 같다는 영가설이 맞는다고 가정할 때, 지금과 같은 통계치가 나타날 확률, 즉 남녀의 소득 격차가 5.8 백만 원이 될 확률은 .019다. 이 수치는 .05보다 낮다. 그러므로 영가설이 맞을 확률은 매우 낮고 대안 가설이 맞을 확률은 높다고 판단할 수 있다. 결국, p 값이 .05보다 높으면 영가설을, 낮으면 대안 가설을 선택한다고 일반화할 수 있다.

p 값을 활용하는 기초적인 가설 검증 방법은 t 검증이다.[25] t 검증은 세 가지 경우를 검증한다. 첫째, 한 변수의 추정 평균이 특정 상수와 일치하는지를 검증한다. 둘째, 짝을 이루는 자료에서 한 변수와 다른 변수의 평균이 같은지를 검증한다. 셋째, 두 집단에서 한 변수의 특성, 예컨대 평균 등이 같은지 다른지를 검증한다. 이런 작업을 수행하는 Stata의 명령은 ttest다. 위의 각 경우를 검증하는 ttest 명령 구문은 다음과 같다.

    ① ttest varname=# [if *exp*][in *range*]
    ② ttest varname1=varname2 [if *exp*][in *range*]
    ③ ttest varname [if *exp*][in *range*], by(*groupvar*) [unequal welch]

이제 Stata에 이 명령어가 없어 mytt.ado라는 파일을 새로 만들어야 한다고 가정해 보자. 새로 만드는 mytt.ado 파일도 위 세 가지 경우를 모두 고려해야 하므로 ttest 구문을 따르는 것이 마땅할 것이다.

    ① mytt varname=# [if *exp*][in *range*]
    ② mytt varname1=varname2 [if *exp*][in *range*]
    ③ mytt varname [if *exp*][in *range*], by(*groupvar*) [unequal welch]

mytt.ado 파일에서 이 세 경우를 다루는 프로그램 이름을 각각 tt_1, tt_2, tt_3라고 해 보자. 이 프로그램들은 별개의 구문을 가질 것이다. 이들 프로그램을 지금 당장 만들고 싶은 유혹을 느끼겠지만, 프로그램 작성은 언제나 가지치기 프로그램

---

25) 이 절의 내용을 서술할 때, Stata Corp(2000)에 크게 기대었다.

(switching program)에서 시작하는 것이 좋다. 말하자면 주프로그램을 먼저 만들어 어떤 경우에 ①번 구문의 하위 프로그램을 사용하고, 어떤 경우에 ②와 ③번 구문의 하위 프로그램을 사용할 것인지를 정하는 게 좋다.

이 가지치기 프로그램은 서로 다른 세 구문 모두를 포괄해야 한다. 그러므로 가지치기 프로그램의 구문은 아마도 다음과 같을 것이다.

    syntax varname[=exp][if][in][,by(varname) UNEqual Welch]

그러나 처음부터 이 구문에 큰 신경을 쓸 필요는 없다. 왜냐하면, 각 경우를 다루는 구문은 하위 프로그램에서 자세하게 지정할 수 있기 때문이다. 지금 해야 할 것은 프로그램을 가지치기하는 것이다. 예컨대 사용자가 mytt mpg=20이라고 입력하면 ①번 구문을 가진 프로그램을 선택하고, mytt weight=price라고 입력하면 ②번 구문을 갖춘 프로그램을 선택하게 해야 한다. 그리고 mytt mpg, by(foreign)이라고 입력하면 ③번 구문의 프로그램을 불러야 한다.

이런 분리를 가능하게 하는 열쇠는 '=exp'에 있다. 앞에서 보았듯, syntax 명령 때문에 이 요소는 exp라는 이름의 매크로로 저장되는데, 만일 `exp'가 비어 있다면, 즉 변수나 숫자가 아니라면, ③번 구문을 갖춘 프로그램을 선택하고, 숫자가 오면 ①번 구문, 변수가 오면 ②번 구문의 프로그램을 선택하도록 만들면 된다. 우선 `exp'가 비어 있는지 비어 있지 않은지를 기준으로 구문을 분리해 보자.

```
if "`exp'"=="" {
    // calling the program using syntax 3
}
else {
    // calling the program using syntax 1 or syntax 2
}
```

`exp'가 비어 있는지 비어 있지 않은지를 판단하는 것은 어렵지 않다. 그러나 `exp'가 변수인지 숫자인지를 파악하는 것은 조금 곤란한데, 그 까닭은 exp 앞에 붙어 있는 등호(=) 때문이다. 먼저 `exp'가 과연 등호를 포함하는지를 확인해 보자.

```
sysuse auto, clear
capture program drop trysyn3
program trysyn3
  syntax varname[=exp][if][in]
    display "The varname contains      |`varlist'|"
    display "The exp contains          |`exp'|"
    display "The if clause contains     |`if'|"
    display "The in clause contains     |`in'|"
end
```

```
. trysyn3 mpg=20 if foreign==1
The varname contains               |mpg|
The exp contains                   |=20 |
The if clause contains             |if foreign==1|

The in clause contains             ||

. trysyn3 weight=price in 1/50
The varname contains               |weight|
The exp contains                   |=price|
The if clause contains             ||
The in clause contains             |in 1/50 |
```

위 결과에서 보는 것처럼 `exp'는 문자든 숫자든 등호(=)를 포함하는데, 바로 이 때문에 이것이 숫자인지 문자인지를 파악하기 힘들다. 그러나 `exp'에서 등호를 제거하는 것은 뜻밖에 간단하다. syntax 명령의 등호(=) 뒤에 사선(/)을 붙이면 된다.

```
syntax varname[=/exp][if][in][,BY(varname) UNEqual Welch]
```

이렇게 조치하면 `exp'에서 등호가 없어지는지를 확인해 보자.

```
sysuse auto, clear
capture program drop trysyn4
program trysyn4
  syntax varname[=/exp][if][in]                    // modified
    display "The varname contains      |`varlist'|"
    display "The exp contains          |`exp'|"
    display "The if clause contains     |`if'|"
```

```
    display "The in clause contains    |`in'|"
end
```

```
. trysyn4 mpg=20 if foreign==1
the varname is                          |mpg|
the exp is                              |20 |
the if exp is                           |if foreign==1|
the in exp is                           ||
```

```
. trysyn4 weight=price in 1/50
the varname is                          |weight|
the expression is                       |price|
the if exp is                           ||
the in exp is                           |in 1/50 |
```

`exp'에서 등호가 사라졌다. 그렇다면 이제 가지치기 프로그램을 더 구체화할 수 있다.

```
if "`exp'"=="" {
    // calling the program using syntax 3
}
else {
  capture confirm number `exp'
  if _rc==0 {
    // calling the program using syntax 1
  }
  else {
    // calling the program using syntax 2
}
```

앞에서 이미 본 것처럼, confirm number `exp'는 `exp'가 숫자인지 아닌지를 판단한다. capture는 응답 기호(_rc)를 붙잡는다. 숫자면 _rc가 0일 것이고 숫자가 아니면 0이 아닌 어떤 수일 것이다. 그러므로 위 프로그램은 만일 _rc가 0이면 ①번 구문을 사용하는 프로그램을 부르고, 0이 아니라면 ②번 구문을 사용하는 프로그램을 부르라는 뜻이 된다.

논의를 더 구체화하여 **mytt.ado**의 틀을 잡아 보자. 먼저 구문 ①, ②, ③을 사용하는 tt_1, tt_2, tt_3 프로그램이 이미 존재한다고 가정해 보자. 각 프로그램의 구체적 내용은 다를 것이다. 그러나 이 파일의 내용은 나중에 채울 것이므로 지금은 그 내용에 신경 쓰지 않고, 그것들이 매우 단순한 형태를 띠고 있다고만 가정하자. **mytt.ado**는 다음과 같이 쓸 수 있다.

```
program mytt
  syntax varname[=/exp][if][in][,by(varlist) UNEqual Welch]
  if "`exp'"=="" {
      tt_3 `0'
  }
  else {
    capture confirm number `exp'
    if _rc==0 {
     tt_1 `0'
    }
    else {
     tt_2 `0'
    }
  }
end

program tt_1
  display "tt_1 `0'"
end

program tt_2
  display "tt_2 `0'"
end

program tt_3
  display "tt_3 `0'"
end
```

여기에서 ‘0'은 사용자가 입력한 내용 그 자체라는 사실을 기억하자. 이 프로그램이 제대로 작동하는지를 확인해 보자.

```
.  sysuse  auto,  clear
.  mytt
varlist  required
r(100);
```

mytt.ado 구문에서 정한 것처럼 mytt 다음에는 변수가 와야 한다. 아무 변수도 지정하지 않았으므로 당연히 문법 오류다. 그러므로 오류 신호가 떴다.

```
.  mytt  mpg=20
tt_1  mpg=20

.  mytt  mpg=weight
tt_2  mpg=weight

.  mytt  mpg,  by(foreign)
tt_3  mpg,  by(foreign)
```

위에서 볼 수 있듯, 가지치기 프로그램은 사용자가 내리는 명령을 적절한 하위 프로그램으로 잘 배분한다. 사용자가 '변수=#'를 입력하면 tt_1 프로그램을 부르고, '변수＝변수'를 입력하면 tt_2 프로그램을 부른다. 이도 저도 아닌 경우에는 tt_3 프로그램을 부른다. 비교적 적절하다. 그러나 이 프로그램이 아직 만족스러운 것은 아니다. 예컨대 mytt mpg라는 명령은 아무 의미도 없다. 그런데도 오류가 아니다. 이 문제는 나중에 바로잡을 수 있다.

```
.  mytt  mpg
tt_3  mpg
```

이처럼 프로그래밍의 시작 단계에서는 하위 프로그램의 내용에 크게 신경 쓰지 않아도 좋다. 하위 프로그램 작성이라는 나무에 매달리면 전체 숲의 윤곽을 놓쳐 길을 잃을 우려가 있기 때문이다. 큰 틀부터 짜면 프로그램을 이해하기도 쉽거니와 이를 시험하거나 수정하기도 쉽다.

어쨌든 가지치기 프로그램을 대략 완성했으므로 이제 하위 프로그램의 내용을 채울 차례다. 먼저 tt_1 프로그램을 작성해 보자. tt_1의 구문은 앞에서 본 바와 같이, 프로그램 이름 다음에 하나의 변수(varname)가 오고, 그 다음에 수치(exp)가 따른다. if나 in과 같은 제한자는 붙일 수도 있고 붙이지 않을 수도 있다.

```
syntax  varname=/exp[if][in]
```

t 검증을 하려면 t 값을 구해야 하는데, 한 변수의 평균이 특정 수치와 일치하는지를 확인하는 t 값은 다음과 같이 구한다.

$$t = \frac{(\bar{x} - a)}{s/\sqrt{n}}$$

여기서 $\bar{x}$, s는 평균과 표준편차고, n은 표본의 크기다(그러므로 자유도는 $n-1$이다). 이런 정보는 summarize 명령어와 그 저장결과를 활용하여 얻을 수 있다. a는 사용자가 입력할 것이다(우리 프로그램에서 사용자는 `exp' 항에 입력할 것이다).

```
summarize `varlist' `if' `in'
local  n=r(N)
local  xbar=r(mean)
local  s=r(sd)
local  t=(`xbar'-`exp')*sqrt(`n')/`s'
```

t 값을 구하면 p 값은 ttail() 함수로 구할 수 있다.

```
2*ttail(`n'-1, abs(`t'))
```

결국, tt_1은 다음과 같이 만들 수 있다.

```
program  tt_1
    syntax  varname=/exp  [if][in]
```

```
quietly {
    summarize `varlist' `if' `in'
    local  n = r(N)
    local  xbar = r(mean)
    local  s = r(sd)
    local  t = (`xbar' − `exp')*sqrt(`n')/`s'
}
display  in  yellow  "t(" `n'−1 ")=" `t' )
display  in  yellow  "p=" %9.5f 2*ttail(`n'−1, abs(`t'))
end
```

tt_1을 이렇게 고쳐 이를 mytt.ado 파일에 넣은 다음, 명령 창에 mytt mpg=20이라고 입력해 보자.

```
. mytt mpg=20
t(73)=1.9289201
p= .05757593
```

t 값이 1.929고, p 값은 .0576라고 보고하였다. 맞는 값인가? Stata의 내장 명령어 ttest 명령으로 확인해 보자.

```
. ttest mpg=20
```
One-sample t test

Variable	Obs	Mean	std. Err.	Std. Dev	[95% Conf. Interval]
mpg	74	21.2973	.6725511	5.785503	19.9569 22.63769

mean=mean(mpg)		t= 1.9289
Ho: mean=20		degrees of freedom=73
Ha: mean<20	Ha: mean !=20	Ha: mean>20
pr(T<t)=0.9712	pr(|T|>|t|)=0.0576	pr(T>t)=0.0288

정확하게 일치한다. 그러면 if 제한자를 붙여도 잘 작동할 것인가?

```
. mytt mpg=20 if foreign==1
t(21)=3.3860902
p=.00278758


. ttest mpg=20 if foreign==1
```

One-sample t test

Variable	Obs	Mean	std. Err.	Std. Dev	[95% Conf. Interval]	
mpg	22	24.77273	1.40951	6.611187	21.84149	27.70396

mean=mean(mpg)		t= 3.3861
Ho: mean=20		degrees of freedom= 21
Ha: mean<20	Ha: mean !=20	Ha: mean>20
pr(T<t)=0.9986	pr(|T|>|t|)=0.0028	pr(T>t)=0.0014

역시 잘 작동한다. 큰 문제는 없는 듯하다. 이즈음에서 프로그램의 작동과 관련하여 언급할 만한 한 가지 사실은 다음과 같다.

```
.mytt mpg=20, by(foreign)
options not allowed
r(101);
```

mytt.ado의 구문은 모든 명령이 가능하도록 구성되어 있다.

```
syntax varname[=/exp][if][in][,by(varlist) UNEqual Welch]
```

그런데도 mytt mpg=20, by(foreign)이라고 명령하면 오류 신호가 뜬다. Stata는 이렇게 유용한 정보를 어디서 얻었단 말인가? 주프로그램, 즉 mytt.ado 파일의 구문은 단지 하위 프로그램으로 가지치기하는 데 사용되었다. mytt.ado 파일이 mpg=20 이라는 신호를 보고 tt_1로 가지치기를 완료하면 tt_1 '0', 즉 tt_1 mpg=20, by(foreign)로 치환할 뿐이다. 그런 다음 tt_1 프로그램으로 진입하는데, 이제 이 하위 프로그램의 구문이 사용자가 입력한 내용을 검토한다.

```
syntax  varname =/exp  [if][in]
```

이 구문에서는 변수와 수치 그리고 if와 in을 제외한 어떤 요소도 허용하지 않는
다. 다시 말해 by() 등을 허용하지 않는다. 오류 신호를 보낸 곳은 바로 이 두 번째
구문이다.

다시 하위 프로그램 작성으로 돌아가자. tt_2를 만드는 일은 비교적 단순하다.
tt_1을 조금만 가공하면 이를 그대로 이용할 수 있다. tt_2의 구문은 다음과 같다.

```
tt_2  varname1 =varname2  [if exp][in range]
```

그런데 varname1과 varname2가 같다는 것을 검증하는 것은 곧 두 변수의 차, 즉
varname1 −varname2가 0이라는 것을 검증하는 것과 같다. 그러므로

```
gen  diff=varname1 −varname2
tt_1  diff=0
```

이라고 바꿔 쓸 수 있다. 그러므로 tt_2는 다음과 같이 쓸 수 있다.

```
program  tt_2
  syntax  varname =/exp  [if][in]
  quietly  gen  diff=`varlist' −`exp'  `if'  `in'
  tt_1  diff=0  `if'  `in'
end
```

mytt.ado 파일 안에 있는 tt_2를 이렇게 고친 후에 명령 창에 다음과 같이 입력하
면, 다음과 같은 결과를 얻는다. 이 결과는 Stata의 ttest의 결과와 동일하다.

```
.mytt  weight=price
t(73)= -10.351483
p= 0.00000
```

. ttest weight=price

paired t test

Variable	Obs	Mean	std. Err.	Std. Dev	[95% Conf. Interval]	
weight	74	3019.459	90.34692	777.1936	2839.398	3199.521
price	74	6165.257	342.8719	2949.496	5481.914	6848.6
diff	74	-3145.797	303.8982	2614.231	-3751.466	-2540.129

mean(diff)=mean(weight-price)   t= -10.3515

Ho: mean(diff)=0   degrees of freedom= 73

Ha: mean(diff)<0   Ha: mean(diff) !=0   Ha: mean(diff)>0

pr(T<t)=0.0000   pr(|T|>|t|)=0.0000   pr(T>t)=1.0000

이로써 tt_2 프로그램을 성공적으로 만들었다는 것을 알 수 있다. 그러나 이 프로그램은 아직 부족하다. 위 프로그램에서 gen diff='varlist'−`exp' `if' `in'이라는 명령어로 새 변수 diff를 만들었다. 앞 장에서도 이미 보았지만, 이는 몇 가지 측면에서 바람직하지 않다. 첫째, 이 경우에는 그렇지 않지만, 자료에 diff라는 변수가 이미 존재하면 Stata는 작업을 중지할 것이다. 둘째, 이런 변수가 이미 존재하지 않는 경우에도 이렇게 변수를 만들면 원래의 자료에 새 변수가 추가된다. 그리하여 작업을 마친 후에 drop 명령어로 이 변수를 버려야 하는 작업을 해야 한다. 이런 번거로움을 피하려면 임시 변수를 쓰는 게 좋다. 임시 변수를 만드는 방법은 간단하다.

```
quietly gen diff='varlist'−`exp' `if' `in'
tt_1 diff=0 `if' `in'
```

을

```
tempvar diff
quietly gen `diff'='varlist'−`exp' `if' `in'
tt_1 `diff'=0 `if' `in'
```

으로 바꾸면 된다.

이제 tt_3 프로그램을 작성할 차례다. 이 하위 프로그램은 다음 구문으로 시작한다.

```
syntax varname [if][in][, by(varlist)] [UNEqual Welch]
```

이런 구문의 프로그램을 작성할 때 해결해야 할 문제는 다음과 같다. 첫째, 사용자가 by(varlist)를 제시했는지를 확인해야 한다. 둘째, by(varlist)의 varlist가 오직 하나의 변수인지를 확인해야 한다. 셋째, by(varlist)의 varlist가 두 개의 범주로만 이루어져 있는지를 확인해야 한다. 이 변수의 범주가 두 개가 아니면 오류 신호를 보내야 한다. 넷째, welch를 입력했는데도 unequal을 써넣지 않았는지를 확인해야 한다. welch 선택 명령은 unequal 선택 명령이 존재할 때만 의미를 지닌다. 다섯째, welch 선택 명령을 붙이면 t 값과 자유도를 구하는 공식이 달라지는데, 이를 확인해야 한다. 이 문제들을 해결하는 방법을 차례로 알아보자.

① 사용자가 by를 제시했는지를 확인해야 한다.

이 문제를 해결하는 방법은 두 가지다. 가장 간단한 방법은 syntax 명령에서 [by(varlist)]를 by(varlist)로 바꾸는 것이다. 다시 말해 대괄호를 벗기는 것이다.

```
syntax varname [if][in], by(varlist) [UNEqual Welch]
```

이런 방법이 머리에 쉽게 떠오르지 않으면, by가 있는지를 직접 확인해도 좋다.

```
if "`by'" == "" {
    display in red "by() required"
    exit 198
}
```

여기에서 `by'에 겹따옴표를 붙였음에 주의하라. `by'를 겹따옴표로 싸지 않으면, 사용자가 by를 지정하지 않을 때 `by'는 공백이 되고, if 구문은 if == ""이 된다. 이는 문법 오류다. `by'를 겹따옴표로 쌀 때만 if 구문은 if "" == ""가 되어 정상 문법이 된다.

또 하나 주의할 점은 exit 다음에 198을 붙였다는 것인데, 오류 번호 198번은 '구문이 틀렸다(invalid syntax)'라는 신호다. 지금 이 지점에서는 그저 0이 아닌 어떤 숫자를 붙여도 좋은데, 오류 번호가 0이 아니면 우리가 원하는 대로 Stata는 작업을 중지할 것이기 때문이다. 그러나 아무래도 Stata가 사용하는 오류 번호를 그대로 따르는 게 좋다. 오류 번호는 따로 분류되어 있다(cf. Stata Corp., 2005).

② by(varlist)의 varlist가 여러 변수가 아니라 변수 하나인지를 확인해야 한다.

이를 확인하는 방법도 간단하다. 위 구문을 다음처럼 바꾸면 된다.

```
syntax varname [if][in], by(varname) [UNEqual Welch]
```

또는

```
syntax varname [if][in], by(varlist max=1) [UNEqual Welch]
```

③ by(varlist)의 varlist가 두 개의 범주로 이루어진 변수인지를 확인해야 한다.

이를 확인하는 방법은 여러 가지다. 먼저 떠오르는 어떤 방법을 써도 좋다. 한 가지 방법은 tabulate 명령어를 써서 이 명령이 저장하는 응답 결과인 r(r)이 2인지를 확인하는 것이다.

```
quietly tab `by' `if' `in'
  if r(r)~=2 {
    display in red "`by' must take on two values"
    exit 198
  }
```

다른 방법은 `by'의 최댓값과 최솟값을 구하여 이 두 값이 일치하지 않고(즉 `by'는 상수가 아니고), `by'의 모든 값이 최댓값이나 최솟값 또는 결측값을 취하는지를 확인하는 것이다.

```
quietly summarize `by' `if' `in'
if r(min)==r(max) {
    display in red "`by' is a constant"
    exit 198
}
capture assert `by'==r(min)|`by'==r(max)| `by'==.
if _rc~=0 {
    display in red "`by' must take on two values"
    exit 198
}
```

④ welch를 입력했는데도 unequal을 써넣지 않았는지를 확인해야 한다. welch 선택 명령은 unequal 선택 명령과 같이 있어야 한다.

이를 확인하는 것은 쉽다. 사용자가 welch라고 지정하면 "`welch'"는 "welch"가 될 것이다. unequal이라고 지정하면 "`unequal'"은 "unequal"이 될 것이다. welch를 쓰고, unequal을 쓰지 않으면 "`welch'"는 "welch"가 될 것이지만, "`unequal'"은 빈칸 ("")이 될 것이다.

```
if "`welch'"~="" & "`unequal'"=="" {
    display in red "welch should be used with unequal"
    exit 198
}
```

⑤ 선택 명령이 달라지면 t 값과 자유도를 구하는 공식은 달라지는데, 이를 확인해야 한다.

```
if "`unequal'"=="" {
    // 두 집단의 분산이 같을 때(즉 동분산일 때)의 t 값 공식
}
else if {
    "`welch'"=="" {
    // Satterthwaite formula
}
```

```
else {
    // Welch  formula
}
```

분산이 같을 때, t 값은 다음 공식으로 구한다.

$$t = \frac{m_1 - m_2}{\sqrt{\dfrac{(n_1 - 1)s_1^2 + (n_2 - 1)s_2^2}{n_1 + n_2 - 2}} \sqrt{\dfrac{1}{n_1} + \dfrac{1}{n_2}}}$$

여기서

m_1, m_2 : 각 집단의 평균

s_1, s_2 : 각 집단의 표준편차

n_1, n_2 : 각 집단의 관찰값 개수

분산이 같지 않을 때 t값은 다음 공식으로 구한다.

$$t = \frac{m_1 - m_2}{\sqrt{V_1 + V_2}}, \; where \; V_1 = \frac{s_1^2}{n_1} \; and \; V_2 = \frac{s_2^2}{n_2}$$

각 경우의 자유도는 각각 다음과 같다.

분산이 같을 때의 자유도: $(n_1 + n_2 - 2)$

분산이 같지 않을 때, Scatterthwaite 공식의 자유도: $\dfrac{(V_1 + V_2)^2}{\dfrac{V_1^2}{n_1 - 1} + \dfrac{V_2^2}{n_2 - 1}}$

분산이 같지 않을 때, Welch 공식의 자유도: $-2 + \dfrac{(V_1 + V_2)^2}{\dfrac{V_1^2}{n_1 + 1} + \dfrac{V_2^2}{n_2 + 1}}$

이 공식에 사용할 수치는 어떻게 구할 것인가? summarize 명령어를 사용하는 게 가장 쉽다.

```
summarize the variable if group1
local  n1 =r(N)
local  m1 =r(mean)
local  s1 =r(sd)
summarize the variable if group2
local  n2 =r(N)
local  m2 =r(mean)
local  s2 =r(sd)
```

이렇게 구한 수치를 위의 공식에 대입하면 된다. 그러나 위의 명령어에서 두 집단, 즉 **group1**과 **group2**를 어떻게 구별할 것인가? 다음 명령어로 구별하면 될 것 같다.

```
summarize `by' `if' `in'
local  min =r(min)
local  max =r(max)
```

이것을 앞의 수치를 구하는 명령과 합하면 다음과 같다.

```
summarize `by' `if' `in'
local  min =r(min)
local  max =r(max)

summarize `varlist' if `by' = =`min'
local  n1 =r(N)
local  m1 =r(mean)
local  s1 =r(sd)

summarize `varlist' if `by' = =`max'
local  n2 =r(N)
local  m2 =r(mean)
local  s2 =r(sd)
```

이 자체로는 큰 문제가 없다. 그러나 만일 사용자가 if exp나 in range를 사용하면 어떻게 될 것인가? summarize 명령 형태가

```
summarize `varlist' if `by'==`min' `if' `in'
```

과 같이 되는데, 이는 정상 문법에서 벗어난다. 왜냐하면 `if'가 만일 어떤 내용을 지니면, 예컨대 if rep78<=4이라면,

```
summarize `varlist' if `by'==`min' if rep78<=4 `in'
```

이 되는데, if를 두 번이나 제시하는 이런 방식은 문법과 맞지 않는다. 이 문제를 해결하는 방법은 여러 가지지만 여기서는 가장 덜 번거롭고 가장 흔하게 쓰는 방법, 즉 임시 변수 touse를 활용하는 방법을 보기로 하자. 임시 변수 touse를 사용하는 여러 방식과 그 의미는 제6장을 참조하라.

```
syntax varname [if][in], by(varname) [UNEqual Welch]
marksample touse                                        // new
summarize `by' if `touse'                               // modified

local min=r(min)
local max=r(max)

summarize `varlist' if `by'==`min' & `touse'           // modified
local n1=r(N)
local m1=r(mean)
local s1=r(sd)

summarize `varlist' if `by'==`max' & `touse'           // modified
local n2=r(N)
local m2=r(mean)
local s2=r(sd)
```

이제 모든 작업을 마쳤다. 이런 명령을 한 자리에 모으면, tt_3은 다음과 같다.

```
program tt_3
    syntax varname [if][in], by(varlist) [UNEqual Welch]

    // mark the subsample
    marksample touse

    // verify if `by' divides data into 2 groups
    quietly tab `by' if `touse'
    if r(r)~=2 {
        display in red "`by' must take on two values"
        exit 198
    }

    // verify if welch comes with unequal
    if "`welch'"~="" & "`unequal'"=="" {
        display in red "welch should be used with unequal"
        exit 198
    }

    // create the calculation ingredients
    quietly {
        summarize `by' if `touse'
        local min=r(min)
        local max=r(max)

        summarize `varlist' if `by'==`min' & `touse'
        local n1=r(N)
        local m1=r(mean)
        local s1=r(sd)
        local v1=r(Var)
        local V1=r(Var)/`n1'

        summarize `varlist' if `by'==`max' & `touse'
        local n2=r(N)
        local m2=r(mean)
        local s2=r(sd)
        local v2=r(Var)
        local V2=r(Var)/`n2'
    }
```

```
   // perform the calculation
   if "`unequal'" == "" {                                   // equal variance
      local d = `n1' + `n2' - 2
      local t = (`m1' - `m2')/(sqrt(((`n1' - 1)*`v1'         ///
            + (`n2' - 1)*`v2')/`d')*sqrt(1/`n1' + 1/`n2'))
   }
   else {                                                    // unequal variance
      local t = (`m1' - `m2')/sqrt(`V1' + `V2')
      if "`welch'" == "" {                                   // Satterthwaite
         local d = (`V1' + `V2')^2/(`V1'^2/(`n1' - 1)///
               + `V2'^2/(`n2' - 1))
      }
      else {                                                 // Welch
         local d = -2 + (`V1' + `V2')^2/(`V1'^2/(`n1' + 1)    ///
               + `V2'^2/(`n2' + 1))
      }
   }

   // display the result
   disp in yellow "t(" `d' ") = " `t'
   disp in yellow %9.5f 2*ttail(`d', abs(`t'))
end
```

이 프로그램을 mytt.ado 파일에 넣고 실행해 보자.

```
. mytt mpg, by(foreign)
t(72)= -3.6308484
p= 0.00053
```

t와 p, 자유도가 정확한가? Stata의 내장 명령어 ttest로 확인해 보자.

```
. ttest mpg, by(foreign)
```
Two-sample t test with equal variances

Group	Obs	Mean	Std.Err.	Std.Dev	[95%conf, Interval]	
Domestic	52	19.82692	.657777	18.50638	21.14747	
foreign	22	24.77273	1.40951	21.84149	27.70396	
combined	74	21.2973	.6725511	5.785503	19.9569	22.63769
diff		-4.9450804	1.362162		-7.661225	-2.230384

diff=mean(Domestic)-mean(Foreign)		t= -3.6308
Ho: diff=0		degrees of freedom= 72
Ha: diff<0	Ha:diff !=0	Ha: diff>0
pr(T<t)=0.0003	pr(|T|>|t|)=0.0005	pr(T>t)=0.9997

t, p, 자유도가 정확하게 일치한다. 제한자를 붙여 다른 가능성도 시험해 보자.

```
. mytt mpg if weight<=4000, by(foreign)
. mytt mpg, by(foreign) UNE
. mytt mpg, by(foreign) UNE W
  (출력 결과 생략)
```

모두 잘 움직인다. 그러므로 프로그램을 잘 만들었다고 판단할 수 있다. 지금까지 tt_1, tt_2, tt_3 파일을 만들었는데, 이를 모두 합한 파일, 즉 mytt.ado 파일은 다음 과 같다.

```
program mytt
  syntax varname[=/exp][if][in][,BY(varlist)][UNEqual Welch]
  if "`exp'"=="" {
      tt_3 `0'
  }
  else {
    capture confirm number `exp'
    if _rc==0 {
      tt_1 `0'
    }
    else {
      tt_2 `0'
    }
  }
end

program tt_1
  syntax varname=/exp [if][in]
  quietly {
    summarize `varlist' `if' `in'
```

```
      local  n＝r(N)
      local  xbar＝r(mean)
      local  s＝sqrt(r(Var))
      local  t＝(`xbar' −`exp')*sqrt(`n')/`s'
   }
   display  "t("  `n'−1  ")＝  "  `t'
   display  "p＝  "  %9.5f  2*ttail(`n'−1,  abs(`t'))
end

program  tt_2
   syntax  varname＝/exp  [if][in]
   tempvar  diff
   quietly  gen  `diff'＝`varlist' −`exp'  `if'  `in'
   tt_1  `diff'＝0  `if'  `in'
end

program  tt_3
   syntax  varname  [if][in],  BY(varlist)  [UNEqual  Welch]

   //  mark  the  subsample
   marksample  touse

   //  verify  if  `by'  divides  data  into  2  groups
   quietly  tab  `by'  if  `touse'
   if  r(r)~＝2  {
      display  in  red  "`by'  must  take  on  two  values"
      exit  198
   }

   //  verify  if  welch  comes  with  unequal
   if  "`welch'"~＝""  &  "`unequal'"＝＝""  {
      display  in  red  "welch  should  be  used  with  unequal"
      exit  198
   }

   //  create  the  calculation  ingredients
   quietly  {
      summarize  `by'  if  `touse'
      local  min＝r(min)
      local  max＝r(max)
```

```
        summarize `varlist' if `by'==`min' & `touse'
        local n1=r(N)
        local m1=r(mean)
        local s1=r(sd)
        local v1=r(Var)
        local V1=r(Var)/`n1'

        summarize `varlist' if `by'==`max' & `touse'
        local n2=r(N)
        local m2=r(mean)
        local s2=r(sd)
        local v2=r(Var)
        local V2=r(Var)/`n2'
    }

    // perform the calculation
    if "`unequal'"=="" {                                    // equal variance
        local d=`n1'+`n2'-2
        local t=(`m1'-`m2')/(sqrt(((`n1'-1)*`v1'+          ///
                (`n2'-1)*`v2')/`d')*sqrt(1/`n1'+1/`n2'))
    }
    else {                                                  // unequal variance
        local t=(`m1'-`m2')/sqrt(`V1'+`V2')
        if "`welch'"=="" {                                  // Satterthwaite
            local d=(`V1'+`V2')^2/(`V1'^2/(`n1'-1)         ///
                    +`V2'^2/(`n2'-1))
        }
        else {                                              // Welch
            local d=-2+(`V1'+`V2')^2/(`V1'^2/(`n1'+1)      ///
                    +`V2'^2/(`n2'+1))
        }
    }

    // display the result
    disp as txt "t(" `d' ")= " in yellow `t'                // modified
    disp as txt "p= " in yellow %9.5f ///
         2*ttail(`d', abs(`t'))                             // modified
end
```

이제 출력 화면을 보기 좋게 만드는 일 아니면 더 이상 할 일이 없는 것처럼 보인다. 그러나 더 이상 다듬지 못할 만큼 좋은 프로그램은 없다. 위 프로그램에서는 특정 결과를 저장할 때 매크로를 사용하였다. 예를 들면

```
summarize `varlist' `if' `in'
local  n=r(N)
local  xbar=r(mean)
local  s=sqrt(r(Var))
local  t=(`xbar'−`exp')*sqrt(`n')/`s'
```

에서 보는 것처럼 summarize의 결과를 매크로 `n', `xbar', `s'에 저장하였고, 이를 활용하여 `t'를 계산하였다. 그러나 위 프로그램에서는 이런 접근이 큰 문제가 되지 않지만, 숫자의 정확성을 원하는 프로그램에서는 문제가 될 수 있다. 아주 미세한 숫자 차이를 다룰 때는 매크로보다 스칼라를 사용하는 것이 더 낫다. 스칼라는 매크로보다 숫자를 더 많은 자릿수로 저장하기 때문이다. 그러므로 앞의 mytt.ado 파일을 다음과 같이 고쳐 쓰는 게 낫다.

```
program  mytt
  syntax  varname[=/exp][if][in][,BY(varlist)][UNEqual  Welch]
  if  "`exp'"=="" {
    tt_3 `0'
  }
  else {
    capture  confirm  number `exp'
    if _rc==0 {
      tt_1 `0'
    }
    else {
      tt_2 `0'
    }
  }
end

program  tt_1
  syntax  varname=/exp  [if][in]
    quietly {
```

```
      summarize `varlist' `if' `in'
      tempname n m s t                                      // new
      scalar `n'=r(N)                                       // modified
      scalar `m'=r(mean)                                    // modified
      scalar `s'=sqrt(r(Var))                               // modified
      scalar `t'=(`m'−`exp')*sqrt(`n')/`s'                  // modified
   }
   display "t(" `n'−1 ")= " `t'
   display "p= " %9.5f 2*ttail(`n'−1, abs(`t'))
end

program tt_2
   syntax varname=/exp [if][in]
   tempvar diff
   quietly gen `diff'=`varlist'−`exp' `if' `in'
   tt_1 `diff'=0 `if' `in'
end

program tt_3
   syntax varname [if][in], BY(varlist) [UNEqual Welch]

   // mark the subsample
   marksample touse

   // verify if `by' divides data into 2 groups
   quietly tab `by' if `touse'
   if r(r)~=2 {
      display in red "`by' must take on two values"
      exit 198
   }

   // verify if welch comes with unequal
   if "`welch'"~="" & "`unequal'"=="" {
      display in red "welch should be used with unequal"
      exit 198
   }

   // create the calculation ingredients
   quietly {
      summarize `by' if `touse'
```

```
        tempname min max                                            // new
        scalar `min'=r(min)                                         // modified
        scalar `max'=r(max)                                         // modified

        summarize `varlist' if `by'==`min' & `touse'
        tempname n1 m1 s1 v1 V1 n2 m2 s2 v2 V2 d t                   // modified
        scalar `n1'=r(N)                                            // modified
        scalar `m1'=r(mean)                                         // modified
        scalar `s1'=r(sd)                                           // modified
        scalar `v1'=r(Var)                                          // modified
        scalar `V1'=r(Var)/`n1'                                     // modified

        summarize `varlist' if `by'==`max' & `touse'
        scalar `n2'=r(N)                                            // modified
        scalar `m2'=r(mean)                                         // modified
        scalar `s2'=r(sd)                                           // modified
        scalar `v2'=r(Var)                                          // modified
        scalar `V2'=r(Var)/`n2'                                     // modified
    }

    // perform the calculation
    if "`unequal'"=="" {
        scalar `d'=`n1'+`n2'-2                                      // modified
        scalar `t'=(`m1'-`m2')/(sqrt(((`n1'-1)*`v1'+               ///
                (`n2'-1)*`v2')/`d')*sqrt(1/`n1'+1/`n2'))            // modified
    }
    else {
        scalar `t'=(`m1'-`m2')/sqrt(`V1'+`V2')                      // modified
        if "`welch'"=="" {
            scalar `d'=(`V1'+`V2')^2/(`V1'^2/(`n1'-1)              ///
                    +`V2'^2/(`n2'-1))                               // modified
        }
        else {
            scalar `d'=-2+(`V1'+`V2')^2/(`V1'^2/(`n1'+1)          ///
                    +`V2'^2/(`n2'+1))                               // modified
        }
    }

    // display the result
    disp as txt "t(" `d' ")= " in yellow `t'
```

```
            disp as txt "p= " in yellow %9.5f                    ///
                  2*ttail(`d', abs(`t'))
            end
```

2) mytti.ado

앞에서 본 mytt.ado는 Stata에 ttest라는 명령어가 없다고 가정하고 만든 것이다.
ttest는 한 집단의 평균이 특정 값과 같은지 또는 두 집단의 평균이 서로 같은지를
확인하는 것인데, 이 명령은 데이터를 분석할 때 사용한다. 그러나 현실에서는 데이
터에 접근할 수 없고, 변수의 평균과 표준편차 등만을 아는 경우도 있다. 예컨대 논
문에서 한 집단이나 두 집단의 평균과 표준편차, 표본의 크기 등의 정보만 제시한
경우가 그렇다. 이럴 때도 t 검증을 할 수 있는데, 이 검증은 ttest가 아니고 ttesti라
는 명령어로 수행한다. 앞 절에서 그랬던 것처럼 이 절에서도 Stata에는 이 명령어가
없다고 가정하고, 새로 mytti.ado라는 파일을 만들어 보자.

mytt.ado 파일과 달리, mytti.ado 파일에는 두 가지 하위 프로그램만 존재한다. 첫
째 프로그램은 한 집단의 평균과 표준편차, 표본의 크기를 알 때 이 집단의 평균이
특정 값과 일치하는지를 확인하는 것이다. 예를 들면 표본의 크기가 74개인 어떤 변
수의 평균이 21.3이고 표준편차가 5.8이라고 할 때, 이 변수가 평균 20인 분포에서
나왔다고 주장할 수 있는가? 이를 확인하는 tt_1i.ado 파일의 구문은 다음과 같을 것
이다.

        tt_1i #n #m #s=#mu

여기에서 #n, #m, #s, #mu는 모두 숫자고, 각각 표본의 크기, 평균, 표준편차, 특
정 값을 의미한다. mytti.ado의 둘째 구문은 앞 절의 논의에서 유추할 수 있다시피

        tt_3i #n1 #m2 #s1=#n2 #m2 #s2[,UNEqual Welch]

다. 이 프로그램은 한 집단과 다른 집단의 평균이 같은지를 확인하는 것이다. 이 두
하위 프로그램의 구문을 종합하면 다음과 같다.

```
mytti #n1  #m2  #s1 =#n2  [#m2  #s2][,UNEqual  Welch]
```

어쨌든 이 구문으로 프로그램을 시작할 것인데, 이 구문은 변수 없이 숫자만 나열하기 때문에 다음과 같은 절차로 시작하는 것이 합당한 것처럼 보인다.

```
program  mytti
    tokenize  "`0'"
```

그러나 이런 절차는 적절치 않다. 사용자가 **mytti #1 #2 #3 =#4**라고 하면, 이에 대응하여 `1', `2', `3' 등의 매크로가 만들어질 것인데, 이 매크로는 사용자가 입력하는 내용과 대응하지 않는다. 예를 들어 보자. 만일 사용자가

```
mytti  72  20  8 =3
```

이라고 입력하면 72는 `1', 20은 `2'가 된다. 그러나 `3'은 8 =3이 된다. 이는 우리가 원하지 않는 결과다. 더 곤란한 것도 있다.

```
mytti  53  18.7  5.3  =  27  19.5  5.7,  UNEqual
```

이라고 입력하면 각 숫자와 문자가 차례로 `1', `2', `3' ……으로 배당된다. 즉

```
mytti      53  18.7  5.3   =   27  19.5  5.7,  UNEqual
           `1'  `2'  `3'  `4'  `5'  `6'  `7'  …
```

등의 순서로 입력된다. 여기서 `7'은 '5.7,'이 된다. 숫자와 쉼표(,) 사이에 공백이 없기 때문에 `7'은 5.7이라는 숫자는 말할 것도 없고 쉼표까지 포함한다. 이런 문제를 극복하는 방법은 제5장에서 이미 이야기했듯 사용자가 입력하는 내용을 공백으로만 분할할 것이 아니라 다른 기호로도 분할하는 것이다. 그러므로 우리가 지금 만드는 프로그램의 첫머리에 요소 구분(parse) 명령을 붙여

```
program mytti
    tokenize "`0'", parse(" =,")
```

로 시작하는 것이 좋다. 요소를 이렇게 분할하면 위의 예문은 다음과 같이 분할된다.

```
`1'   58.3
`2'   18.7
`3'    5.3
`4'     =
`5'   27.0
`6'   19.5
`7'    5.7
`8'     ,
`9'   unequal
```

mytt.ado를 만들 때도 그랬지만 프로그램은 먼저 큰 틀에서 시작하여 가지치기를 하는 게 효율적이다. mytti 프로그램에서 가지치기의 기준은 6번째 요소(token)이다. 이 요소가 존재하면 tt_3i 프로그램을 실행하고, 이것이 존재하지 않으면 tt_1i 프로그램을 실행할 것이다. 그렇다면

```
program mytti
    tokenize "`0'", parse(" =,")
    capture confirm number `6'
        if _rc {
            tt_1i `*'
        }
        else {
            tt_3i `*'
        }
end

program tt_1i
    disp "`*'" _skip(5) "Hello from tt_1i"
end

program tt_3i
```

```
    disp "`*'" _skip(5) "Hello from tt_3i"
end
```

이 프로그램에서 if _rc { }는 _rc가 0이 아닌 어떤 것일 때, 즉 `6'이 숫자가 아닐 때를 지칭하는 것이다. 또한, 프로그램에서 tt_1i `0'이라고 하지 않고 tt_1i `*'라고 한 까닭은 이 사용자가 mytti 3 4 5=6이라고 입력하면 3 4 5=6이 아니라 3 4 5 = 6이라고 숫자와 등호를 한 칸씩 띄어 인식할 수 있게 하기 위함이다. 그러나 parse(" =,") 명령 때문에 `*'대신 `0'을 써도 프로그램은 무난하게 작동한다. 어쨌든 위 가지치기 프로그램을 시험해 보자.

```
. mytti 3 4 5=6
3 4 5=6     Hello from tt_li


. mytti 3 4 5=6 7
3 4 5=6 7 hello from tt_3i
```

잘 작동한다. 이제 이 프로그램을 더 구체화해 보자. mytti 다음에 이어지는 각 숫자는 일정한 제약을 따라야 한다. 예컨대 표본의 크기는 2 이상의 정수여야 한다. 이런 제약을 명시하는 하위 프로그램은 다음처럼 만들 수 있다.

```
program isObs
    args n
    confirm integer number `n'
    if `n'<2 {
        display in red "number of observations should be an integer >=2"
        exit 198
    }
end
```

여기서 args라는 명령어는 요소를 순서대로 받아들여 그에 상응하는 매크로를 생성한다. 예컨대 isObs 3 4 5이라고 명령하고 args n m p라고 명령하면 `n', `m', `p'라는 매크로가 만들어지고 그 값은 각각 3 4 5가 된다. 위 하위 프로그램에서 args n은 isObs 다음에 하나의 숫자만 오는데, 그 숫자는 `n'에 저장될 것임을 말한다.

위 프로그램은 표본의 크기를 겨냥한 것이지만, 평균이나 표준편차 등에도 비슷한 제약을 가할 수 있다. 이 제약을 가한 하위 프로그램들이 존재하고, 이 프로그램들의 이름이 isMean, isSd 등이라고 가정하면, mytti.ado는 다음 형태를 취할 것이다.

```
program  mytti
  tokenize "`0'", parse("  =,")
  isObs    `1'
  isMean   `2'
  isSd     `3'
  isEqual  `4'

  capture  confirm  number  `6'
    if _rc {
      isMean  `5'
      isNull  `6'
      tt_1i   `*'
    else {
      isObs   `5'
      isMean  `6'
      isSd    `7'
      tt_3i   `*'
    }
  end

  program  isObs
    .........
  end

  program  isMean
    .........
  end

  program  isSd
    .........
  end

  program  isEqual
```

```
       ..........
    end

    program  isNull
       ..........
    end

    program  tt_1i
       disp  "`0'"  _skip(5)  "Hello  from  tt_1i"
    end

    program  tt_3i
       disp  "`0'"  _skip(5)  "Hello  from  tt_3i"
    end
```

   지금까지 논의한 바를 이해했다면, 가지치기 프로그램이 왜 이런 형태를 띠는지를 이해하는 것은 그렇게 어렵지 않을 것이다. 이제 is* 프로그램을 하나씩 보강해 보자. isObs는 이미 제시하였으므로 isMean부터 시작한다. 평균은 숫자여야 한다(isMean). 표준편차는 양수여야 한다(isSd). 세 개의 숫자가 이어진 다음에는 반드시 등호가 나타나야 한다(isEqual). tt_1i의 경우 3개의 숫자, 등호, 한 개의 숫자 다음에는 다른 어떤 것도 나타나서는 안 된다(isNull). 그러므로 각각의 하위 프로그램을 다음과 같이 쓸 수 있다.

```
    program  isMean
       args  mu
       confirm  number  `mu'
    end

    program  isSd
       args  sd
       confirm  number  `sd'
       if  `sd'<=0  {
          disp  in  red  "`sd'  is  not  valid"
          exit  198
       }
    end
```

```
program isEqual
  args eqsign
  if "`eqsign'"~="=" {
    exit 198
  }
end

program isNull
  args nothing
  if "`nothing'"~="" {
    display in red "'*' is found where nothing expected"
  }
end
```

이제 tt_1i과 tt_2i 프로그램을 작성할 차례다. tt_1i 프로그램은 다음과 같이 쓸 수 있다.

```
program tt_1i
  args n m s eqsign mu
  local t=(`m'-`mu')/(`s'/sqrt(`n'))
  di as txt "t("`n'-1 ")=" in yellow `t'
  di as txt "p= " in yellow %9.5f          ///
        2*ttail(`d', abs(`t'))
end
```

이 프로그램에서 전달 인자나 투입 요소(arguments)를 순서대로 모두 나열했음에 주의하라. 예를 들어 t 값을 계산하는 데는 전혀 사용하지 않았지만 eqsign이라는 요소를 적절한 순서에 투입하였음에 유의하라. 이를 지정하지 않으면 투입요소의 순서가 어긋나 오류를 낳는다.

tt_3i는 tt_1i보다 조금 더 복잡하다. 우선 tt_3i는 선택 명령을 포함할 수 있다. 즉 unequal이나 welch라는 선택 명령을 포함할 수 있다. 어떻게 이 선택 명령을 내릴 수 있도록 할 것인가?

```
program tt_3i
```

```
        args n1 m1 s1 eqsign n2 m2 s2
        mac shift 7
        local 0  "`*'"
        syntax [, UNEqual Welch]
        ...................
        ...................
    end
```

위 프로그램에서 macro shift가 중요한 역할을 한다. macro shift #는 투입요소를 #만큼 이동하여 그다음 요소를 매크로로 삼으라는 명령어다. 예를 들어 보자.

```
    capture program drop trial
    program trial
        while "`1'" ~= "" {
            disp "`1'"
            mac shift 3
        }
    end
```

macro shift 다음에 숫자를 붙이지 않으면 macro shift 1과 같다. 그러므로 첫 요소의 바로 다음 요소, 즉 두 번째 요소를 매크로로 삼으라는 것이다. macro shift 3은 첫 번째 요소 다음 세 개를 건너뛰어 네 번째 요소를 매크로로 삼으라는 것이다. 앞의 trial 프로그램을 실행해 보자.

```
. trial 1 2 3 4 5 6 7 8 9 10 11 12 13 14 15
1
4
7
10
13
```

```
. trial 3 4 5 6 7 8 9 10 11 12 13 14 15
3
6
9
12
15
```

앞에서 이야기했던 방식대로 매크로를 전환한다. mytti 프로그램에서 macro shift 7이라는 명령을 내렸는데, 이는 첫 번째 요소를 매크로로 삼은 다음 7개의 요소를 건너뛰어 그다음 요소를 매크로로 삼으라는 명령이다. 이어지는 명령어 즉

```
local 0  "`*'"
```

는 남아 있는 요소, 즉 여덟 번째 이후의 요소를 0이라는 매크로에 저장한다. 과연 그러한지를 알아보자.

```
capture program drop trial2
program trial2
  args n1 n2 n3 n4 n5 n6 n7 n8 n9 n10
  mac shift 7
  local 0 "`*'"
  display "`0'"
end
```

```
. trial  1  2  3  4  5  6  7  8  9  10
8  9  10
```

예상한 대로 '0'은 여덟 번째 이후 요소를 그대로 저장한다. 어쨌든 macro shift 명령으로 이제 일곱 번째 요소까지를 신경 쓰지 않아도 되므로, syntax [, UNEqual Welch] 명령을 도입할 수 있다. 그다음 과정은 앞의 mytt.ado의 그것과 같다. 이제 앞의 모든 것을 종합해 보자.

```
program mytti
  tokenize "`0'", parse("  =,")
  isObs `1'
  isMean `2'
  isSd `3'
  isEqual `4'

  capture confirm number `6'
    if _rc {
      isMean `5'
      isNull `6'
      tt_1i `*'
    }
    else {
      isObs `5'
      isMean `6'
      isSd `7'
      tt_3i `*'
    }
end

program isObs
  args n
  confirm integer number `n'
  if `n'<2 {
    display in red "number of observations should be an integer >=2"
    exit 198
  }
end

program isMean
  args mu
  confirm number `mu'
end

program isSd
  args sd
  confirm number `sd'
  if `sd'<=0 {
    disp in red "`sd' is not valid"
```

```
        exit 198
    }
end

program isEqual
    args eqsign
    if "`eqsign'"~="=" {
        exit 198
    }
end

program isNull
    args nothing
    if "`nothing'"~="" {
        display in red "`*' is found where nothing expected"
    }
end

program tt_1i
    args n m s eqsign mu
    local t=(`m'-`mu')/(`s'/sqrt(`n'))
    di as txt "t("`n'-1 ")=" in yellow `t'
    di as txt "p= " in yellow %9.5f        ///
        2*ttail(`n'-1, abs(`t'))
end

program tt_3i
    args n1 m1 s1 eqsign n2 m2 s2
    mac shift 7
    local 0 "`*'"
    syntax [, UNEqual Welch]
        tempname v1 V1 v2 V2
        scalar `v1'=`s1'^2
        scalar `V1'=`v1'/`n1'
        scalar `v2'=`s2'^2
        scalar `V2'=`v2'/`n2'

        // verify if welch comes with unequal
        if "`welch'"~="" & "`unequal'"=="" {
            display in red "welch should be used with unequal"
```

```
    exit 198
  }

      // perform the calculation
      if "`unequal'" == "" {
        local d = `n1' + `n2' - 2
        local t = (`m1' - `m2')/(sqrt(((`n1' - 1)*`v1' +              ///
              (`n2' - 1)*`v2')/`d')*sqrt(1/`n1' + 1/`n2'))
      }
      else {
        local t = (`m1' - `m2')/sqrt(`V1' + `V2')
        if "`welch'" == "" {                                          // Satterthwaite
          local d = (`V1' + `V2')^2/(`V1'^2/(`n1' - 1) +              ///
                  `V2'^2/(`n2' - 1))
        }

        else {                                                        // Welch
          local d = -2 + (`V1' + `V2')^2/(`V1'^2/(`n1' + 1) +        ///
                  `V2'^2/(`n2' + 1))
        }
      }

    // display the result
    di as txt "t(" `d' ")= " in yellow `t'
    di as txt "p= " in yellow %9.5f                                   ///
          2*ttail(`d', abs(`t'))
  end
```

이를 c:\ado\personal 디렉터리에 mytti.ado라는 이름으로 저장하고 명령 창에서
다음 명령을 입력해 보자.

```
. mytti 74 21.3 5.8=20
t(73)=1.9281074
p=0.05773
```

이 결과는 올바른가? Stata의 내장 명령 ttesti로 확인해 보자. 정확하게 일치한다.

. ttesti 74 21.3 5.8 20

One-sample t test

	Obs	Mean	Std. Err.	Std. Dev.	[95% Conf. Interval]	
x	74	21.3	.6742363	5.8	19.95625	22.64375

mean=mean(x)   t= 1.9281

Ho: mean=20   degrees of freedom= 73

Ha: mean<20   Ha: mean !=20   Ha: mean>20

Pr(T<t)=0.9711   Pr(|T|>|t|)=0.0577   Pr(T>t)=0.0289

다음 명령도 서로 비교해 보자.

. mytti 22 23.1 5.7=52 22.1 4.7
t(72)=.78443782
p=.43536
. ttesti 22 23.1 5.7 52 22.1 4.7

Two-sample t test with equal variances

	Obs	Mean	Std. Err.	Std. Dev.	[95% Conf. Interval]	
X	22	23.1	1.215244	5.7	20.57276	25.62724
Y	52	22.1	.6517727	4.7	20.79151	23.40849
combined	74	22.3973	.581133	4.999095	21.2391	23.55549
diff		1	1.274798		-1.541264	3.541264

diff=mean(X)-mean(Y)   t= 0.7844

Ho:diff=0   degrees of freedom=72

  Ha: diff<0   Ha: diff<0   Ha: diff<0

Pr(T<t)=0.7823   Pr(|T|>|t|)=0.4354   Pr(T>t)=0.2177

지금까지 요소 분할(parsing)을 어떻게 할 것인가를 보이려고 mytti.ado 파일의 구문이 다음과 같다고 가정하였다.

mytti #n1 #m2 #s1 =#n2 [#m2 #s2][,UNEqual Welch]

그러나 조금 전에 본 것처럼 실제의 ttesti는 이런 구문이 아니라 등호가 없는 다음 구문으로 되어 있다.

ttesti #n1 #m2 #s1 #n2 [#m2 #s2][,UNEqual Welch]

등호가 없는 **mytti.ado** 파일을 만드는 것은 지금껏 해 온 작업보다 훨씬 간단하다. 이 파일을 만드는 일은 독자에게 맡긴다.

제9장 | 변수의 연관성: 상관계수와 회귀계수

1. 상관계수: mycorr.ado

연속변수인 두 변수의 연관성(association)을 어떤 방법으로 알 수 있는가? 가장 직관적인 방법은 그림을 그려 보는 것이다. 예를 들어 자동차의 무게와 연비의 연관성을 알고 싶다고 하자. 다른 조건이 같다면, 아마도 자동차가 무거울수록 연비는 낮을 것이다. 과연 그럴까? 산점도를 그려 보자.

```
. sysuse auto, clear
. twoway scatter mpg weight
```

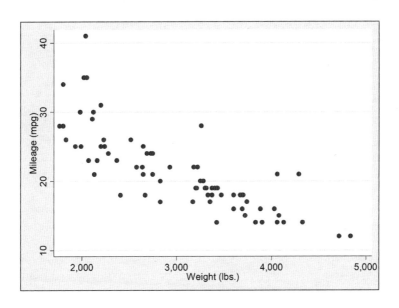

이 그림에서 가로축은 차 무게고 세로축은 연비다. 우리가 예상한 대로 자동차가 무거울수록 연비는 낮다. 그런데 두 변수의 이런 연관성을 간단히 요약하는 방법은 무엇인가? 여러 가지 방식이 있겠지만, 사람들은 이 연관성을 흔히 상관계수와 회귀계수로 요약한다. 이 절에서는 상관계수를 살펴보고, 다음 절에서는 회귀계수를 살펴본다.

피어슨(K. Pearson)은 두 변수의 연관성을 하나의 수치로 측정하고, 그 수치를 상관계수라고 이름 붙였다. 상관계수의 계산은 두 변수의 공분산을 구하는 데서 시작한다. 크기가 n인 집단에서 두 변수 x, y의 공분산(s_{xy})은 다음과 같다.

$$s_{xy} = \frac{1}{n-1} \sum (x - \bar{x})(y - \bar{y})$$

상관계수(r 또는 ρ)는 이 공분산을 두 변수의 표준편차의 곱($s_x s_y$)으로 나누어 두 변수의 측정단위를 표준화한 것이다(Agresti and Franklin, 2007, 임준택·심근섭·한원식, 2008).

$$r = \frac{s_{xy}}{s_x s_y} = \frac{1}{n-1} \sum \left(\frac{x - \bar{x}}{s_x}\right)\left(\frac{y - \bar{y}}{s_y}\right)$$

이 상관계수의 유의도는 다음과 같은 t 값으로 계산한다.

$$t = \sqrt{n-2} \frac{r}{\sqrt{1-r^2}}$$

이 t 값을 구하면 t 분포를 사용하여 p를 쉽게 계산할 수 있다. 자유도는 n−2이므로 p=2*ttail(n−2, abs(t))이다.

Stata에서 변수의 상관계수를 구하는 방법은 매우 쉽다. corr 명령어나 pwcorr 명령어를 사용하면 된다.

```
. sysuse auto, clear
. corr mpg weight rep78
```

(obs=69)

	mpg	weight	rep78
mpg	1.0000		
weight	-0.8055	10000	
rep78	0.4023	-0.4003	1.0000

. pwcorr mpg weight rep78

	mpg	weight	rep78
mpg	1.0000		
weight	-0.8072	10000	
rep78	0.4023	-0.4003	1.0000

두 명령의 결과는 비슷해 보이지만, 약간 다르다. corr 명령은 특정 변수에 결측값이 있으면 그 결측값을 갖는 사례를 일괄삭제(listwise deletion)한다. 다시 말해 rep78에 결측값이 5개 있는데, 이 결측값을 보유하는 사례를 모두 삭제한다. 그리하여 69개의 사례를 대상으로 변수의 상관관계를 계산한다. 이와 달리 pwcorr 명령은 결측값이 존재하지 않는 변수의 상관계수를 구할 때는 모든 사례를 활용하고, 결측값을 가진 변수와 결측값을 갖지 않은 변수의 상관계수를 구할 때는 결측값이 존재하는 사례를 짝지어 삭제(pairwise deletion)한다. 말하자면 결측값이 없는 두 변수, mpg와 weight의 상관계수를 구할 때는 74개의 사례를 모두 활용하지만, 결측값이 있는 rep78과 다른 변수의 상관계수를 구할 때는 69개의 사례만 활용한다. 두 명령 중에 더 흔히 쓰는 명령은 pwcorr다.

이 절에서는 Stata에 pwcorr 명령어가 없어, 이를 직접 계산하는 프로그램, mypwcorr.ado 파일을 만들어야 한다고 가정해 보자. 앞에서도 몇 차례 이야기하였지만, 프로그램을 짤 때는 가지치기 프로그램을 작성하는 데서 시작하는 것이 좋다. 그러나 이 프로그램에서는 경우마다 달리 계산할 것이 없다. 그러므로 이 프로그램은 다음과 같은 구문 명령과 제한자 설정으로 시작할 것이다. 이 프로그램은 아직 잠정적이므로 mypwcorr라고 이름 붙이지 않고 mypwcorr_tmp라고 이름 붙이자.

```
program mypwcorr_tmp
    syntax varlist(min=2) [if][in][,sig]
    tempvar touse
```

```
mark `touse' `if' `in'
.............................
.............................
end
```

syntax 명령에서 varlist(min=2)에 대괄호를 붙이지 않은 까닭은 mypwcorr 명령 다음에 두 개 이상의 변수를 꼭 입력해야 하기 때문이다. if와 in, sig는 선택 사항이 다. 여기서 sig 선택 명령은 상관계수의 확률값(p)을 보이라는 명령이다.

다른 한편, 제한자 설정에서 흔히 쓰는 marksample touse 명령을 붙이지 않고, mark `touse' `if' `in'이라는 명령을 사용한 까닭은 제6장에서 논의한 바와 같이 이 두 명령은 미묘한 차이를 보이기 때문이다. 전자는 if나 in과 같은 제한자가 지정한 범위 밖의 사례를 삭제할 뿐 아니라 한 사례라도 결측값을 가지면 그 사례마저 삭제 한다. 이와 달리 후자는 제한자가 지정한 범위 밖의 사례만 삭제한다. Stata의 corr 명령어와 흡사한 명령어를 만드는 것이 우리의 목적이라면 아마도 전자를 사용하는 것이 좋을 것이지만, pwcorr 명령어에 해당하는 명령어를 만들려면 후자를 사용해야 한다.

나중에 상관계수와 유의도를 행렬 형태로 출력할 것인데, 이에 대비하여 다음 명 령으로 미리 상관계수 행렬(`stat')과 유의도 행렬(`pv')을 만들고 각 행렬의 행과 열 이름을 붙인다. 이 행렬의 각 칸의 내용은 우선 .z로 채우는데, 굳이 이 값을 선택한 까닭은, 혹시 나중에라도 그래야 할 필요가 있을 때는, matlist 명령어에 nodotz라는 선택 명령을 붙여 이를 편리하게 삭제할 수 있기 때문이다.

```
local nvar: word count `varlist'


tempname stat pv
mat `stat'=J(`nvar', `nvar', .z)
mat rownames `stat'=`varlist'
mat colnames `stat'=`varlist'
mat `pv'=J(`nvar', `nvar', .z)
mat rownames `pv'=`varlist'
mat colnames `pv'=`varlist'
```

만일 사용자가 mypwcorr_tmp mpg weight rep78이라고 입력하면, 위 명령으로 만든 행렬은 'stat'든 'pv'든, 아직 상관계수와 유의도를 계산하지 않은 지금은 다음과 같은 형태를 띠고 있을 것이다.

	mpg	weight	rep78
mpg	.z	.z	.z
weight	.z	.z	.z
rep78	.z	.z	.z

이제 이런 형태의 행렬에 원소, 즉 상관계수와 p 값을 대체해야 하는데, 그 전에 상관계수와 p 값을 미리 계산해야 한다. 앞의 수식에서 보았듯 상관계수는 각 변수의 평균과 표준편차 그리고 표본의 크기를 활용하여 계산할 것인바, 이 계산을 위해서는 우선 각 변수의 통계치를 추출해야 한다. 두 변수의 통계치를 돌아가면서 순차적으로 계산해야 하기 때문에 부득이 이어 돌기를 두 번 할 수밖에 없다. 즉

```
forval i=1/`nvar' {
  forval j=1/`nvar' {
     local v1: word `i' of `varlist'
     local v2: word `j' of `varlist'

     qui sum `v1' if `touse'
     tempname n1 mean_`v1' sd_`v1'
     scalar `n1'=r(N)
     scalar `mean_`v1''=r(mean)
     scalar `sd_`v1''=r(sd)

     qui sum `v2' if `touse'
     tempname n2 mean_`v2' sd_`v2'
     scalar `n2'=r(N)
     scalar `mean_`v2''=r(mean)
     scalar `sd_`v2''=r(sd)
  }
}
```

이렇게 두 변수의 평균과 표준편차, 표본 크기를 차례로 저장한 다음, 이 정보를 조합하여 상관계수와 t, p 값을 구한다.

```
tempname cov corr n t p
qui gen `cov'=sum(((`v1'-`mean_`v1")/`sd_`v1") ///
    *((`v2'-`mean_`v2")/`sd_`v2")) if `touse'
qui gen `n'=.
qui replace `n'=`n1' if `n1'<=`n2'
qui replace `n'=`n2' if `n1'>`n2'
scalar `corr'=`cov'[_N]/(`n'-1)
scalar `t'=(sqrt(`n'-2)*`corr')/sqrt(1-(`corr')^2)
scalar `p'=2*ttail(`n'-2, abs(`t'))
```

여기서 `cov'는 $\sum(\frac{x-\bar{x}}{s_x})(\frac{y-\bar{y}}{s_y})$를 계산한 것이고, `corr'는 `cov'를 합산한 값의 마지막 값, 즉 `cov'[_N]을 n−1로 나눈 값, 즉 상관계수다. 이때 두 변수 중에 결측값이 있을지 모르므로 `n1'과 `n2' 중에서 작은 수를 골라 `n'으로 삼는다. 상관계수 (`corr')와 표본의 크기를 구하면, 앞에서 제시한 수식을 활용하여 t 값(`t')과 p 값 (`p')을 계산할 수 있다.

이런 방식으로 구한 상관계수와 p 값을 stat 행렬과 pv 행렬의 원소로 채워 넣는 명령어는

```
mat `stat'[`i', `j']=`corr'
mat `pv'[`i', `j']=`p'
```

이다.

위 프로그램에서는 forvalues 구문이 두 번 반복하고, 이어 도는 매크로가 두 개(i,j) 이므로 복잡하게 보인다. 그러나 논리적으로 생각하면 이런 프로그램도 이해하기는 그렇게 어렵지 않다. 위 프로그램의 뼈대만 추리면 다음과 같은 구조를 띤다.

```
forval i=1/`nvar' {
    forval j=1/`nvar' {
```

```
        local v1: word `i' of `varlist'
        local v2: word `j' of `varlist'
        ..............................
        ..............................
        mat `stat'[`i', `j'] = `corr'
        mat `pv'[`i', `j'] = `p'
      }
    }
```

이런 구조에서 이어 돌기 하는 과정을 차분히 살펴보자. 첫째 이어 돌기에서 `i'가 1이 된다. 그런 다음 둘째 이어 돌기로 들어가는데, 이 이어 돌기에서 `j'는 1부터 `nvar'까지 이어 돈다. 이렇게 얻은 상관계수와 p 값은 `stat'와 `pv' 행렬의 1행 원소가 된다. 즉 `stat'[1,`j'], `pv'[1,`j']가 된다. 이 과정이 끝나면 첫째 이어 돌기로 다시 진입하는데, 이때 `i'는 2다. `i'가 2인 상태에서 둘째 이어 돌기로 들어가는데, `j'는 다시 1부터 `nvar'까지 이어 돈다. 이렇게 얻은 상관계수와 p 값은 `stat'와 `pv' 행렬의 2행 원소가 된다. 이런 식으로 `i'가 `nvar'가 될 때까지 진행하면 `stat'와 `pv' 행렬의 원소가 모두 채워진다.

이제 출력 관련 내용을 만들어 보자. 만일 사용자가 sig 선택 명령을 붙이지 않으면 상관계수 행렬만 출력하고, sig를 붙이면 유의도 행렬까지 같이 제시한다.

```
    if "`sig'" == "sig" {
      matlist `stat', format(%9.4f) ///
          title("Pearson's Correlation Coefficients")
      matlist `pv', format(%9.4f) ///
          title("p values")
    }
    else {
      matlist stat, format(%9.4f) ///
          title("Pearson's Correlation Coefficients")
    }
```

이제 이 모든 논의를 종합해 보자.

```
program mypwcorr_tmp
   syntax varlist(min=2) [if][in][,sig]
   tempvar touse
   mark `touse' `if' `in'

   local nvar: word count `varlist'

   tempname stat pv
   mat `stat'=J(`nvar', `nvar', .z)
   mat rownames `stat'=`varlist'
   mat colnames `stat'=`varlist'
   mat `pv'=J(`nvar', `nvar', .z)
   mat rownames `pv'=`varlist'
   mat colnames `pv'=`varlist'

   forval i=1/`nvar' {
      forval j=1/`nvar' {
         local v1: word `i' of `varlist'
         local v2: word `j' of `varlist'

         qui sum `v1' if `touse'
         tempname n1 mean_`v1' sd_`v1'
         scalar `n1'=r(N)
         scalar `mean_`v1''=r(mean)
         scalar `sd_`v1''=r(sd)

         qui sum `v2' if `touse'
         tempname n2 mean_`v2' sd_`v2'
         scalar `n2'=r(N)
         scalar `mean_`v2''=r(mean)
         scalar `sd_`v2''=r(sd)

         tempname cov corr n t p
         qui gen `cov'=sum(((`v1'-`mean_`v1'')/`sd_`v1'') ///
             *((`v2'-`mean_`v2'')/`sd_`v2'')) if `touse'
         qui gen `n'=.
         qui replace `n'=`n1' if `n1'<=`n2'
         qui replace `n'=`n2' if `n1'>`n2'
         scalar `corr'=`cov'[_N]/(`n'-1)
         scalar `t'=(sqrt(`n'-2)*`corr')/sqrt(1-(`corr')^2)
```

```
        scalar `p' = 2*ttail(`n' − 2, abs(`t'))

        mat `stat'[`i', `j'] = `corr'
        mat `pv'[`i', `j'] = `p'
    }
}

if "`sig'" == "sig" {
    matlist `stat', format(%9.4f) ///
        title("Pearson's Correlation Coefficients")
    matlist `pv', format(%9.4f)    ///
        title("p values")
}
else {
    matlist `stat', format(%9.4f) ///
        title("Pearson's Correlation Coefficients")
}
end
```

이 프로그램은 정상적으로 작동하는가?

```
. mypwcorr_tmp mpg weight rep78, sig
Pearson's Correlation Coefficients
```

	mpg	weight	rep78
mpg	1.0000		
weight	-0.8072	1.0000	
rep78	0.4080	-0.4084	1.0000

P values

	mpg	weight	rep78
mpg	.		
weight	0.0000	.	
rep78	0.0005	0.0005	.

언뜻 보기에 정상적으로 작동하는 것 같다. 그러나 이 결과는 앞에서 본 pwcorr 명령의 결과와 약간 다르다. mpg와 weight의 상관계수는 pwcorr가 계산한 결과와 같지만, rep78과 다른 변수의 상관계수는 pwcorr의 그것과 다르다. 왜 그런 것인가? rep78 변수에는 결측값이 있는데, mypwcorr_tmp 명령이 이 변수와 다른 변수의 상

관계수를 구할 때 rep78의 결측값에 해당하는 사례를 삭제하지 않았기 때문이다. 다시 말해 rep78과 mpg의 상관계수를 구할 때는 69개의 사례를 대상으로 평균과 표준편차를 구해야 하는데, mpg의 평균과 표준편차를 구할 때 74개의 사례를 사용했기 때문이다. 이 문제를 어떻게 해결할 것인가?

```
forval i=1/`nvar' {
    forval j=1/`nvar' {
        local v1: word `i' of `varlist'
        local v2: word `j' of `varlist'
```

다음에

```
qui drop if (`v1'==. |`v2'==.)
```

을 붙이면 된다. 만일 두 변수 가운데 어떤 변수라도 결측값을 가지면 이 명령은 그 사례를 삭제하므로 우리가 기대한 결과를 얻을 수 있다. 그러나 이런 명령을 붙이면 원치 않는 결과가 발생하리라는 것을 쉽게 예측할 수 있다. 만일 이어 돌기의 첫 순서(즉 `i'가 1일 때)에서 `v1'이나 `v2'가 우연히 결측값을 가지면(즉 rep78이면), 두 번째 순서부터는 결측값을 갖지 않은 변수를 대상으로 할 때도 69개의 사례만 분석하게 된다. 이는 결코 우리가 바라지 않는 결과다. 우리가 바라는 바는 두 변수에서 한 변수가 결측값을 가지면 그 결측값이 있는 사례를 삭제하지만, 나중에 결측값이 없는 변수의 상관계수를 구할 때는 원래의 자료를 그대로 사용하는 것이다. 이런 목적은 다음과 같은 절차로 달성할 수 있다.

```
preserve
qui drop if (`v1'==. |`v2'==.)
.........................
restore
```

preserve와 restore 명령이 가지는 의미는 이 책의 제6장을 보라. 이 외에도 수정할 것이 있다. mypwcorr_tmp.ado의

```
qui gen `n' = .
qui replace `n' = `n1' if `n1' <= `n2'
qui replace `n' = `n2' if `n1' > `n2'
scalar `corr' = `cov'[_N]/(`n' - 1)
scalar `t' = (sqrt(`n' - 2)*`corr')/sqrt(1 - (`corr')^2)
scalar `p' = 2*ttail(`n' - 2, abs(`t'))
```

부분에서 첫 세 줄은 필요 없다. 앞에 삽입한 **drop** 명령어 때문에 그 어떤 경우에도 `n1'과 `n2'가 같아지기 때문이다. 그러므로 이 세 줄을 삭제하고 다음 세 줄에서 `n'은 `n1'이나 `n2'로 고친다.

```
scalar `corr' = `cov'[_N]/(`n2' - 1)
scalar `t' = (sqrt(`n2' - 2)*`corr')/sqrt(1 - (`corr')^2)
scalar `p' = 2*ttail(`n2' - 2, abs(`t'))
```

이렇게 수정한 프로그램을 짜 맞추면 다음과 같다. 이 프로그램의 이름은 **mypwcorr.ado**라고 하자. 이 파일은 완성 파일이므로 파일 주석과 판 번호를 붙인다.

```
*! pairwise correlation coefficients   4nov09   s.chang
program mypwcorr
    version 10.1
    syntax varlist(min=2)  [if][in][,sig]

    tempvar touse
    mark `touse' `if' `in'

    local nvar: word count `varlist'
    tempname stat pv
    mat `stat' = J(`nvar', `nvar',.z)
    mat rownames `stat' = `varlist'
    mat colnames `stat' = `varlist'
    mat `pv' = J(`nvar', `nvar',.z)
    mat rownames `pv' = `varlist'
    mat colnames `pv' = `varlist'

    forval i = 1/`nvar' {
```

```stata
forval j=1/`nvar' {
    local v1: word `i' of `varlist'       .
    local v2: word `j' of `varlist'

    preserve
    qui drop if (`v1'==. | `v2'==.)

    qui sum `v1' if `touse'
    local n1=r(N)
    local mean_`v1'=r(mean)
    local sd_`v1'=r(sd)

    qui sum `v2' if `touse'
    local n2=r(N)
    local mean_`v2'=r(mean)
    local sd_`v2'=r(sd)

    tempname cov corr n t p
    qui gen `cov'=sum(((`v1'-`mean_`v1'')/`sd_`v1'') ///
        *((`v2'-`mean_`v2'')/`sd_`v2'')) if `touse'
    scalar `corr'=`cov'[_N]/(`n2'-1)
    scalar `t'=(sqrt(`n2'-2)*`corr')/sqrt(1-(`corr')^2)
    scalar `p'=2*ttail(`n2'-2, abs(`t'))

    mat `stat'[`i', `j']=`corr'
    mat `pv'[`i', `j']=`p'

    restore
    }
}

if "`sig'"=="sig" {
    matlist `stat', format(%9.4f) ///
        title("Pearson's Correlation Coefficients")
    matlist `pv', format(%9.4f)   ///
        title("p values")
}
else {
    matlist `stat', format(%9.4f) ///
        title("Pearson's Correlation Coefficients")
```

```
        }
    end
```

이 프로그램은 제대로 만들어졌는가? 확인해 보자.

```
. mypwcorr mpg weight rep78, sig
Pearson's Correlation Coefficients
```

	mpg	weight	rep78
mpg	1.0000		
weight	-0.8072	1.0000	
rep78	0.4023	-0.4003	1.0000

P values

	mpg	weight	rep78
mpg	.		
weight	0.0000	.	
rep78	0.0006	0.0007	.

위 결과는 **pwcorr** 명령의 그것과 정확하게 일치한다. 다만 한 가지 마음이 쓰이는 것이 있다면 p 값 행렬에서 결측값(.)이 그대로 표시되었다는 것이다. 이를 공란으로 남기는 방법은 간단하다.[26]

결측값을 짝지어 삭제하여 상관계수를 구하는 방법은 위와 같이 조금 복잡하지만, 결측값을 일괄삭제하여 상관계수를 구하는 방법은 이보다 훨씬 간단하다. **mycorr.ado** 파일의

---

26) mypwcorr.ado 파일에서

```
    mat `pv'[`i',`j'] = `p'
```

를

```
if `i' > `j' {
    mat `pv'[`i', `j'] = `p'
}
```

로 바꾸고, matlist `pv', format(%9.4f) title("p values")에 선택 명령 nodotz를 붙여

```
    matlist `pv', nodotz format(%9.4f) title("p values")
```

로 바꾸면 된다.

```
tempvar touse
mark `touse' `if' `in'
```

을

```
marksample touse
```

로 대체하고, 이어 돌기에서

```
preserve
qui drop if (`v1'==. | `v2'==.)
..........
restore
```

를 삭제하면 된다. 이 파일의 이름을 mycorr.ado라고 하면, 이 파일은 다음과 같다.

```
*! correlation coefficients with listwise deletion
*! 4nov09    s.chang
program mycorr
    version 10.1
    syntax varlist(min=2) [if][in]

    marksample touse
    local nvar: word count `varlist'
    tempname stat pv
    mat `stat'=J(`nvar', `nvar', .z)
    mat rownames `stat'=`varlist'
    mat colnames `stat'=`varlist'
    mat `pv'=J(`nvar', `nvar', .z)
    mat rownames `pv'=`varlist'
    mat colnames `pv'=`varlist'

forval i=1/`nvar' {
    forval j=1/`nvar' {
        local v1: word `i' of `varlist'
        local v2: word `j' of `varlist'
```

```
        qui sum `v1' if `touse'
        local n1 =r(N)
        local mean_`v1' =r(mean)
        local sd_`v1' =r(sd)

        qui sum `v2' if `touse'
        local n2 =r(N)
        local mean_`v2' =r(mean)
        local sd_`v2' =r(sd)

        tempname cov corr n t p
        qui gen `cov' =sum(((`v1' −`mean_`v1'')/`sd_`v1'') ///
            *((`v2' −`mean_`v2'')/`sd_`v2'')) if `touse'
        scalar `corr' =`cov'[_N]/(`n2' −1)
        scalar `t' =(sqrt(`n2' −2)*`corr')/sqrt(1 −(`corr')^2)
        scalar `p' =2*ttail(`n2' −2, abs(`t'))
        mat `stat'[`i', `j'] =`corr'
        mat `pv'[`i', `j'] =`p'
    }
}

disp as result "(obs =" `n2' ")"
matlist `stat', format(%9.4f) ///
        title("Pearson's Correlation Coefficients")
matlist `pv', format(%9.4f)    ///
        title("p values")
end
```

이 프로그램의 실행 결과는 Stata의 corr 명령의 그것과 일치한다.

```
. mycorr mpg weight rep78
(obs=69)

Pearson's Correlation Coefficients
```

	mpg	weight	rep78
mpg	1.0000		
weight	-0.8055	1.0000	
rep78	0.4023	-0.4003	1.0000

P values

	mpg	weight	rep78
mpg	.		
weight	0.0000	.	
rep78	0.0006	0.0007	.

2. 회귀계수: myreg.ado

앞 절에서 상관계수를 살펴보았다. 그러나 두 변수의 연관성은 회귀계수로도 측정할 수 있다.[27] 앞 절에서 논의한 두 변수, 즉 **mpg**와 **weight**의 관계를 여러 가지 함수로 나타낼 수 있겠지만, 아래와 같은 선형 함수로 표현하는 것이 가장 간단하다 (여기서 y는 **mpg**, x는 **weight**다).

$$y = a + bx + e$$

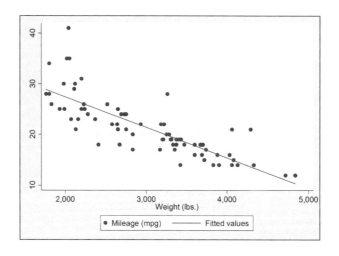

이 선형 함수의 계수, 즉 a, b 값은 아직 모른다. 이를 구하는 가장 간단하고 고전적인 방법은 이른바 최소제곱법(ordinary least squares, OLS)이다. 앞에서 제시한 선

---

27) 이 절의 논의는 주로 Stata Corp(2000)에 의존하였다.

형 함수는 다음과 같이 쓸 수 있는데,

$$y = a + bx + e$$

최소제곱법이란 오차항 e의 제곱, 즉 e^2의 값이 최소가 되는 a, b의 값을 구하는 방법이다.

단순회귀에서 회귀계수(b)는 다음과 같은 수식으로 얻을 수 있다.[28]

$$b = \frac{\sum (x - \overline{x})(y - \overline{y})}{\sum (x - \overline{x})^2}$$

단순회귀는 위와 같이 표현하지만, 독립변수가 여러 개인 회귀, 즉 다중회귀는 행렬로 표현하는 것이 더 간편하다. 다중 회귀식은

$$y = Xb + e$$

와 같이 쓸 수 있는데, 오차항 $e = (y - Xb)$의 제곱을 최소로 하는 b를 구하는 것이 최소제곱법이다. 최소제곱법으로 얻은 회귀계수 벡터 b는

$$b = (X'X)^{-1}X'y$$

이고, 이 추정치의 공분산은

$$\text{Var(b)} = (X'X)^{-1}s^2, \text{ where } s^2 = e'e/(n-k) \text{ or } s^2 = (y'y - b'X'y)/(n-k)$$

이다(Draper and Smith, 1981). 여기서 n은 표본 크기, k는 변수의 개수다. 이런 회

---

[28] 한눈에 보아도 상관계수와 회귀계수는 서로 관련하는 것 같다. 회귀계수 b와 상관계수 r의 관계는 다음과 같다(Agresti and Franklin, 2007). 이를 증명해 보라.

$$b = r \frac{s_y}{s_x}$$

귀계수와 공분산은 Stata에서 다음 명령어로 간단하게 구할 수 있다.

```
. regress mpg weight
```

source	ss	df	MS	Number of obs=74
Model	1591.9902	1	1591.9902	F(1, 72)=134.62 Prob>F=0.0000
Residual	851.469256	72	11.8259619	R-squared=0.6515
Total	2443.45946	73	33.4720474	Adj R-squared=0.6467 Root MSE=3.4389

mpg	Coef.	Std.Err.	t	p>|t|	[95% Conf. Interval]	
weight	-.0060087	.0005179	-11.60	0.000	-.0070411	-.0049763
_cons	39.44028	1.614003	24.44	0.000	36.22283	42.65774

이 결과를 이용하여, 즉 계수를 이용하여 회귀식을 나타내면 다음과 같다.

mpg=39.440 −.006*weight

이는 차량이 한 단위 무거워지면 연비는 .006 단위만큼 낮아진다는 것을 의미한다.

이처럼 회귀계수를 구하는 것은 매우 쉬운 일이지만, 여기서는 Stata에 회귀계수를 구하는 명령어가 없다고 가정해 보자. 어처구니없는 가정이지만 실습의 편의를 위해 그렇게 가정해 보자. 그리하여 회귀계수를 구하는 myreg.ado라는 파일을 만들어야 한다고 생각해 보자.

이 파일에서도 가지치기 프로그램을 만들지 않아도 될 것 같다. 경우마다 다르게 계산해야 할 내용이 없기 때문이다. 그러므로 프로그램 만들기로 바로 진입해도 무방하다.

이 프로그램의 이름 다음에 두 개 이상의 변수가 와야 한다. 그러므로 syntax 명령어는 다음과 같을 것이다.

syntax varlist(min=2)

회귀계수와 그 계수의 분산을 구하려면 무엇보다 먼저 변수를 행렬로 전환해야 한다. 변수를 행렬로 전환하는 명령어는 **matrix accum**이다.[29] 종속변수(y)와 독립변수(X)의 숫자 조합(행렬)의 이름을 yX라고 하자. yX의 외적(外積, cross product) 행렬을 yXX라고 하면, 이 yXX는 다음과 같이 쓸 수 있다.

$$yXX = yX'*yX$$

matrix accum 명령은 이 외적 행렬은 간단하게 구하는 명령이다.

mat accum yXX = *varlist*

여기서 varlist는 종속변수와 독립변수를 의미한다. 예컨대 mpg가 종속변수고 weight와 foreign이 독립변수라면, 이 세 변수의 외적 행렬은 다음과 같이 구할 수 있다.

mat accum yXX = mpg weight foreign

이 외적 행렬(yXX)의 구성은 다음과 같다.

	y	X
y'	y'y	y'X
X'	X'y	X'X

즉 yXX = [y'y, y'X \ X'y X'X]이다. 외적 행렬을 이렇게 분해하면 다음 단계로 쉽게 넘어갈 수 있다. 회귀계수나 계수의 공분산을 구할 때 주로 이 외적 행렬의 하위 행렬을 이용하기 때문이다. 회귀계수 벡터, b는 $(X'X)^{-1}X'y$이므로 계수를 구하려면, X'X와 X'y 행렬이 필요하다. 이를 이 행렬의 이름을 각각 XX, Xy라고 하고 X'X의 역행렬 이름을 XXinv라고 하면, 이 행렬들은 다음과 같은 방식으로 구할 수 있다.

---

29) 이 외에도 다른 명령어가 있다. 이에 대해서는 help matrix accum을 보라.

```
mat  XX=yXX[2···,  2···]
mat  Xy=yXX[2···,1]
mat  XXinv=invsym(XX)
mat  b=XXinv*Xy
```

과연 이런 방식으로 회귀계수를 구할 수 있는가? 확인해 보자. 앞의 요소를 그러
모아 프로그램을 만들어 보자.

```
program  myreg
    syntax  varlist(min=2)
    mat  accum  yXX=`varlist'
    mat  XX=yXX[2···,  2···]
    mat  Xy=yXX[2···,1]
    mat  XXinv=invsym(XX)
    mat  b=XXinv*Xy
end
```

myreg.ado 파일을 이렇게 만든 후에 명령 창에 다음을 입력해 보자.

```
. myreg  mpg  weight  foreign
. matlist  b
```

	mpg
weight	-.0065879
foreign	-1.650029
cons	41.6797

이는 Stata 명령어 **regress mpg weight foreign**의 결과와 정확하게 일치한다. 그러
므로 우리 프로그램이 길을 잘 찾아왔다고 볼 수 있다.

회귀계수(b)를 구하는 것도 중요하지만, 이 계수의 공분산(V)을 구하는 것도 필요
하다. 공분산을 알아야만 계수의 유의미도를 계산할 수 있기 때문이다. 계수를 구할
때는 행렬 정보만 필요했으나 공분산을 구할 때는 행렬 정보에 더하여 표본 크기(n)
와 변수 개수(k) 정보도 필요하다. 이를 얻는 방법은 간단하다.

```
    local  n = r(N)
    scalar  yy = yXX[1,1]
    local  k = rowsof(XX)
    mat  V = (yy − b*Xy)*XXinv/(`n' − `k')
```

이런 논의를 종합하면, myreg 프로그램은 다음과 같은 형태를 띤다.

```
program  myreg
    syntax  varlist(min = 2)
    mat accum  yXX = `varlist'
    local  n = r(N)                              // new
    mat  XX = yXX[2···, 2···]
    mat  Xy = yXX[2···,1]
    scalar  yy = yXX[1,1]                        // new
    local  k = rowsof(XX)                        // new
    mat  XXinv = syminv(XX)
    mat  b = (XXinv*Xy)
    mat  V = (yy − b'*Xy)*XXinv/(`n' − `k')      // new
end
```

지금까지 회귀계수와 공분산을 구하는 방식을 논의하였다. 이렇게 계수와 공분산을 간단하게 계산하였지만, 계수의 표준오차나 t, p는 어떻게 구할 것인가? 회귀계수와 공분산을 알 때 이를 계산하는 가장 손쉬운 방법은 ereturn post 명령과 ereturn display 명령어를 사용하는 것이다. ereturn post 명령어는 계수의 표준오차나 t, p를 계산하고, ereturn display는 이를 출력한다.

예를 들어 보자. 우리가 어떤 회귀모형의 회귀계수를 알고 그 계수의 공분산을 이미 알고 있다고 가정해 보자. 그리고 계수 행렬의 이름을 be, 공분산 행렬의 이름을 Var라고 하자.

```
. matlist be
```

	weight	foreign	_cons
Y1	-.0065879	-1.650029	41.6797

```
. matlist Var
```

	weight	foreign	_cons
weight	4.06e-07		
foreign	.0004064	1.157763	
_cons	-.0013465	-1.571316	4.689595

이 계수와 공분산 행렬을 사용하여 표준오차와 t, p를 구하는 방법은 다음과 같다.

```
clear
mat be=(-.0065879,  -1.650029,     41.6797)
mat colnames be=weight foreign _cons
mat Var=( 4.06e-07,   .0004064,   -.0013465 \    ///
         .0004064,   1.157763,    -1.571316 \    ///
        -.0013465,  -1.571316,    4.689595)
mat rownames Var=weight foreign _cons
mat colnames Var=weight foreign _cons
ereturn post be Var
ereturn display
exit
```

명령 창에 위 명령을 순차적으로 입력하면 다음 결과를 얻는다.

```
. ereturn display
```

	Coef.	Std. Err.	Z	P>|Z|	[95% Conf. Interval]	
weight	-.0065879	.0006372	-10.34	0.000	-0078368	-005339
foreign	-1.650029	1.075994	-1.53	0.125	-3.758938	.4588804
_cons	41.6797	2.165547	19.25	0.000	37.43531	45.92409

이 결과는 계수뿐 아니라 표준오차, z, p, 신뢰구간 등을 제시한다. 여기에서 t 대신 z가 계산된 이유는 ereturn post 명령을 내릴 때, 자유도를 제시하지 않아 분석 대상을 모집단으로 상정하였기 때문이다. 조금 뒤에 보겠지만, dof() 선택 명령으로 자유도를 지정하면 z 대신 t 값이 제시된다.

이제 b와 V를 계산한 myreg 프로그램에 ereturn post 명령을 도입해 보자.

```
program myreg
    syntax varlist(min=2)
    mat accum yXX=`varlist'
    local n=r(N)
    mat XX=yXX[2···, 2···]
    mat Xy=yXX[2···,1]
    scalar yy=yXX[1,1]
    local k=rowsof(XX)
    local df=`n'-`k'                                        // new
    mat XXinv=syminv(XX)
    mat b=(XXinv*Xy)'                                       // modified
    mat V=(yy-b*Xy)*XXinv/(`n'-`k')                         // modified
    ereturn post b V, dof(`df') obs(`n')                   // new
    ereturn display                                        // new
end
```

이 프로그램이 조금 전에 제시했던 프로그램과 다른 점은 열 벡터인 b를 행 벡터로 바꾸고, 그리하여 V를 계산할 때 b'이 아니라 b를 사용했다는 것이다. b를 이렇게 바꾼 까닭은 ereturn post에 들어갈 b는 행 벡터여야 하기 때문이다. 이 프로그램을 실행해 보자.

```
. myreg mpg weight foreign
(0 real changes made)
```

	Coef.	Std. Err.	t	P>|Z|	[95% Conf. Interval]	
weight	-.0065879	.0006371	-10.34	0.000	-0078583	-0053175
foreign	-1.650029	1.075994	-1.53	0.130	-3.7955	.4954422
_cons	41.6797	2.165547	19.25	0.000	37.36172	45.99768

이 결과는 Stata 공식 명령어 regress의 분석 결과와 정확하게 일치한다. 이로써 회귀분석 프로그램의 큰 틀을 완성하였다.

그러나 이 프로그램은 몇 가지 세부 사항에서 아직 부족하다. 첫째, 현재의 프로그램은 if나 in 같은 제한자를 고려하지 않는다. 기타 선택 명령도 고려하지 않는다. 둘째, 이 프로그램은 프로그램이 실행하는 도중에 만든 변수나 행렬을 프로그램이 종료한 후에도 Stata에 남긴다. 예컨대 yXX 같은 행렬을 남긴다.[30] 셋째, 이 프로그램은 regress 명령어가 갖는 여러 유연성, 예컨대 변수를 입력하지 않고 그냥 regress 라고 명령했을 경우 이전에 추정한 모형의 추정치를 출력한다든지, 회귀분석 결과로 산출한 여러 통계치를 저장한다든지 하는 편의성을 갖지 못한다. 앞 장에서 그랬던 것처럼 이를 하나씩 보완해 보자.

먼저 if나 in과 같은 제한자를 고려하는 방법은 간단하다. syntax 문을 고친 다음, 앞에서 논의한 marksample 명령어와 if `touse'라는 부속 명령어를 사용하면 된다.

```
program myreg
    syntax varlist(min=2)[if][in][,options]                    // modified
    marksample touse                                           // new
    mat accum yXX=`varlist' if `touse'                         // modified
    ...........................
    ...........................
    ereturn post b V, dof(`df') obs(`n') esample(`touse')      // modified
    ereturn display
end
```

두 번째 문제, 프로그램을 사용한 다음에는 불필요한 변수나 행렬을 남기지 말아야 한다. 이미 보았듯, 임시 변수를 사용하면 이 문제는 깨끗이 해결된다.

```
program myreg
    syntax varlist(min=2)[if][in][,options]
    marksample touse
    tempname yXX XX Xy yy XXinv b V          // new
    mat accum `yXX'=`varlist' if `touse'
    local n=r(N)
    mat `XX'=`yXX'[2···, 2···]
    mat `Xy'=`yXX'[2···,1]
    scalar `yy'=`yXX'[1,1]
    local k=rowsof(`XX')
    mat `XXinv'=syminv(`XX')
    mat `b'=(`XXinv'*`Xy')'
    mat `V'=(`yy'-`b'*`Xy')*`XXinv'/(`n'-`k')
```

---

30) 어떤 행렬이 만들어졌고 어떤 행렬이 남았는지를 확인하려면 명령 창에 matrix dir을 입력해 보라.

```
        local df=`n' - `k'
        ereturn post `b' `V', dof(`df') obs(`n') esample(`touse')
        ereturn display
    end
```

모양새는 다소 복잡해졌지만, 이 프로그램은 프로그램이 끝났을 때 Stata에 아무 흔적을 남기지 않는 미덕을 보인다.

세 번째 과제, 즉 myreg 프로그램이 Stata의 regress 프로그램이 갖는 여러 유연성을 갖도록 만들려면 먼저 몇 가지 사실을 학습해야 한다. Stata 명령어는 대부분 명령 수행 결과를 저장한다. 이 저장된 결과는 return list 명령어로 확인할 수 있다. 예컨대

```
. quietly summarize mpg
. return list
scalars:
            r(N)=74
            r(sum_w)=74
            r(mean)=21.2972972972973
            r(Var)=33.47204738985561
            r(sd)=5.785503209735141
            r(min)=12
            r(max)=41
            r(sum)=1576
```

이처럼 Stata의 명령어는 거의 모두 명령 수행 결과를 저장하지만 특정한 통계 모형도 그 분석 결과를 저장한다. 저장된 모형의 여러 정보는 ereturn list로 확인할 수 있다. 예를 들어 보자.

```
. quietly regress mpg weight foreign
. ereturn list
```

```
scalars:
          e(N)=74
          e(df_m)=2
          e(df_r)=71
          e(f)=69.74846262000308
          e(r2)=.6627029116028815
          e(rmse)=3.407059285651584
          e(mss)=1619.287698167387
          e(rss)=824.1717612920727
          e(r2_a)=.6532015851691599
          e(11)=-194.1830643938065
          e(11_0)=234.3943376482347
macros
          e(cmdline): "regress mpg weight foreign"
          e(title): "linear regression"
          e(vce): "ols"
          e(depvar): "mpg"
          e(cmd): "regress"


          e(properties): "b v"
          e(predict): "regres_p"
          e(model): "ols"
          e(estat_cmd): "regress_estat"
matrices:
          e(b):  1×3
          e(v):  3×3
functions:
          e(sample)
```

여기서 스칼라 e(N)은 표본 크기, e(df_r)은 자유도, e(r2_a)는 수정 결정계수, 매크로 e(cmd)는 명령어 이름, 행렬 e(b)는 회귀계수, e(V)는 분산을 나타낸다. 이를 출력하는 것은 말할 것도 없고, 다른 이름으로도 저장할 수 있다.

```
. display e(r2_a)
.65320159
```

```
. mat  Var＝e(V)
. matlist  Var
```

	weight	foreign	_cons
weight	4.06e-07		
foreign	.0004064	1.157763	
_cons	-.0013465	-1.571316	4.689595

앞서 우리가 만든 프로그램은 이런 추정 결과를 저장할 수 없다. 그러나 프로그램을 조금 변형하면 추정 결과를 저장할 수도 있는데, 이렇게 결과를 저장하는 방법을 이야기해 보자. 프로그램을 수행하여 그 수행 결과를 저장하려면 첫째, program 명령어 다음에 rclass나 eclass라는 선택 명령을 붙인다. 둘째, 우리가 저장하기를 원하는 것에 return이나 ereturn 명령어를 붙인다. 예를 들어 보자.

```
program  example,  rclass
   return  scalar  x＝1
end
```

이 프로그램을 만들고 다음 명령어를 입력해 보자.

```
. example
. return  list
scalars:
          r(x)=1
```

만일 rclass라는 선택 명령을 붙이지 않으면 어떻게 될 것인가? 오류 신호가 뜬다. 거꾸로 rclass라는 선택 명령을 붙이지만, 본문에 return을 지정하지 않으면 어떻게 될 것인가? 당연하게도 아무런 응답도 없다. 아래의 예를 보라.

```
program  example2
   return  scalar  x＝1
end
```

```
. example2
non r-class program may not set r()
r(151)


program example3, rclass
   scalar x = 1
end


. example3
```

조금 더 나아가 보자. 프로그램이 결과를 저장하는 명령어, 예컨대 summarize 등과 같은 명령어를 포함할 때, rclass 선택 명령을 붙이거나 붙이지 않으면 어떻게 될 것인가?

```
program example4
   quietly summarize `1'
end


. example4 mpg
. ret list
scalars:
               r(N)=74
               r(sum_w)=74
               r(mean)=21.2972972972973
               r(Var)=33.47204738985561
               r(sd)=5.785503209735141
               r(min)=12
               r(max)=41
               r(sum)=1576


program example5, rclass
   quietly summarize `1'
end


. example5 mpg
. ret list
```

rclass라는 선택 명령을 붙인 후자는 아무것도 출력하지 않는다. 왜냐하면 후자
(example5)는 그 어떤 return 명령어도 추가하지 않았기 때문이다. 선택 명령을 붙이
지 않은 전자(example4)는 도리어 저장결과를 내놓는데, 이는 어떻게 된 일인가?
rclass 선택 명령을 붙이지 않은 프로그램이 모두 저장결과를 내놓지 않는 것은 아니
다. 대부분 우리가 바라지 않은 일이겠지만, 프로그램에서 마지막으로 수행한 명령
의 결과를 저장했다가 이를 제시한다. example4 프로그램에서는 마지막 명령어가
summarize이므로 이 명령의 결과를 저장하였다가 내놓는다.

```
program example6, rclass
    quietly summarize `1'
    return add
end

. example6 mpg
. ret list
scalars:
        r(sum)=1576
        r(max)=41
        r(min)=12
        r(sd)=5.785503209735141
        r(var)=33.47204738985561
        r(mean)=21.2972972972973
        r(sum_w)=74
        r(N)=74
```

example6에서는 example5에 return add라는 추가 명령을 덧붙였다. example6의 실
행 결과는 example5의 결과와 사뭇 다른데, 이는 return add 명령어 때문이다. 이 명
령어는 프로그램 안에 있는 Stata 명령어의 저장결과를 그대로 example6 프로그램의
저장결과에 덧붙이라는 뜻이다.

```
program example7, rclass
    return scalar before=1
    quietly summarize `1'
    return add
    return scalar after=2
```

```
        end

    . example7 mpg
    . ret list
    scalars:
                r(after)=2
                r(sum)=1576
                r(min)=12
                r(sd)=5.785503209735141
                r(var)=33.47204738985561
                r(mean)=21.2972972972973
                r(sum_w)=74
                r(N)=74
                r(before)=1


program example8, rclass
    return scalar before=1
    quietly summarize `1'
    return add
    return scalar after=2
    quietly summarize weight
end

    . example8 mpg
    . ret list
    scalars:
                    r(after)=2
                    r(sum)=1576
                    r(max)=41
                    r(min)=12
                    r(sd)=5.785503209735141
                    r(var)=33.47204738985561
                    r(mean)=21.2972972972973
                    r(sum_w)=74
                    r(N)=74
                    r(before)=1
```

위에서 example7 프로그램의 결과는 이해할 만하다. return 명령어를 붙인 스칼라 before와 after의 값은 r(before)=1, r(after)=2이라고 저장한다. 이에 덧붙여 summarize mpg 명령어의 저장결과도 저장한다. 예상대로다. example8 프로그램을 자세히 보자.

만일 이 프로그램에 rclass라는 명령어가 붙지 않았으면 마지막 명령어, summarize weight의 저장결과를 출력하였을 것이다. 그러나 rclass가 붙어 있기 때문에 summarize weight의 저장결과는 무시된다. 이는 결국 example7의 저장결과와 같다.

이상의 논의를 요약해 보자. 첫째, rclass라는 선택 명령은 특정 프로그램이 R class에 속하는 것으로 선언하는 셈이다. 둘째, rclass라는 선택 명령을 붙이지 않으면 프로그램에서 마지막으로 실행한 명령의 결과를 저장한다. 셋째, rclass라고 선언하면 return 명령어로 특정 결과(예컨대, x)를 r(x)라는 이름으로 저장한다. 넷째, return 명령어는 프로그램 본문의 처음이든 중간이든 어느 곳에나 넣을 수 있다.

그럼 무엇을 r( )에 저장할 수 있는가? 스칼라, 매크로, 행렬이다.

```
program  example9, rclass
    return  scalar  before＝1
    return  scalar  after＝2
    return  local  a＝1
    matrix  A＝(1,2,3)
    return  matrix  mymat＝A
end

. example9
. ret  list
scalars:
            r(after)=2
            r(before)=1
macros:
            r(a):  "1"
matrices:
            r(mymat):  1×3
```

이 저장결과, 즉 r()은 어떤 명령으로 보거나 가리킬 수 있는가?

① 저장한 스칼라는 r(*name*)으로 보거나 가리킨다.

```
. display  r(after)
2
```

② 저장한 매크로는 `r(*name*)'으로 보거나 가리킨다.

    . display `r(a)'
    1

③ 저장한 행렬은 r(*name*)이라고 보거나 가리킨다.

    . matlist r(mymat)

	c1	c2	c3
r1	1	2	3

④ r(*name*)이라고 보거나 가리킨다고 했는데, 이것이 존재하지 않을 때는 빈칸이 제시된다.

    . disp r(x)

⑤ `r(*name*)'이라고 가리켰는데, 이것이 존재하지 않을 때는 공백이 된다.

    . disp `r(b)'

⑥ 스칼라는 수식 등에서 보통 r(*name*)이라고 해도 충분히 기능하지만, 스칼라의 인쇄형태(즉 문자 그대로의 숫자)를 가리킬 때는 `r(*name*)'이라고 해야 한다. r(*name*) 의 내용은 숫자지만, 실제로는 문자로 취급하기 때문이다. 이런 속성은 프로그램 사이에 그 결과를 교환할 때 사용할 수 있다.[31]

---

31) 다음을 비교해 보라.

    . sysuse auto, clear
    . quietly summarize mpg
    . confirm number r(N)
    'r' found where number expected

    . confirm number `r(N)'

이처럼 프로그램의 수행 과정에서 발생한 어떤 결과를 따로 저장할 수 있지만, 한 가지 주의해야 할 것은 프로그램이 수행되고 있을 때는 r(*name*)이 만들어지지 않고, 프로그램이 종료되었을 때만 r(*name*)이 형성된다는 것이다. 예를 들어 보자. 우리가 특정한 평균값을 미리 저장하였다가 다른 변수의 평균과 합한 값을 저장하고 싶다고 해 보자.

```
program tryret, rclass
    return scalar mean=3
    quietly sum mpg
    return scalar sum=r(mean)+r(mean)
end

. tryret
. ret list

scalars:
            r(sum)=42.5945945945946
            r(mean)=3
```

프로그램 자체도 어색하지만, 결과도 우리가 바라는 바가 아니다. 위 프로그램에서 return scalar mean=3이라고 했다고 해서 곧바로 r(mean)=3이 생성하는 것은 아니다. 나중에 이 프로그램이 작업을 마쳤을 때, 그때 비로소 r(mean)=3이 된다. 프로그램이 끝나기 전에는 이 결과는 return(mean)이라는 이름으로 존재한다. 프로그램의 세 번째 줄 return scalar sum=r(mean)+r(mean)에서 앞의 r(mean)은 return scalar mean=3이라는 명령어로 생긴 것이 아니라, sum mpg의 저장결과다. 그러므로 결과는 완전히 엉뚱하다. 우리가 바라는 프로그램은 다음과 같다.

```
program tryret, rclass
    return scalar mean=3
    quietly sum mpg
    return scalar sum=return(mean)+r(mean)
end
```

```
.  tryret
.  ret  list
scalars:
          r(sum)=24.2972972972973
          r(mean)=3
```

여기서 return(mean)은 return scalar mean=3의 결과를 저장한 것이고, r(mean)은 sum mpg의 결과를 저장한 것이다. 프로그램을 마친 후에야 비로소 return(mean)은 r(mean)이 된다.

이런 원리를 이용하면 프로그램을 더 간편하게 짤 수 있다. 앞 장의 tt_1i 프로그램을 변형해 보자.

```
program  tt_1i,  rclass
   args  n  m  s  eqsign  mu
   scalar  t=(`m'−`mu')/(`s'/sqrt(`n'))
   display  "t("  `n'−1  ")=  "  `t'
   return  scalar  t=`t'
   return  scalar  df=`n'−1
end
```

이런 프로그램은 r(t)와 r(df)를 저장하고, 나중에 필요할 때 이를 불러 쓸 수 있도록 한다. 그러나 return과 return() 함수를 사용하면 이 프로그램을 더 간편하게 쓸 수 있다.

```
program  tt_1i,  reclass
   args  n  m  s  eqsign  mu
   return  scalar  t=(`m'−`mu')/(`s'/sqrt(`n'))
   return  scalar  df=`n'−1
   display  "t("  return(df)")=  "  return(t)
end
```

여기서 display "t(" r(df) ")= " r(t)라고 쓴 것이 아니라 display "t(" return(df) ")= " return(t)라고 쓴 것에 유의하라. r(df)와 r(t)는 이 프로그램이 종료하였을 때 그때

비로소 생긴다.

지금까지 R class 명령어의 저장결과를 보았다. 지금부터는 모형의 추정 결과를 저장하는 E class 명령어를 보기로 하자. E class 프로그램을 만드는 방법은 다음과 같다. 첫째, program 명령 항에 eclass라는 선택 명령을 덧붙인다. 둘째, 프로그램 본문에서 저장하고픈 항목에 ereturn 명령어를 붙인다. 이처럼 E class 프로그램을 만드는 방법은 R class의 그것과 흡사하지만, 프로그램의 속성은 사뭇 다르다. 다른 무엇보다 저장 내용이 방대하다. 그러므로 그 활용 방안도 더 넓은 편이다. 어쨌든 E class 프로그램은 대략 다음과 같은 윤곽을 띤다.

```
program XYZ, eclass
  if ~replay() {
    /* estimation logic */
      ereturn local cmd "XYZ"
  }
  if "`e(cmd)'"~= "XYZ" {
      error 301
  }
  /* logic to display the estimation results */
end
```

여기에서 replay() 함수의 의미는 다음과 같다. replay()는 사용자가 입력한 내용, 즉 '0'을 본다. 만일 '0'이 비어 있다면, 즉 사용자가 명령어 다음에 아무것도 입력하지 않았거나, 쉼표(,)만 있다면 1을 부여하고 다른 그 무엇이라도 입력하면 0을 부여하라는 것이다. 그러므로

```
if replay() {
```

는

```
if (`"`0'"'==""|substr(`"`0'"', 1, 1)==",") {
```

과 같다.

replay()가 이런 뜻이므로 위 프로그램의 전반부는 사용자가 명령어 다음에 무엇인가를 입력하면 적절한 추정치를 계산하고, 추정 명령의 이름을 e(cmd)라는 매크로에 저장하라는 뜻이다. 프로그램의 후반부는 사용자가 명령어 다음에 아무것도 입력하지 않았을 때, e(cmd)를 보아, 이것이 프로그램의 이름과 같다면 이미 추정한 결과를 다시 출력하고, 이것이 프로그램의 이름과 다르면 오류 신호를 내보내라는 뜻이다.

이런 의미를 지닌 프로그램을 다른 방식으로 재조직할 수도 있다. 다시 말해 순서를 바꿀 수도 있다.

```
program XYZ, eclass
    if replay() {
        if "`e(cmd)'" ~= "XYZ" {
            error 301
        }
    }
    else {
        /* estimation logic */
         ereturn local cmd "XYZ"
    }
        /* logic to display the estimation results */
end
```

명령어 다음에 무엇인가 따라온다고 해서 항상 새로운 추정을 하라는 것은 아니다. Stata의 모든 추정 명령어(estimation command)는 계수의 신뢰구간을 정하는 level(#)이라는 선택 명령을 내릴 수 있다. 추정 결과를 계산할 때도 이 선택 명령을 붙일 수 있지만, 나중에 이를 다시 출력할 때도 붙일 수 있다. 예컨대

```
XYZ, level(90)
```

은 결과를 추정하는 것이 아니라 이미 추정한 결과를 다시 출력하되 신뢰구간만을 변경한다. 우리 프로그램은 이를 반영해야 하는데, 반영 방법은 간단하다.

```
program XYZ, eclass
```

```
        local options "Level(integer $S_level)"              // new
        if replay() {
            if "`e(cmd)'"~= "XYZ" {
                error 301
            }
            syntax[,`options']                                // new
        }
        else {
            syntax .....[,`options']                          // new
            /* estimation logic */
             ereturn local cmd "XYZ"
        }
            /* logic to display the estimation results */
    end
```

여기서 유의도(significance level)를 나타내는 글로벌 매크로 $S_level의 기본값은 95로 설정되어 있으나, 즉 95% 신뢰구간으로 설정되어 있으나, 이를 level(integer 90)로 변경함으로써 90 등으로 설정할 수 있다.

물론 `options'에 level이라는 선택 명령만 붙일 수 있는 것은 아니다. 다른 선택 명령도 붙일 수 있다. 예컨대 로지스틱 회귀분석의 경우 로지스틱 회귀계수를 교차승비(odds ratio, or)로 나타내라는 명령을 붙일 수 있는데, 이럴 때는

```
    local options "Level(integer $S_level)"
```

을

```
    local options "Level(integer $S_level) or"
```

로 바꾸면 된다.

이런 정보를 가지고 앞의 회귀분석 프로그램을 정교하게 만들어 보자.

```
    *! a program for ordinary regression   9aug09   s.chang
    program myreg, eclass
```

```
version 10.1
local options "Level(integer $S_level)"
if replay() {
  if "`e(cmd)'"!="myreg" {
     error 301
  }
  syntax[,`options']
}
else {
  syntax varlist(min=2)[if][in][,`options']
  marksample touse
  tempname yXX XX Xy yy XXinv b V
  mat accum `yXX'=`varlist' if `touse'
  local n=r(N)
  mat `XX'=`yXX'[2···, 2···]
  mat `Xy'=`yXX'[2···,1]
  scalar `yy'=`yXX'[1,1]
  local k=rowsof(`XX')
  mat `XXinv'=syminv(`XX')
  mat `b'=(`XXinv'*`Xy')'
  mat `V'=(`yy'-`b'*`Xy')*`XXinv'/(`n'-`k')
  local df=`n'-`k'
  ereturn post `b' `V', dof(`df') obs(`n') esample(`touse')
  ereturn local cmd "myreg"                              // new
}
  ereturn display, level(`level')                        // modified
end
```

이 프로그램을 실행하면 다음과 같은 결과를 얻는다.

```
. myreg mpg weight foreign
(obs=74)
```

	Coef.	Std. Err	t	p>|t|	[95% conf. Interval]	
weight	-0065879	.0006371	-10.34	0.000	-0.0078583	-.0053175
foreign	-1.650029	1.075994	-1.53	0.130	-3.7955	.4954422
_cons	41.6797	2.165547	19.25	0.000	37.36172	45.99768

. myreg, level(90)

	Coef.	Std.Err	t	p>|t|	[95% conf. Interval]	
weight	-0065879	.0006371	-10.34	0.000	-0.0076497	-.0055261
foreign	-1.650029	1.075994	-1.53	0.130	-3.443281	.1432223
_cons	41.6797	2.165547	19.25	0.000	38.0706	45.2888

이런 결과는 대체로 만족스럽지만, 아쉬운 점도 없지 않다. 책이나 논문 등에서 회귀분석 결과를 제시할 때, 사람들은 흔히 계수와 표준오차, p 값뿐 아니라 결정계수(the coefficient of determination)도 제시한다. 그런데 위 프로그램은 결정계수를 제시하지 않는다.

결정계수를 계산하고 출력하려면 위 프로그램을 조금 더 다듬어야 한다. 정의상 결정계수는 회귀제곱합(sum of squares of regression, SSR)을 편차의 총 제곱합(sum of squares of total, SST)으로 나눈 값이다.

$$R^2 = \frac{SSR}{SST} = \frac{\sum(\hat{y_i} - \bar{y})^2}{\sum(y_i - \bar{y})^2}$$

이를 행렬 형태로 표현하면 다음과 같다.

$$R^2 = \frac{b'X'y - n\bar{y}^2}{y'y - n\bar{y}^2}$$

보통 많이 쓰는 수정 결정계수(adjusted R squared)는 이렇게 구한 결정계수를 다음과 같이 고친 값이다(여기서 n은 표본의 크기, k는 변수의 개수다)(Draper and Smith, 1981).

$$adjR^2 = 1 - (1 - R^2)(\frac{n-1}{n-k})$$

그러므로 위 프로그램에 다음과 같은 명령을 추가하면 결정계수와 수정 결정계수를 쉽게 구할 수 있다.

```
// R squared
tempname mean R adjRsq Rsq
qui sum `1'
scalar `mean' =r(mean)
mat `R' =(`b'*`Xy' −`n'*(`mean'^2))/(`yy' −`n'*(`mean'^2))
scalar `Rsq' =`R'[1,1]
scalar `adjRsq' =1 −(1 −`Rsq')*((`n' − 1)/(`n' −`k'))
```

　주의해야 할 것은 이 명령어 다발을 ereturn post 앞에 붙여야지, 뒤에 붙여서는 안 된다는 것이다. ereturn post 명령은 계수 행렬과 공분산 행렬을 사용하여 t, p 등을 계산한 연후에 계수 행렬과 공분산 행렬을 제거하기 때문이다. 만일 ereturn post 명령 다음에 위 명령어 다발을 이으면 계수 행렬(여기서는 'b')이 없는 상태로 결정계수('Rsq')를 구하게 되므로 오류 신호가 발생한다.[32]

　이렇게 계산한 결정계수는 다음 명령으로 출력할 수 있는데, 출력 형태를 보기 좋게 하려면 이 명령어 다발은 ereturn display 앞에 놓는다.

---

[32] ereturn post 명령이 내려진 다음에는 과연 계수행렬과 공분산행렬이 사라지는지를 확인해 보자.

```
. clear
. mat b =(−.0065879, −1.650029, 41.6797)
. mat colnames b =weight foreign _cons
. mat V =( 4.06e −07, .0004064, −.0013465 \     ///
          .0004064,  1.157763, −1.571316 \      ///
          −.0013465, −1.571316, 4.689595)

. mat rownames V =weight foreign _cons
. mat colnames V =weight foreign _cons
. matlist b
```

	weight	foreign	_cons
r1	-.0065879	-1.650029	41.6797

```
. ereturn post b V
. matlist b
b not found
r(111)
```

위에서 보는 것처럼 ereturn post 명령을 내리기 전에는 b 행렬이 존재하지만, 명령을 내린 다음에는 b가 사라진다.

```
     disp _col(50) as txt "Number of obs= "      ///
                      as res _col(70) %9.0f `n'
     disp _col(50) as txt "R squared= "          ///
                      as res _col(70) %9.4f `Rsq'
     disp _col(50) as txt "adjusted Rsq= "       ///
                      as res _col(70) %9.4f `adjRsq'
```

결국, 우리의 myreg.ado 파일은 최종적으로 다음과 같은 형태를 띤다.

```
*! This is an ado file for regression      25nov09   s.chang
program myreg, eclass
  version 10.1
  local options "Level(integer $S_level)"
  if replay() {
    if "`e(cmd)'"!="myreg" {
        error 301
    }
    syntax[,`options']
  }
  else {
    syntax varlist(min=2)[if][in][,`options']
    marksample touse
    tempname yXX XX Xy yy XXinv b V
    mat accum `yXX'=`varlist' if `touse'
    local n=r(N)
    mat `XX'=`yXX'[2···, 2···]
    mat `Xy'=`yXX'[2···,1]
    scalar `yy'=`yXX'[1,1]
    local k=rowsof(`XX')
    mat `XXinv'=syminv(`XX')
    mat `b'=(`XXinv'*`Xy')'
    mat `V'=(`yy'-`b'*`Xy')*`XXinv'/(`n'-`k')
    local df=`n'-`k'

    // calculating the R squared
    tempname mean R adjRsq Rsq
    qui sum `1'
    scalar `mean'=r(mean)
    mat `R'=(`b'*`Xy'-`n'*(`mean'^2))/(`yy'-`n'*(`mean'^2))
```

```
    scalar `Rsq'=`R'[1,1]
    scalar `adjRsq'=1-(1-`Rsq')*((`n'- 1)/(`n'-`k'))

    ereturn post `b' `V', dof(`df') obs(`n')          ///
              esample(`touse')
    ereturn local cmd "myreg"
}
    // displaying the results
    disp _col(50) as txt "Number of obs= "          ///
              as res _col(70) %9.0f `n'
    disp _col(50) as txt "R squared= "              ///
              as res _col(70) %9.4f `Rsq'
    disp _col(50) as txt "adjusted Rsq= "           ///
              as res _col(70) %9.4f `adjRsq'
    ereturn display, level(`level')
end
```

이제 프로그램을 완성했으니, 이를 확인해 보자. 뜻과 같이 잘 움직인다.

```
. myreg mpg weight foreign
```

                                          Number of obs= 74
                                          R squared= 0.6627
                                          adjusted Rsq=0.6532

	Coef.	Std.Err	t	p>|t|	[95% Conf. Interval]
weight	-.0065879	.0006371	-10.34	0.000	-.0078583	-.0053175
foreign	-1.650029	1.075994	-1.53	0.130	-3.7955	.4954422
_cons	41.6797	2.165547	19.25	0.000	37.36172	45.99768

PART 3

Mata

제10장 | Mata 시작하기[33)

먼저 Mata를 시작하는 방법을 알아보자. Stata의 명령 창에 mata라고 입력한다.

```
. mata
```

여기서 점(dot) 프롬프트는 Stata의 명령 창에 입력한다는 사실을 의미한다. Stata 프롬프트에서 이렇게 입력하면, Mata가 작동한다. 콜론(colon) 프롬프트는 Mata에서 명령을 입력한다는 사실을 의미한다.

```
: A=(1,2,3)
: B=(-1\-1\1)
```

Mata의 명령 창에 위 명령을 입력하면, Mata는 그 명령을 수행한다. 전자는 1, 2, 3이라는 요소(element)를 포함하는 행 벡터(row vector)를 만들고, 이를 A에 저장하라는 명령어다. 후자는 -1, -1, 1이라는 요소로 구성한 열 벡터(column vector)를 만들고 이를 B에 저장하라는 명령어다(행 벡터와 열 벡터를 만드는 연산자가 각각 쉼표(","), 역사선("\")임에 주목하라). Mata는 과연 이 명령을 실행하였는가? 확인해 보자. 입력 창에 A를 입력하면 Mata는 다음과 같은 결과를 출력 창(결과 화면)에 출력한다. Mata는 우리가 지시한 결과를 그대로 출력한다. 이는 Mata가 우리의 명령을 제대로 실행했다는 것을 의미한다.

```
: A
        1   2   3
   1    1   2   3
```

---

33) 제3부(Mata)를 서술할 때 Stata Corp.(2005b), Gould(2005, 2006a, 2006b, 2007a, 2007b, 2018), Baum(2009)에 근거하였다.

: B
```
              1
   1        -1
   2        -1
   3         1
```

이제 이 두 벡터를 곱해 보자.

: A*B
0

두 벡터의 곱은 0이다. 이제 하고 싶은 일을 모두 마쳤으므로 Mata를 끄자. Mata 의 명령 창에 end라고 입력하자. Mata는 끝나고 프롬프트는 Stata로 넘어간다.

: end

논의를 더 진행하기 전에, 조금 다른 형태의 명령어로 Mata를 다시 시작해 보자.

. mata:

mata 뒤에 콜론(":")을 붙였다. 이런 명령어(mata:)는 콜론을 붙이지 않은 앞의 명 령어(mata)와 동일한 효력을 보이지만 한 가지가 다르다. Mata에서 명령어를 실행하 다 오류가 발생할 수 있는데, 콜론이 없는 명령어(mata)로 Mata를 구동하면, 오류가 발생해도 Mata에서 빠져나가지 않고 Mata에 그대로 머문다. 그러나 콜론을 붙인 명 령어(mata:)로 Mata를 시작하면, 오류가 발생했을 때 Mata는 끝나고 프롬프트는 저 절로 Stata로 이동한다. 예를 들어보자. 아래의 C와 D는 길이(length)가 다른 벡터다. 그러므로 서로 더할 수 없다. 이 둘을 더하려고 하면 이른바 적합성 오류(conformability error)가 발생한다. 앞의 명령어(mata)를 쓰면, 이렇게 오류가 나도 프롬프트는 Mata 에 그대로 머물러 있지만, 뒤의 명령어(mata:)를 쓰면 Mata는 끝나고 프롬프트는 Stata로 넘어간다. Stata의 프롬프트는 마침표(period, ".")다.

```
: C=(1\2\3)
: D=(1\2)
: C+D
                <istmt>:   3200   conformability error
r(3200);
.
```

콜론을 붙인 명령어(mata:)로 Mata를 시작했을 때 오류가 발생하지 않고 Mata가 명령을 정상적으로 수행할 수도 있다. 그러면 프롬프트는 콜론(colon, ":")에 그대로 머문다. 이런 상황에서 Mata를 끝내고 Stata로 넘어갈 때는 앞에서와 마찬가지로 end 명령어를 사용한다.

```
: end
```

대화 방식(interactive mode)에서 명령을 수행할 때는 콜론이 없는 명령어(mata)를 사용하는 것이 더 편리하지만, 일괄처리 방식(batch mode)으로 프로그램을 작성·실행할 때는 콜론이 붙은 명령어(mata:)가 더 편리하다.

제11장 | 대화 방식

1. 계산기로 활용하기

가장 단순하게는 Mata를 계산기로 활용할 수 있다.

```
: 2+4
 6

: 4/5
 .8

: exp(1i*pi())
 -1

: sqrt(3)
 1.732050808
```

그러나 보통의 계산기와 달리, Mata는 숫자가 아니라 문자를 연산할 수도 있다.

```
: 55*"-"
 ------------------------------------------

: "+"+"*"+"?"
 +*?
```

2. 할당

이렇게 Mata는 숫자나 문자를 즉각적으로 계산하고 표시할 수도 있지만, 필요할 때는 특정 문자에 리터럴(literal, 특정 문자나 숫자)을 할당하거나 배당(assignment)

하여 저장해 놓았다가 나중에 필요할 때 사용할 수도 있다. 먼저 실수(real numbers)를 배당해 보자.

```
: a=4
: b=5
```

우리는 이 두 실수를 담은 문자를 다음과 같이 연산할 수 있다.

```
: a+b
 9

: a/b
 .8
```

물론 더 복잡한 연산도 가능하다.

```
: a=1;  b=-3;  c=2
: sqrt(b^2-4*a*c)
  1
```

한 문자에 행렬을 배당하고 이의 역행렬을 구할 수도 있다. 나중에 다시 보겠지만, 대칭행렬의 역행렬을 구하는 Mata 함수는 invsym()이다.

```
: A=(3,1\1,7)
: A
[symmetric]
      1   2

  1 ┌ 3       ┐
  2 │ 1   7   │
    └         ┘
```

```
: invsym(A)
[symmetric]
          1       2

  1 ┌  .35          ┐
  2 │ -.05    .15   │
    └               ┘
```

특정 문자에 숫자가 아니라 문자나 문자열(strings)을 배당할 수도 있다. 그리고 특정 문자를 입력하여 할당한 문자열을 출력할 수도 있다.

```
: greeting="Hello, world."
: divline=55*"*"

: greeting
Hello, world.

: divline
*******************************************************
```

문자도 숫자처럼 연산할 수 있다. 다만 연산 방식은 두 가지(+, *)로 한정된다.

```
: s="He says that time does not flow."
: openquote="`"+`""""'
: closequote=`""""'+"'"
: statement=openquote+s+closequote
: statement
`"He says that time does not flow."'
```

3. 연산

다음과 같은 자료가 있다고 하자.

```
. tab cat
```

cat	Freq.	Percent	Cum.
1	60	62.50	62.50
2	23	23.96	86.46
3	6	6.25	92.71
4	7	7.29	100.00
Total	96	100.00	

이 자료와 함께, 사례의 절반은 범주 1에 속하고, 나머지의 절반은 범주 2에, 그 나머지의 절반은 범주 3에, 나머지는 범주 4에 속한다는 이론이 있다고 하자. 그 이론을 따르면 각 범주의 기댓값은 48, 24, 12, 12다. 이 데이터가 이론적 분포(기댓값)에서 벗어난다는 판단을 5% 오차 수준에서 기각할 수 있는가? 이 질문은 카이제곱 통계치와 카이제곱 분포로 대답할 수 있다. 카이제곱 통계치(chi-square statistic)를 계산하는 방법은 간단하다. 아래의 수식에서 o는 관찰값이고, e는 기댓값이다.

$$\chi^2 = \sum_{i=1}^{4} \frac{(o_i - e_i)^2}{e_i}$$

우리는 이 통계치를 Mata로 쉽게 계산할 수 있다(여기서 사용한 콜론 연산자(":")는 다음에 자세히 설명한다. 미리 말하자면, 콜론 연산자는 상응하는 개별 요소끼리 연산한다. chi2tail() 함수는 카이제곱분포에서 특정 값이 출현할 확률을 계산한다).

```
: o=(60\23\6\7)
: e=(48\24\12\12)
: sum((o-e):^2 :/ e)
  8.125

: chi2tail(3, 8.125)
  .0434977514
```

Stata에서 Mata의 (내장) 함수에 대한 도움말을 얻으려면 help mata 명령어 뒤에 함수 이름을 써넣는다.

```
. help mata sum()
. help mata st_matrix()
```

Mata에서도 같은 명령어로 도움말을 얻을 수 있다.

```
: help mata sum()
```

: help mata st_matrix()

혹시 Mata 함수를 모두 알고 싶다면, 또는 이들 함수를 체계적으로 이해하고 싶다면, Stata에서나 Mata에서 다음과 같이 입력해 보라.

. help mata

제12장 | 스칼라, 벡터, 행렬

1. 스칼라

스칼라(scalar)는 크기만 있고 방향이 없는 물리량이다. 예컨대 다음의 a와 b, c는 스칼라다. a는 실수 스칼라(real scalar)이고 b는 수치 스칼라(numeric scalar)다. c는 문자 스칼라(string scalar)다.

```
: a=2
: b=3+4i
: c="hello world"
```

2. 벡터

벡터(vector)는 크기뿐 아니라 방향도 갖는 물리량이다. 이차원 좌표계에서 한 점은 이차원 벡터로 표시할 수 있고, n차원 좌표계의 한 점은 n차원 벡터로 나타낼 수 있다. Mata에서 행 벡터(row vector)를 만들 때는 그 요소(element)를 쉼표(",")로 구분하고, 열 벡터(column vector)는 그 요소를 역사선("\")으로 구분한다. 이차원 행 벡터는 (2, 3)이라고 쓰고, 삼차원 열 벡터는 (1\-3\2)이라고 쓴다.

```
: r=(2, 3)
: c=(1\-3\2)
```

이 벡터의 크기나 길이는 보통 $\|r\|$이나 $\|c\|$로 표시하는데, $\|r\|=\sqrt{2^2+3^2}=3.61$이다. Mata에서 이 크기나 길이는 norm() 명령어로 쉽게 구할 수 있다.

```
: norm(r)
```

3.605551275

위의 c 벡터의 크기는 $\sqrt{1^2+(-3)^2+2^2}=3.74$이다. Mata에서 이 크기는 역시 norm() 명령어로 쉽게 구할 수 있다.

```
: norm(c)
3.741657387
```

다른 한편, 길이가 같은 두 벡터는 적합성 조건만 맞는다면 서로 더하거나 곱할 수 있다. 두 벡터 a=(1\2), b=(3\4)를 곱해 보자.[34] a'b는 곱셈 기호를 넣지 않아도 되지만, a*b'은 곱셈 기호를 꼭 넣어야 한다는 것을 기억하자.

```
: a'b
11

: a*b'
        1    2
   1    3    4
   2    6    8
```

벡터의 곱셈은 벡터의 내적(內積, inner product)과 외적(外積, outer product)으로 구별할 수 있는데, 벡터의 내적은 한 열 벡터($x=(x_1\ x_2\cdots x_n)'$)의 전치(transpose)와 다른 열 벡터($y=(y_1\ y_2\cdots y_n)'$)의 곱($x'y$)으로 정의된다(외적은 열 벡터와 행 벡터의 곱(xy')이다).

$$x'y = x_1 y_1 + x_2 y_2 \cdots x_n y_n$$

내적이 0이면 두 벡터는 직교(直交)한다. 다음 두 벡터가 있다고 하자. 이 두 벡터 사이의 각도는 얼마인가?

---

34) 벡터와 행렬을 곱할 때 a'b나 X'X 등과 같이 a', X'이 b나 X보다 먼저 나올 때, 곱셈 연산자를 생략할 수 있다.

```
: x=(2\1\3);  y=(2\-1\-1)
: x'y
  0
```

두 벡터의 내적이 0이므로 이 두 벡터는 직각으로 교차한다.

벡터의 내적이 0일 때 두 벡터가 직각으로 교차한다는 사실을 보이는 한 예로 복소수의 회전을 살펴보자. 아래에서 보듯, 특정 복소수에 i를 곱하면 실수부와 허수부의 수치가 서로 뒤바뀐다.

```
: a=3+4i
: a*1i
  -4+3i

: a*1i*1i
  -3-4i
```

이 수치를 복소수 평면에 나타내 보자. x축은 실수부의 수치를, y축은 허수부의 수치를 나타낸다. 그러므로 3+4i는 (3,4)라는 벡터로 쓸 수 있다. 3+4i에 i를 곱하면 -4+3i가 되고, 이는 (-4,3)이라는 벡터로 나타낼 수 있다. 이 두 벡터 사이의 각도는?

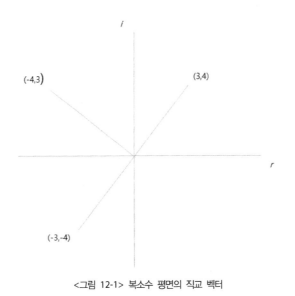

<그림 12-1> 복소수 평면의 직교 벡터

<그림 12-1>에서 보듯, 특정 복소수에 허수 i를 곱하면 벡터는 왼쪽으로 회전한다. 그런데 과연 이 회전각은 90도인가? 벡터의 내적으로 알아보자.

```
: a=(3\4);  b=(-4\3)
: a'b
 0

: b=(-4\3);  c=(-3\-4)
: b'c
 0
```

두 벡터의 내적이 0이므로 두 벡터는 직교한다. 다시 말해 복소수에 허수 i를 곱하면 복소수는 90도 회전한다.

3. 행렬

행렬은 벡터의 결합이다. 행렬의 행은 쉼표(",") 연산자로 묶고, 열은 역사선("\")
연산자로 결합한다.

```
: x1=22\17\22
: x2=1\3\2
: X=x1,x2
: X
          1    2
      1   22   1
      2   17   3
      3   22   2
```

벡터나 행렬과 관련한 함수를 살펴보자. 벡터의 길이는 흔히 length() 함수로 파악한다.

```
: length(x2)
 3
```

행렬의 행과 열의 수(길이)를 알아낼 때는 rows(), cols() 함수를 사용한다.

```
: rows(X)
 3
: cols(X)
 2
```

함수 I(n)은 n×n 단위행렬(identity matrix)을 만들어 반환한다.

```
: I(3)
[symmetric]
         1   2   3

   1  |  1
   2  |  0   1
   3  |  0   0   1
```

J(r, c, value) 함수는 그 요소를 value로 하는 r×c의 행렬을 만든다.

```
: J(3, 3, 1)


[symmetric]
         1   2   3

   1  |  1
   2  |  1   1
   3  |  1   1   1
```

J() 함수에서 행이나 열이 0일 수 있는데, 이렇게 행이나 열이 0인 벡터나 행렬을 영(null) 벡터, 영(null) 행렬이라 한다. 다음 함수는 실수와 문자의 영 벡터를 만든다.

```
: J(0, 0, .)
: J(0, 0, "")
```

```
: J(1, 0, .)
: J(0, 1, .)
```

영 벡터나 영 행렬은 왜 필요한가? 이어 돌기(looping)를 할 때 출발값으로 영 벡터나 행렬을 설정할 필요가 있다. 예를 들어보자. 10부터 1까지 정수의 제곱을 행 벡터로 만들어 보자.

```
: A=J(1, 0, .)
: a=(10..1)
: for (i=1; i<=10; i++) {
A=(A, a[i]^2)
}
: A
         1      2      3      4      5      6      7      8      9     10

 1      100     81     64     49     36     25     16      9      4      1
```

앞으로 우리는 벡터와 더불어 행렬을 많이 다루겠지만, 행렬과 관련하여 우리의 관심을 가장 많이 끄는 것은 아무래도 역행렬이다. 역행렬을 구해야만 다른 연산을 진행할 수 있기 때문이다. 그런데 특정 행렬의 역행렬이 존재하는지 존재하지 않는지는 어떻게 알 수 있는가? 만일 존재한다면, 특정 행렬의 역행렬은 어떻게 구할 수 있는가?

먼저, 역행렬의 존재 여부를 확인해 보자. 역행렬의 존재 여부는 행렬식(determinant, D)으로 알 수 있다. D=0이면 역행렬이 존재하지 않고, D≠0이면 역행렬이 존재한다. 행렬식의 값은 det() 함수로 알 수 있다.

```
: A=(1,4,9\-4,7,25\7,5,2)
: det(A)
  0

: B=(1,2,1\3,0,4\-1,7,2)
: det(B)
  -27
```

A의 역행렬은 존재하지 않고, B의 역행렬은 존재한다. 그렇다면 B의 역행렬은 어떻게 구할 수 있는가? 역행렬을 구하는 함수는 여러 가지다. invsym(), cholinv(), luinv(), qrinv(), pinv() 함수들이 바로 그것들이다. 각 함수는 그 적용 범위가 약간씩 다르다. 각 함수는 ① 서로 다른 형식의 전달 인자를 필요로 한다. ② 각 함수의 전달 인자의 범위는 점점 더 넓어진다. 예컨대 cholinv()의 전달 인자는 invsym()의 전달 인자보다 그 범위가 더 넓고, luinv()의 전달 인자는 cholinv()의 전달 인자보다 범위가 더 넓다. 요컨대 cholinv()의 전달 인자는 luinv()의 전달 인자의 부분 집합이다.

invsym(): 실수, 대칭, 반양정치, 사각 행렬의 역행렬
cholinv(): 실수, 복소수, 대칭, 양정치, 사각 행렬의 역행렬
luinv() : 실수, 복소수, 사각 행렬의 역행렬
qrinv() : 실수, 복소수, m×n(m>=n) 행렬의 역행렬
pinv()   : 실수, 복소수, 대칭, 비대칭, 사각, 비사각 행렬의 Moore-Penrose 의사 역행렬

다음과 같은 실수, 사각 행렬의 역행렬을 구해 보자. luinv()와 qrinv(), pinv()는 다른 연산 방법을 동원하지만, 동일한 결과를 얻는다.

```
: A=(2,-1,0\1,0,-1\1,0,1);  A
         1      2      3

    1     2     -1      0
    2     1      0     -1
    3     1      0      1
```

```
: luinv(A)
         1      2      3

    1     0     .5     .5
    2    -1      1      1
    3     0    -.5     .5
```

: qrinv(A)

```
          1      2      3

1         0     .5     .5
2        -1      1      1
3         0    -.5     .5
```

: pinv(A)

```
               1               2               3

1     1.11022e-16              .5              .5
2              -1               1               1
3    -3.56508e-17             -.5              .5
```

luinv(A)와 qrinv(A), 그리고 pinv(A)의 결과는 거의 같다. 그러나 A는 대칭행렬이 아니므로 cholinv()와 invsym()은 정확한 결과가 아니라 엉뚱한 결과를 내놓는다. 그러므로 특정 행렬이 대칭이 아닐 때 cholinv()나 invsym()을 사용해서는 안 된다.

: invsym(A)
[symmetric]

```
          1      2      3

1        .5
2         0      0
3         0      0      1
```

: cholinv(A)
[symmetric]

```
      1    2    3

1     .
2     .    .
3     .    .    .
```

앞의 두 함수, invsym()와 cholinv()는 대칭행렬의 역행렬을 구할 때만 사용한다.

: A=(4,2,2\2,4,2\2,2,4); A
: invsym(A)

```
[symmetric]
        1    2    3

    1    4
    2    2    4
    3    2    2    4
```

: cholinv(A)
```
[symmetric]
         1         2         3

    1    .375
    2    -.125     .375
    3    -.125    -.125     .375
```

앞으로 자주 보겠지만, 우리는 회귀계수(b)를 구할 때 매번 대칭행렬을 만난다.
b=(X'X)⁻¹X'y에서 X'X가 바로 그 대칭행렬이다. 이 대칭행렬의 역행렬은 invsym()이
나 cholinv()로 구할 수 있다(다음 예문에서 putmata 명령은 Stata의 변수를 Mata의
행렬로 전환한다. 이에 대해서는 다음에 자세히 논의한다. 우선 help mata putmata
로 알아보라).

```
. sysuse auto, clear
. putmata y=mpg X=(weight foreign), view replace
. mata:
: X=X, J(rows(X), 1, 1)
: X'X
[symmetric]
               1            2            3

    1    718762200
    2        50950           22
    3       223440           22           74
```

: cholinv(X'X)
```
[symmetric]
                1              2              3

    1     3.49682e-08
    2     .0000350104     .0997379444
    3    -.0001159936    -.1353642954     .403994937
```

```
: cholinv(X'X)*(X'y)
                    1

    1    -.0065878864
    2    -1.650029106
    3     41.67970233
```

다른 한편, 우리는 이 역행렬을 이용하여, AX=C라는 선형방정식의 해를 구할 수
도 있다. 즉 X=A⁻¹C로 구할 수 있다. 예를 들어보자. 다음과 같은 방정식의 해를 구
해 보자.

$$\begin{pmatrix} 2 & -2 & 1 \\ 1 & 3 & -2 \\ 3 & -1 & -1 \end{pmatrix} \begin{pmatrix} x_1 \\ x_2 \\ x_3 \end{pmatrix} = \begin{pmatrix} -3 \\ 1 \\ 2 \end{pmatrix}$$

여기서 A는 실수, 사각 행렬이므로 그 역행렬은 luinv() 함수로 구할 수 있다. 해
는 그 역행렬과 C 벡터의 곱으로 구한다.

```
: A=(2,-2,1\1,3,-2\3,-1,-1)
: Ainv=luinv(A)
: C=(-3\1\2)
: Ainv*C
              1

    1       -1.4
    2         -2
    3       -4.2
```

그러나 우리는 이 해를 다른 방식으로 구할 수도 있다. 해 찾기 도구(solver)를 사
용하는 방법이 바로 그것이다. 해 찾기 도구로는 cholsolve(), lusolve(), qrsolve(),
svsolve()가 있다. 이들 해 찾기 도구 사용법은 help mata로 알아보라. 여기서는 A가
실수, 사각 행렬이므로 앞 방정식의 해를 lusolve() 함수로 구해 보자.

```
:  lusolve(A, C)
```

회귀계수를 구하는 앞의 예문에서 우리는 cholinv() 함수를 사용하였는데, cholsolve() 함수를 사용할 수도 있다. 앞에서 우리는 회귀계수를 b=(X'X)$^{-1}$X'y라는 방식으로 구한다고 말하였는데, 이 식을 도출하기 직전의 형태는 X'Xb=X'y라는 방정식이었다. b 를 미지수로 한 이 방정식의 해는 다음과 같은 해 찾기 도구로 구할 수 있다.

    : cholsolve(X'X, X'y)

이와 같은 해 찾기 도구로 선형방정식의 해를 구할 수 있을 뿐 아니라 역행렬도 구할 수 있다. AX=I의 해가 A의 역행렬이다. 역행렬의 정의가 그러하다. 그러므로 역행렬은 다음과 같은 방식으로 구할 수 있다.

    : A=(2, -2, 1\1,3,-2\3,-1,-1)
    : lusolve(A, I(rows(A)))

	1	2	3
1	.5	.3	-.1
2	.5	.5	-.5
3	1	.4	-.8

    : D=(4,2,2\2,4,2\2,2,4)
    : cholsolve(D, I(rows(D)))

	1	2	3
1	.375	-.125	-.125
2	-.125	.375	-.125
3	-.125	-.125	.375

제13장 | 연산자

    숫자와 문자, 벡터와 행렬을 조작하는 연산자(operator)는 다음과 같다. 연산자의 적용 순서, 즉 우선 적용 순서(precedence)는 첨자 지정 연산자가 가장 높고 할당(배당) 연산자가 가장 낮다.

높은 우선 적용 순서에서 낮은 우선 적용 순서로 정렬한 연산자	
첨자 지정 연산자	[ ]
증가/감소 연산자	++, --
구조체나 클래스의 요소에 접근하는 연산자	->, .
포인터 연산자	*, &
산술연산자	', ^, -(negation), /, #, *, -, +
논리 연산자	!, !=, >, <, >=, <=, ==, &, |
행 채우기	..
열 결합	,
열 채우기	::
행 결합	\
삼항 연산자	? :
배당	=

    예를 들어보자. 행렬 A의 두 번째 행과 세 번째 열에 있는 요소(A[2,3])를 첫 번째 행과 세 번째 열에 있는 요소(A[1,3])와 곱한 값을 구할 때는 다음과 같이 연산한다. 이때 첨자 지정 연산은 곱하기 연산보다 우선한다. 즉 A[2,3]과 A[1,3]을 먼저 연산하고, 곱셈 연산을 뒤에 한다.

```
: A=(1,2,3\4,5,6\7,8,9)
: A[2,3]*A[1,3]
  18
```

    다른 예를 들어보자. 포인터는 조금 뒤에 자세히 살펴보겠지만, 포인터 연산자는

&와 *다. 앰퍼샌드(&)는 주소(address)를 지칭하고, 별표(*)는 그 주소에 있는 내용물(숫자나 문자, 벡터와 행렬)을 지칭한다. A 행렬이 있다고 했을 때 주소와 내용물은 다음과 같이 표시할 수 있다.

```
: p=&A
: *p
```

여기서 &A와 p는 A가 있는 곳의 주소를 나타내고, *p는 그 주소에 있는 내용물, 즉 A 행렬을 나타낸다. 이 행렬의 두 번째 행과 세 번째 열의 요소는 어떻게 나타낼 수 있는가? *p[2,3]은 실패나 오류를 낳는다. 왜냐하면, 첨자 지정 연산자([ ])가 포인터 연산자(*)보다 우선 적용되는데, 지금 현재 p[2,3]은 존재하지 않기 때문이다. 현존하지 않는 주소에 포인터 연산자(*)를 붙여보아야 별다른 의미가 없다.

```
: *p[2,3]
                      <istmt>:  3301  subscript invalid
  r(3301);
```

지금 존재하는 행렬은 *p이다. 그러므로 이 행렬의 둘째 행과 셋째 열을 지정하는 방식은 (*p)[2,3]이다. 괄호로 우선 적용 순서를 바꾸어야 한다.

```
: (*p)[2,3]
  6
```

어쨌든 첨자 지정 연산자, 증가나 감소 연산자, 구조체나 클래스의 요소에 접근하는 연산자, 포인터 연산자 등은 조금 뒤에 살펴보기로 하고, 우선 산술연산자부터 알아보자.

1. 산술연산자

산술연산자의 종류는 다음과 같다.

높은 우선 적용 순서에서 낮은 우선 적용 순서로 정렬한 산술연산자	
A'	전치
a^b	거듭제곱
-A	부정
A/b	(행렬을 스칼라로) 나누기
A#B	크로네커 곱셈
A*B	행렬 곱셈
A-B	뺄셈
A+B	덧셈

주) 1. 대문자는 스칼라, 벡터, 행렬을 나타내고, 소문자는 스칼라를 나타낸다.
　　 2. 곱셈은 덧셈보다 우선 적용 순서가 높다. A+B*C는 A+(B*C)다.
　　 3. 거듭제곱은 부정보다 우선 적용 순서가 높다. -a^b=-(a^b)이다.

산술연산자를 사용하는 예를 들어보자.

```
: A=(1,2\3,4);  B=(0,1\2,0);  a=2;  b=3
: a^b
8

: -A
        1    2
   1  -1   -2
   2  -3   -4

: A+B
        1   2
   1   1   3
   2   5   4

: A*B
        1   2
   1   4   1
   2   8   3
```

2. 증가와 감소 연산자

높은 우선 적용 순서에서 낮은 우선 적용 순서로 정렬한 증가/감소 연산자	
a++	사용 다음에 증가
a--	사용 다음에 감소
++a	증가 다음에 사용
--a	감소 다음에 사용

주) 이 연산자는 실수 스칼라에만 사용한다.

++는 수량이나 횟수를 하나씩 늘리는 연산자고, --는 수량이나 횟수를 하나씩 줄이는 연산자다. i++는 i=i+1을 의미하고, 여기서 i는 하나씩 증가한다. i--는 i=i-1을 의미하고 여기서 i는 하나씩 감소한다. 아직 while과 같은 반복문을 설명하지 않았지만, 설명의 편의상 이를 사용한다. 나중에 while 문을 읽은 다음에 다시 이를 이해해 보라.

```
: v=1..10;  sum=0;  i=1
: while  (i<=cols(v))  {
  sum=sum+v[i]
  i++                          //note
  }
: sum
  55
```

이는 다음과 같은 코딩과 같다.

```
: v=1..10;  sum=0;  i=1
: while  (i<=cols(v))  {
  sum=sum+v[i]
  i=i+1                        //note
  }
: sum
  55
```

동일 결과를 다른 방식으로도 얻을 수 있다.

```
: v=1..10;  sum=0;  i=cols(v)
: while  (i>=1)  {
  sum=sum+v[i]
  i--
  }
: sum
  55
```

다음 두 가지 방식도 검토해 보라.

```
: v=1..100;  sum=0;  i=1
: while  (i<=cols(v))  sum=sum+v[i++]
: sum
  5050

: v=1..100;  sum=i=0
: while  (i<cols(v))  sum=sum+v[++i]
: sum
  5050
```

v[i--]나 v[--i]는 v[i++]나 v[++i]와 동일 방식으로 작동한다.

3. 논리 연산자

논리 연산자의 종류는 아래와 같다.

높은 우선 적용 순서에서 낮은 우선 적용 순서로 정렬한 논리 연산자	
!A	논리 부정 A가 스칼라면 A==0일 때 참. A가 벡터나 행렬이면 개별 요소가 0이면 참이고, 0이 아니면 거짓
A!=B	A가 B와 같지 않을 때 참
a>b	a가 b보다 클 때 참
a<b	a가 b보다 작을 때 참
a>=b	a가 b보다 크거나 같을 때 참
a<=b	a가 b보다 작거나 같을 때 참
A==B	A와 B가 같을 때 참

a&b	a!=0이고 b!=0일 때 참
a|b	a!=0이거나 b!=0일 때 참

주) 1. 대문자는 스칼라, 벡터, 행렬을 나타내고, 소문자는 스칼라를 나타낸다.
   2. 논리적 표현식이 참이면 결괏값은 1이고, 거짓이면 결괏값은 0이다.
   3. |, & 연산자는 때때로 ||, &&로 표기할 수 있다.

예를 들어보자.

```
: A=(1,2\3,4);  B=(0,1\2,0);  a=2;  b=3;  c=0
: !B
  [symmetric]
          1    2

     1    1
     2    0    1


: A!=B
  1
: A==B
  0
: a&c
  0
: a|c
  1
: "alpha" > "aphal"
  0
: "alpha">"alph"
  1
```

4. 삼항 연산자

삼항 연산자(ternary operator)는 특정 조건(a)이 맞으면 콜론(":") 앞의 조건식(B)을 실행하고, 그 조건이 맞지 않으면 콜론 뒤의 조건식(B)을 실행한다.

삼항 연산자
(a ? B : C)

주) 1. 대문자는 스칼라, 벡터, 행렬을 나타내고, 소문자는 스칼라를 나타낸다.
2. a가 0이 아니면 B가 되고, 그렇지 않으면 C이다.
3. a가 0이 아니면 C는 평가되지 않고, a가 0이면 B가 평가되지 않는다.

예를 들어보자.

```
: x=-1
: x<0 ? -x : x
  1
: n=2
: n==1 ? "variable" : "variables"
  variables
```

다른 예를 들어보자. 한 벡터에서 음수는 버리고 양수만 골라 이를 모두 합한 값을 구해 보자. 아직 for와 같은 반복문을 설명하지 않았지만, 설명의 편의상 이를 사용한다. 나중에 for 문을 배운 다음에 다시 이 코딩을 살펴보기 바란다.

```
: x=-5..5
: sum=0
: for(i=1; i<=length(x); i++) {
  sum=sum+(x[i]>0 ? x[i] : 0)
  }
: x
: sum
  15
```

5. 결합 연산자

벡터나 행렬에서 요소를 결합하여 행을 만드는 연산자는 쉼표(",")고 열을 만드는 연산자는 역사선("\")이다. 일정한 요소로 행을 채우는 연산자는 역콜론("..")이고, 열을 채우는 연산자는 이중 콜론("::")이다.

행렬의 행과 열의 결합 연산자, 범위 연산자	
a..b	행 채우기 연산자
A, B	열 결합 연산자
a::b	열 채우기 연산자
A \ B	행 결합 연산자

주) 1. 대문자는 스칼라, 벡터, 행렬을 나타내고, 소문자는 스칼라를 나타낸다.

먼저 요소를 결합하여 행을 만드는 연산자부터 알아보자. 행을 만드는 연산자는 쉼표다.[35]

```
: rv1=(1,2,3)
: rv2=(4,5,6)
: rv3=(rv1, rv1, 7, 8, 9)
: rv3
```

	1	2	3	4	5	6	7	8	9
1	1	2	3	1	2	3	7	8	9

다음에는 요소를 결합하여 열을 만드는 연산자다. 요소를 결합하여 열을 만드는 연산자는 역사선이다.

```
: rc1=(1\2)
: rc2=(3\4)
: rc3=(rc1\rc2\5\6)
: rc3
```

	1
1	1
2	2
3	3
4	4
5	5
6	6

---

35) 이처럼 콤마(",")는 열을 결합하는 연산자다. 그러나 콤마는 다른 용도로 사용할 수 있다. 콤마는 1) 함수의 전달 인자를 분리하고, 2) 첨자 지정(subscripting)에서 행과 열을 분리하는 구분자(separator)로 사용할 수 있다. 예컨대 ttail(20, 1.8)은 20과 1.8을 결합하여 ttail()이라는 함수에 단일 벡터로 전달하라는 이야기가 아니다. 함수 ttail()에 두 개의 20과 1.8이라는 두 인자를 전달하라는 말이다. 함수의 전달 인자 사용법은 추후에 살펴볼 것이다. 마찬가지로 X[2,3]도 2와 3을 결합하여 단일 벡터를 전달하라는 의미가 아니라, 각각을 행과 열로 인식하라는 의미다.

이번에는 열과 열을 결합하여 행렬을 만들어 보자.

```
: mat1=rc1, rc2
: mat1
        1   2
    1   1   3
    2   2   4
```

행과 행을 결합하여 행렬을 구성해 보자.

```
: mat2=rv1\rv2
: mat2
        1   2   3
    1   1   2   3
    2   4   5   6
```

행 채우기 연산자("..")와 열 채우기 연산자("::")를 사용하여 행 벡터와 열 벡터를 만들어 보자.[36]

```
: 1..5
        1   2   3   4   5
    1   1   2   3   4   5
```

```
: b=(4::1)
: b
        1
    1   4
    2   3
    3   2
    4   1
```

---

36) 나중에 집합체(class)를 말할 때 언급하겠지만, Mata는 이중 콜론을 범위 지정 연산자로도 사용한다.

6. 콜론 연산자

콜론 연산자는 벡터나 행렬의 개별 요소를 그에 상응하는 다른 요소와 연산한다. 행렬에 스칼라, 행 벡터, 열 벡터, 행렬을 콜론 덧셈을 하면 행렬의 각 요소에 스칼라, 행 벡터, 열 벡터, 행렬을 더한다.

높은 우선 적용에서 낮은 우선 적용 순서로 정렬한 콜론 연산자	
A:^B	거듭제곱
A:/B	나누기
A:*B	곱하기
A:-B	빼기
A:+B	더하기
A:!=B	같지 않음
A:>B	A가 B보다 더 크다
A:<B	A가 B보다 더 작다
A:>=B	A가 B보다 더 크거나 같다
A:<=B	A가 B보다 더 작거나 같다
A:==B	A와 B가 같다
A:&B	논리적 and
A:|B	논리적 or

주) 1. 대문자는 스칼라, 벡터, 행렬을 나타내고, 소문자는 스칼라를 나타낸다.

예를 들어보자.

```
: a=(1,2,3);  b=(4,5,6)
: a:+3
        1    2    3
    ┌─────────────────┐
  1 │  4    5    6    │
    └─────────────────┘

: a:-b
        1     2     3
    ┌──────────────────┐
  1 │ -3    -3    -3   │
    └──────────────────┘
```

: b:^a

```
              1      2      3

    1         4     25    216
```


: A=(1,2\3,4); B=(5,6\7,8)
: B:/A

```
                      1              2

    1                 5              3
    2       2.333333333              2
```


: B:>=A
[symmetric]
```
           1   2

    1      1
    2      1   1
```


7. 첨자 연산자

첨자 지정으로 벡터나 행렬의 일부를 가리키거나 추출할 수 있다.

높은 우선 적용에서 낮은 우선 적용 순서로 정렬한 첨자 연산자	
첨자로 요소 추출하기	
A[r,c]	행렬 A의 (r,c) 요소
A[r,.]	행렬 A의 r번째 행
A[.,c]	행렬 A의 c번째 열
A[r,]	A[r,.]와 같은 의미
A[,c]	A[.,c]와 같은 의미
V[i]	벡터 V의 I번째 요소
첨자로 목록 추출하기	
A[V, W]	행렬 A의 V번째 행들과 W번째 열들
V[W]	벡터 V의 W번째 요소들
첨자로 하위행렬 추출하기	
A[|X|]	행렬 A의 하위행렬
V[|W|]	벡터 V의 하위벡터

주) 1. 대문자는 스칼라, 벡터, 행렬을 나타내고, 소문자는 스칼라를 나타낸다.

벡터 V나 행렬 A가 있을 때, 그 요소는 어떻게 지정하거나 추출할 것인가? 첨자를 사용하면 된다.

```
: V=(1, 4, 3, 4)
: V[2]
  4

: A=(1,2,3,4\5,6,7,8\9,10,11,12\13,14,15,16);  V=5..1
: A[2,3]
  7

: A[2,]
       1    2    3    4
   ┌──────────────────────┐
 1 │  5    6    7    8    │
   └──────────────────────┘

: A[2,.]
       1    2    3    4
   ┌──────────────────────┐
 1 │  5    6    7    8    │
   └──────────────────────┘

: A[,3]
       1
   ┌───────┐
 1 │   3   │
 2 │   7   │
 3 │  11   │
 4 │  15   │
   └───────┘

: A[.,3]
       1
   ┌───────┐
 1 │   3   │
 2 │   7   │
 3 │  11   │
 4 │  15   │
   └───────┘

: i=(2,3);  j=(3,4)
: A[i,j]
       1     2
   ┌──────────────┐
 1 │   7     8    │
 2 │  11    12    │
   └──────────────┘
```

: V[(4,5)]

```
        1    2
   1 [  2    1  ]
```

다른 방식으로 하위행렬을 지정하거나 추출할 수 있다. 범위를 지정하는 방식이 바로 그것이다. 예컨대 2행 1열(2,1)부터 4행 3열(4,3)까지 위치를 지정하여, 일정 범위의 하위행렬을 추출할 수 있다. 이때는 역사선 연산자("\")를 사용한다.

: A[|2,1\4,3|]

```
        1      2      3
   1 [  5      6      7
   2     9     10     11
   3    13     14     15  ]
```

: M=(2,2\4,3)
: A[|M|]

```
        1      2
   1 [  6      7
   2    10     11
   3    14     15  ]
```

: V[|2\4|]

```
        1     2     3
   1 [  4     3     2  ]
```

위와는 약간 다른 방식의 첨자 활용 방식을 보자. 순열 벡터(permutation vector)를 첨자로 활용하여 행렬의 순서를 바꿀 수도 있다. 다음과 같은 데이터(D)가 행렬 형태로 있다고 하자.

: Data

	1	2	3	4
1	22	2930	0	186
2	17	3350	0	173
3	22	2640	0	168
4	20	3250	0	196
5	15	4080	0	222

이 행렬의 순서를 바꾸는 함수는 sort()다. 명령 창에 다음과 같이 입력하면, Mata 는 행렬을 먼저 1열을 기준으로 오름차순으로 정렬하고, 다시 2열을 기준으로 오름차순으로 정렬한다.

: sort(Data, (1,2))

그러나 순열 벡터를 사용하여 다른 방식으로 정렬할 수 있다.

: p=(5,2,4,3,1)
: Data[p,]

	1	2	3	4
1	15	4080	0	222
2	17	3350	0	173
3	20	3250	0	196
4	22	2640	0	168
5	22	2930	0	186

이 순열 벡터는 어떻게 얻는가? order() 함수를 사용하면 쉽게 얻을 수 있다.

: p=order(Data, (1,2))

조금 더 복잡한 이야기를 해 보자. 첨자 지정으로 데이터의 사례(observation)를 무작위 복원 추출(random sampling with replacement)하는 방법을 알아보자. 예컨대, 5개의 사례로 이루어진 데이터 X에서 같은 크기의(크기가 5인) 표본을 무작위로 표집하는 방법을 살펴보자. 이를 위해, 먼저, 1에서 5까지 이르는 정수에서 무작위로 추

출한 5개의 정수를 구하자.[37]

```
. sysuse auto, clear
. mata:
: st_view(X=.,.,tokens("mpg weight length"))
: X=X[1..5,]
: X
```

	1	2	3
1	22	2930	186
2	17	3350	173
3	22	2640	168
4	20	3250	196
5	15	4080	222

```
: rseed(10101)
: o=ceil(rows(X)*runiform(rows(X),1, 0, 1))
: o
```

	1
1	2
2	3
3	2
4	2
5	1

둘째, 첨자 지정으로 무작위로 추출한 사례를 나열해 보자.

```
: Z=X[o,]
: Z
```

	1	2	3
1	17	3350	173
2	22	2640	168
3	17	3350	173
4	17	3350	173
5	22	2930	186

---

37) 여기서 rseed()는 표본을 반복 추출할 때 동일 결과를 얻기 위해 사용하는 함수다.

8. 포인터 연산자

포인터(pointer)는 외관상 무척 어렵게 보인다. 그러나 실제로 포인터는 그렇게 어렵지 않다. 포인터가 어렵고 복잡하게 보이는 까닭은 그것을 활용하는 프로그램이 어렵고 복잡하기 때문이지 포인터가 어렵기 때문이 아니다. 포인터는 도리어 매우 직관적이다. 그리고 메모리의 효율적 사용을 위해서 꼭 필요한 것이기도 하다.

포인터 연산자를 자세히 알아보기 전에 먼저, 포인터를 이해해 보자.

```
: A=(1,2\3,4)
: p=&A
```

여기서 "&"는 주소 연산자(address-of operator)다. &A는 A 행렬이 있는 주소를 나타낸다. 이 주소를 p에 배당하였으므로 p도 주소를 나타낼 것이다. 즉 p와 &A는 동일한 실체다.

```
: &A
  0x11254e80

: p
  0x11254e80
```

Mata는 주소를 16진수로 나타내어, 이 주소의 모습을 알아보기 쉽지 않다. 그러나 우리가 A를 저장한 주소를 알 필요는 없기 때문에 이 흉한 모습에 놀랄 필요는 없다. 우리가 기억할 것은 이 주소에 입력한 내용(정보)이다. 이 내용은 역참조 연산자 (dereferencing operator), 별표("*")를 붙여 알아낼 수 있다.

```
: *p
        1   2
      ┌─────────┐
  1   │  1   2  │
  2   │  3   4  │
      └─────────┘
```

거꾸로 생각할 수도 있다. *p의 내용을 바꾸면 A도 바뀐다.

```
: *p=(1,3\4,3)
: A
```

```
         1    2
    ┌──────────────┐
 1  │   1     2    │
 2  │   3     4    │
    └──────────────┘
```

포인터 연산자의 종류와 우선 적용 순서는 다음과 같다.

높은 우선 적용 순서에서 낮은 우선 적용 순서로 정렬한 포인터 연산자	
NULL	NULL 주소의 값
p->*MBR*	구조체나 클래스의 멤버인 MBR에 접근
(*p).*MBR*	*p*->*MBR*와 같음
*p	주소 *p*에 있는 객체에 접근
(*p)(…)	주소 p에 있는 함수를 불러 인자를 전달…
&*NAME*	객체 NAME의 주소
&*NAME*()	함수 NAME의 주소
&(*expr*)	표현식 expr의 평가결과를 저장한 주소
&(*NAME*(…))	함수 NAME의 실행 결과를 저장한 주소

포인터 연산자의 사용례를 정리해 보자. 아래에서 구조체와 집합체, 그리고 그것들의 소속원에 대해서는 나중에 살펴보기로 한다. 구조체와 클래스를 읽은 다음에 이 표를 다시 검토해 보라.

진술 방식	의미
1. NULL의 처리	
p=NULL	p가 아무것도 가리키지 않도록 정함
*p	오류: NULL 포인터를 참조할 수 없다
*NULL	오류: NULL 포인터를 참조할 수 없다
2. 스칼라 처리	
p=&a	변수 a의 주소
*p	a

진술 방식	의미
3. 벡터와 행렬 처리	
p=&B	벡터 B의 주소
*p	B
(*p)[3]	B[3]
p=&C	행렬 C의 주소
*p	C
(*p)[2,3]	C[2,3]
p=&B[2]	B[2] 복사판의 주소
*p	B[2]로 이루어진 복사판의 내용: *p는 B[2]의 동의어가 아니다.
4. 구조체와 클래스 처리	
p=&st	구조체 st의 주소
*p	st
p->mbr	st.mbr
(*p).mbr	st.mbr(p->mbr과 같다)
p->sub.b	st.sub,b
(*p),sub.b	st.sub.b(p->sub.b와 같다)
p=&st.mbr	st.mbr의 주소
*p	st,mbr
5. 함수 처리	
p=&func()	함수 func)의 주소
(*p)()	전달 인자 없이 func)를 호출
(*p)(2,3)	func2,3) 호출
p=&cl.func()	오류: 클래스 함수의 주소는 불허용
6. 포인터 벡터와 행렬 처리	
Q=(1,20, NULL)	1×20의 포인터 벡터(요소는 NULL)
Q[1]=&a	변수 a의 주소
Q[2]=&st	구조체 st의 주소
Q[3]=&st.mbr	구조체 st의 멤버 변수의 주소
*Q	오류: 벡터를 역참조할 수 없다
*Q[1]	a
*Q[2]	st
*Q[3]	st.mbr
Q=J(5,5,NULL)	5×5의 포인터 행렬(요소는 NULL)
7. 표현식 처리	
p=&2	2의 주소

진술 방식	의미
*p	2
p=&(2+3)	5의 주소
*p	5
p=&(I(20))	20×20의 단위행렬 주소
*p	20×20의 단위행렬
(*p)[3,2]	20×20 행렬의 (3,2) 요소: 0
p=&(expr)	expr의 평가결과의 주소
*p	expr의 평가결과

8. 포인터의 포인터 처리

p=&a	변수 a의 주소
q=&p	변수 p의 주소
*q	변수 a의 주소
**q	a

제14장 | 일괄처리 모드

지금까지 대화 모드(interactive mode)에서 Mata를 사용하였다. 다시 말해, 명령어를 명령 창에 직접 입력하는 방식으로 Mata를 사용하였다. 그러나 실제로 이런 모드로 프로그램을 작성하는 일은 거의 없다. 프로그램을 작성할 때는 흔히, 여러 명령어를 순차적으로 한꺼번에 처리하는 방식, 즉 일괄처리 방식(batch mode)을 사용한다. 이 방식은 Mata 코드를 do 편집기(do editor)로 작성하고 이 창에서 여러 명령을 일괄 실행한다. 이 책에서는, 이런 모드로 명령을 처리할 때는 명령문 앞에 붙인 콜론("`:`")을 생략하기로 한다. 일괄처리 모드로 Mata를 사용하는 방법은 크게 세 가지다. 첫째 방법은 Stata의 do 파일에서 Mata를 실행하는 방법이고, 둘째 방법은 Stata의 ado 파일에서 Mata를 활용하는 방법이다. 셋째 방법은 Mata에서 프로그램을 직접 작성하고 실행하는 방법이다. 이들을 하나씩 살펴보자.

1. do 파일에서 Mata 코드 사용하기

do 파일에서 Mata 코드를 사용하는 방식은 매우 직관적이어서 이해하기 쉽다. 몇 가지 예를 들어 알아보자. 보통 do 파일은 작업 디렉토리(working directory)에 저장한다. 예컨대 D:\mystata\StataMata이 작업 폴더라면 그곳에 example.do 등의 이름으로 저장한다.

```
clear
sysuse auto
mata:
  st_view(y=.,.,"mpg")
  st_view(X=.,.,tokens("weight foreign"))
  cons=J(rows(X),1,1)
  X=X,cons
```

```
        invsym(X'X)*(X'y)
    end
```

위 예는 회귀계수를 구하는 do 파일이다. 이 do 파일은 대화 모드보다 훨씬 더 간편하다. 위 파일은 mata:라고 선언한 뒤에 제법 많은 명령어를 포함하고 있지만, 단 하나의 명령(one-liner)만 포함할 수도 있다(앞에서 간헐적으로 다루었지만, 아직 st_matrix()를 비롯한 st_interface 함수를 본격적으로 다루지 않았다. 이 예문을 이해하기 힘들면, 조금 뒤에 제17장을 읽은 다음에 다시 돌아와 읽어보기 바란다).

```
    clear
    sysuse auto
    quietly reg price displacement weight foreign
    mata: st_matrix("bstp", (st_matrix("r(table)")[1..4,.]))
    matrix rownames bstp=coef stderr t p
    local colname: colnames e(b)
    matrix colnames bstp=`colname'
    matlist bstp', format(%9.3f)
```

	coef	stderr	t	p
displacement	10.254	6.138	1.671	0.099
weight	2.329	0.711	3.275	0.002
foreign	3899.630	678.761	5.745	0.000
_cons	-4048.343	1432.739	-2.826	0.006

```
    exit
```

여기서 r(table)은 특정 모형을 추정한 뒤에 얻을 수 있는 행렬이다. 이를 확인하는 방법은 다음과 같다.

```
. quietly reg price displacement weight foreign
. return list
scalars:
              r(level) =  95

matrices:
              r(table) :  9 x 3

. matlist r(table)
```

```
               weight       foreign         _cons
       b     -.0065879     -1.650029        41.6797
      se      .0006371      1.075994       2.165547
       t     -10.34022     -1.533493       19.24673
  pvalue      8.28e-16      .1295987       6.90e-30
      ll     -.0078583       -3.7955       37.36172
      ul     -.0053175      .4954422       45.99768
      df            71            71             71
    crit      1.993943      1.993943       1.993943
   eform             0             0              0
```

다른 한편, 위 예제에서 st_matrix() 함수는 Stata의 행렬을 Mata로 이전하거나, Mata의 행렬을 Stata로 옮기는 함수고, local colname: colnames e(b)는 e(b) 행렬(이 행렬은 Stata 프롬프트에서 ereturn list 명령어로 확인할 수 있다)의 열 이름을 colname 이라는 로컬(지역) 매크로에 저장하라는 명령어다. matrix colnames bstp=`colname' 은 matrix colnames bstp=`: colnames e(b)'로 바꾸어 표현할 수도 있다.

말할 것도 없지만, do 파일을 활용하는 방식이 이에 그치는 것은 아니다. 다른 방식도 알아보자. 함수(function)를 포함한 do 파일을 만들어 보자. 그러나 이 경우에는 do 파일을 만들기 전에 Mata 함수에 대해 간략하게 알아보아야 한다(함수를 만드는 방법은 제16장에서 자세히 다룰 것이다).

```
mata:
void  main()
{
   printf("Hello,  world\n") ;
}
end
```

위 함수는 아무것도 연산하지 않고, 어떤 결과도 반환하지 않는 함수다. 그러므로 함수 이름 앞에 void를 붙였다. 결괏값이 없다는 이야기다. 함수 이름은 어떤 것이어도 좋다. main()도 좋고, hello()도 좋고, greeting()도 좋다. 프로그래머(바로 당신)가 결정할 일이다. 함수 이름 뒤에 중괄호("{")를 연 뒤, 줄을 바꾸어서 명령어를 입력한다. 명령어 다음에 세미콜론(";")은 붙여도 좋고 붙이지 않아도 좋다. 붙이지 않는 게 덜 수고로울 것이다. 다시 줄을 바꿔, 중괄호("}")를 닫는다. 그러나 프로그램 본체의

명령어가 단 하나라면 중괄호는 필요 없다. 함수 이름 뒤에 본문의 명령어를 덧붙이면 그만이다. 즉

```
void main() printf("Hello, world\n")
```

라고 서술하면 그만이다. do 파일을 실행하여 이 함수를 메모리에 탑재한 다음, Mata 프롬프트에서 함수 이름을 입력하면 이 함수를 실행할 수 있다.

```
: main()
```

이제 이 Mata 함수를 포함하는 do 파일을 실제로 만들어 보자. 앞 함수를 조금 더 확장해 보자.

```
clear all
mata:
void hello()
{
   printf("Hello, world\n")
}

void goodbye()
{
   printf("Goodbye, everyone\n")
}
end
```

do 파일의 실행 버튼을 눌러 이 코드를 실행하면, Stata는 위 명령을 결과 창에 그대로 반복한다. 위 명령을 오류 없이 잘 실행하였다는 이야기다. 그리고 Mata의 함수를 메모리에 탑재하였다는 말이다. 이 함수를 활용하는 방법은 두 가지다. 먼저, Stata에서 다음과 같이 명령한다.

```
. mata: hello()
. mata: goodbye()
```

둘째, Mata에서 다음과 같이 명령한다.

    : hello()
    : goodbye()

지금까지 'do 파일'에서 Mata 코드를 사용하는 한 방식을 보았다. 그러나 방금 보았던 것처럼, Mata가 함수만 포함하고 있다면, Mata 코드를 다른 방식으로 사용할 수도 있다. 앞의 파일, 즉 함수를 포함한 파일을 *filename*.mata라는 형식으로 작업 폴더에 저장해 보자. 예컨대 hello.mata라는 이름으로 D:\mystata\StataMata에 저장해 보자. 그런 다음 Stata 프롬프트에서 다음과 같이 명령한다.

    . do hello.mata

그 다음 절차는 앞의 방식과 동일하다. 예컨대 Stata에서 hello() 함수를 실행하려면

    . mata: hello()

라고 명령하고, Mata에서 hello() 함수를 실행하려면 다음과 같이 명령한다.

    : hello()

2. ado 파일에서 Mata 코드 사용하기

Stata의 ado 파일에 Mata 코드를 삽입하는 방법은 널리 알려져 있다. Mata 코드는 보통 ado 파일의 맨 밑에 위치한다. 참고로 모든 ado 파일은 C:\ado 디렉토리에 저장한다. 이런 형태의 ado 파일의 구조는 다음과 같다.

    program AAA
        version 15.1

```
        ...
    mata: function()
        ...
    end

    version 15.1
    mata:
    ...
    function()
    {
        ...
    }
    end
```

모양은 단순해도 이해가 쉽지 않다. 가장 직관적인 예를 들어서 이 구조를 이해해 보자.

```
    *! 16 October 2022
    program greeting
      version 15.1
      mata: hello()
      mata: goodbye()
    end

    version 15.1
    set matastrict on
    mata:
    void hello()
    {
      printf(`""hello, world."\n"')
    }
    void goodbye()
    {
      printf(`""goodbye, everyone."\n"')
    }
    end
```

이 구조는 다음과 같다. 먼저 Stata에서 **program** *name* 명령으로 프로그램을 만든다.

나중에 *name*은 명령어로 사용할 수 있을 것이다. 프로그램 안에서 mata: *function*()을 선언하여, Mata의 함수를 호출한다. end 명령으로 Stata의 프로그램을 닫는다. mata 명령으로 Mata를 연다. Mata에서 *function*()을 만든다. end 명령으로 Mata를 닫는다.

이런 구조의 파일을 우선 C:\ado에 greeting.ado라는 이름으로 저장하고, Stata의 명령 창에 이 ado 파일의 이름(*name*), 즉 greeting을 입력한다.

```
. greeting

"hello, world."
"goodbye, everyone."
```

더 현실적이지만 다소 복잡한 예를 들어보자. 이번에는 변수의 최댓값과 최솟값을 구하는 ado 파일이다.

```
*! varextrema v1.0.0   by C. Baum
program SimpleVarExtrema
    version 15.1
    syntax varname(numeric)
    mata: calcextrema("`varlist'")
    display as txt "min(`varlist')= " as res r(min)
    display as txt "max(`varlist')= " as res r(max)
end

version 10.1
mata:
function calcextrema(var)
{
 real colvector x, cmm
 st_view(x=., ., var)
 cmm=colminmax(x)
 st_numscalar("r(min)", cmm[1])
 st_numscalar("r(max)", cmm[2])
}
end
```

위 프로그램은 조금 해설해 보자. 먼저 program *name* 명령으로 프로그램 이름을 설정한다. 이 *name*은 나중에 명령어로 사용한다. mata: calcextreama(···) 명령으로 Mata 함수를 호출한다. 이때 전달 인자는 변수 이름 목록("`varlist'")이다.

```
mata: calcextrema("`varlist'")
```

이제 명령 수행 과정은 Mata 함수로 넘어가는데, Mata에서는 Stata에서 호출한 명령에 대응하는 적절한 함수를 만든다. 먼저 function calcextrema(var) 명령으로 전달 인자를 설정한다. 이 전달 인자의 이름(var)이 Stata의 전달 인자 이름("`varlist'")과 같을 필요는 없다. 전달 인자의 수와 전달 인자 순서만 같으면 된다.

```
function  calcextrema(var)
{
    ..............
}
```

Mata 함수 안에서 st_view() 함수로 외부의 데이터를 받아들인 다음, colminmax()라는 내장 함수로 최댓값과 최솟값을 추출한다. 그리곤 st_numscalar() 함수로 최솟값과 최댓값을 Stata로 이전한다. Mata의 명령어를 모두 마쳤으므로 명령 수행 과정은 다시 Stata로 이동한다. Stata에서는 display 명령으로 Mata에서 넘겨받은 최댓값(cmm[1])과 최솟값(cmm[2])을 출력한다.

위 프로그램을 C:\ado에 SimpleVarExtrema.ado라는 이름으로 저장하고, Stata에서 다음 명령을 내려 보자.

```
. sysuse auto, clear
. SimpleVarExtrema mpg
  min(mpg)= 12
  max(mpg)= 41
```

위 예문에서 SimpleVarExtrema라는 명령 뒤에 mpg라는 변수 이름을 입력하였더니, Stata는 mpg의 최댓값과 최솟값을 보여주었다.

3. Mata에서 프로그램을 직접 실행하기

앞의 (1)절과 (2)절에서는 Mata의 함수를 Stata의 프로그램과 결합하여 do 파일이나 ado 파일을 만들었지만, Stata 없이 Mata 함수로만 프로그램을 작성할 수도 있다.

일정한 방식을 따르면, Stata를 사용하지 않고도 Mata 코드를 공적 함수(public function), 즉 모든 사람이 공동으로 사용할 수 있는 함수로 바꿀 수 있다. 앞에서 이미 보았지만, 다음과 같은 프로그램을 다시 한번 더 살펴보자.

```
clear all
version  15.0
mata:
void  hello()
{
   printf("hello,  world\n")
}
void  goodbye()
{
   printf("goodbye,  world\n")
}
end
```

위 코드를 공적 함수로 바꾸려면 먼저 이를 컴파일하고 라이브러리에 저장해야 한다. 코드를 컴파일하려면, 위 코드를 메모리에 읽어 들여야 한다. 어떻게? Stata에서 do hello.mata를 입력하여 코드를 읽거나 do 파일 편집 창에서 실행 단추를 눌러 코드를 메모리에 탑재한다. 이렇게 읽은 코드를 라이브러리에 저장하려면 lmbuild *libraryname* 명령을 내려야 한다. 이때 라이브러리 이름(*libraryname*)은 반드시 (L의 소문자인) l로 시작해야 하고 .mlib라는 확장자로 끝나야 한다. 예컨대 라이브러리 이름을 mylib라고 하고 싶다면 lmbuild lmylib.mlib라고 입력해야 한다. Mata 라이브러리를 만드는 do 파일을 make_mylib.do라고 하자. 그 내용은 다음과 같다.

```
. doedit make_mylib.do
```

```
clear all
do hello.mata
lmbuild lmylib.mlib
exit
```

이를 실행하여 라이브러리를 형성하면 이제 hello()와 goodbye() 함수는 Stata의 일부가 된다. 우리가 clear all이라는 명령을 내렸을 때도 이런 함수들은 사라지지 않는다. Stata를 끈 다음 다시 켰을 때도, 우리가 만든 함수, hello()와 goodbye()는 작동한다.

```
. clear all
: mata:
: hello()
  hello, world
: goodbye()
  goodbye, world
: end
```

추가 노트: 우리가 hello.mata를 다음과 같이 수정하거나 변경한 경우에는, 라이브러리를 다시 구축해야 한다.

```
clear all
version 15.0
mata:
void hello()
{
  printf("hello, world\n")
}
void goodbye()
{
  printf("goodbye, everyone\n")
}
void saygoodbye()
{
  printf("Have a nice day\n")
```

```
    }
    end
```

라이브러리 재구축 방법은 다음과 같다.

```
    clear all
    do hello.mata
    lmbuild lmylib.mlib, replace
    exit

    . mata:
    : saygoodbye()
      See you again, world
```

제15장 | 조건문과 순환문

1. 조건문

조건문은 특정 조건마다 별개의 명령을 실행하는 문장이다. 조건문의 구문(syntax)은 다음과 같다.

> **if** (*expr*) *stmt1*
> **else** *stmt2*

이 조건문은 표현식(*expr*)이 참일 경우에(0이 아닐 경우에) *stmt1*을 실행하고, 거짓일 경우에(0일 경우에) *stmt2*를 실행한다는 의미를 띤다. 예를 들어 알아보자.

```
mata:
age=20
if (age<18) {
    printf("He/she is a non-adult\n")
}
else printf("He/she is an adult\n")
end
```

이런 형식을 더 확장하면, 다음과 같은 조건문을 만들 수도 있다.

> **if** (*expr1*) *stmt1*
> **else if** (*expr2*) *stmt2*
> **else if** (*expr3*) *stmt3*
> **else** *stmt4*

한 표현식(*expr1*)이 참일 때는 *stmt1*을, 다른 표현식(*expr2*)이 참일 때는 *stmt2*를 실행하고, 또 다른 표현식(*expr3*)이 참일 때는 *stmt3*을 실행한다. 이런저런 표현식이 모두 참이 아닐 때는 *stmt4*를 실행한다. 다음 예를 보자. 이차 방정식에서 판별식(D)의 값으로 실수 근의 개수를 확인할 수 있다. D>0일 때 실수 근은 두 개이고, D=0일 때 실수 근은 하나다. D<0일 때 실수 근은 없다.

```
mata:
a=1; b=-2; c=2
D=b^2-4*a*c
if (D>0)          printf("There are two roots.\n")
else if (D==0)    printf("There is one root.\n")
else              printf("There is no root.\n")
end
```

여기서 *stmt1*이나 stmt2, *stmt3*이 한 줄이 아니라 여러 줄일 때는 중괄호("{ }")를 사용해야 한다.

```
if (expr1) {
    stmts1
}
else if (expr2) {
    stmts2
}
else if (expr3) {
    stmts3
}
else {
    stmts4
}
```

앞에서 든 예를 그대로 확장해 보자.

```
mata:
a=1; b=-3; c=2
D=b^2-4*a*c
if (D>0) {
    printf("There are two roots\n")
```

```
    printf("The  roots  are  %9.3f,  %9.3f\n",    ///
        (-b+sqrt(D))/2*a,  (-b-sqrt(D))/2*a)
}
else if (D==0)  {
  printf("There  is  one  root\n")
  printf("The  root  is  %9.3f\n",  -b/2*a)
}
else    printf("There  is  no  root\n")
end
```

2. 순환문

Mata는 순환문을 만드는 세 가지 도구를 갖추고 있다. ① while과 ② for, ③ do…
while이 바로 그것들이다. while과 for는 순환 고리가 시작하는 입구에서 반복 조건
을 점검한 다음, 본체에서는 제시한 명령을 수행한다. 이와 달리 do…while 순환문은
본체의 명령문을 실행한 연후에 순환 고리가 끝나는 부분에서 반복 조건을 점검한
다. 어느 경우에나 반복 조건이 참이면 반복을 지속할 것이고, 거짓이면 반복을 중단
한다. 먼저 while 순환문부터 알아보자.

1) while

반복 근사(iterative approximation)는 흔히 while 순환문을 사용한다. 반복할 명령
이 하나라면 while 순환문의 구문은 다음과 같다.

    while (*expr*) *stmt*

만일 반복할 명령이 여러 개(*stmt1*, *stmt2*,…)라면 다음과 같이 중괄호를 써야 한다.

    while (*expr*) {
        stmt1

```
    stmt2
    …
}
```

이 while 문은 다음과 같은 순서와 논리로 작동한다.

① 표현식(*expr*)을 점검하여, 표현식이 참이면 ② 단계로, 거짓이면 ④ 단계로 간다.

② *stmt*를 실행한다.

③ 표현식을 점검하는 ① 단계로 간다.

④ while 문을 빠져나간다.

말로 설명하는 것보다 예를 드는 것이 이해가 더 빠를 것이다. 자연수 1부터 10까지의 합을 구해 보자.


```
mata:
i=1
sum=0
while(i<=10) {
   sum=sum+i
   printf("The iteration and the sum are %3.0f %3.0f\n", ///
      i, sum)
   i++
}
end
```


이 예제는 다음과 같은 순서로 명령을 수행한다. 먼저 변수 i에 1이라는 값을 부여하고, 합계를 나타내는 변수 sum에는 0이라는 값을 부여한다. 그런 다음 순환 고리로 진입한다. 순환 고리에 들어서자마자 while 문은 먼저 sum에 i를 더한다. 첫 루프에서 i는 1이므로 sum도 1이 될 것이다. 0에 1을 더하기 때문이다. 둘째 명령어는 첫 루프의 i와 sum을 출력하라는 것이다. 첫 루프의 i는 1이고, sum도 1이다. 이제 다음 명령어를 실행할 차례다. i++라는 셋째 명령어는 i를 하나 더 크게 하라는 것이다. 이 명령을 실행하여, i는 이제 2가 된다. 본체에 있는 모든 명령을 다 수행하였으므로 다시 조건식(*expr*)으로 돌아간다. 이제 i는 2인데, 이는 10보다 작다. 그러므로 순환을 계속하기로 한다. 둘째 루프에서 sum(=1)에 i(=2)를 더하여 sum은 3이 된다. 그리고 이때의 i와 sum(2와 3)을 출력한다. 다음 단계에서는 i가 3이 된다. 이런 과정을 i가 10이 될 때까지 반복한다. 이 명령문의 실행 결과는 다음과 같다.

```
The iteration and the sum are   1    1
The iteration and the sum are   2    3
The iteration and the sum are   3    6
The iteration and the sum are   4   10
The iteration and the sum are   5   15
The iteration and the sum are   6   21
The iteration and the sum are   7   28
The iteration and the sum are   8   36
The iteration and the sum are   9   45
The iteration and the sum are  10   55
```

다른 예를 들어, while 순환문을 조금 더 알아보자.

```
x=1
while (abs(f(x)) > 1e-8)   x=x-f(x)/fprime(x)
```

위 예제는 f(x)=0을 만족하는 x값, 즉 방정식 f(x)=0의 해를 뉴튼-랩슨(Newton-Raphson) 방법으로 구한다(이 방법에 대해서는 <삽화 15-1>을 보라). 여기서 반복 순환은 $|f(x)|>10^{-8}$인 한 계속하는데, 그러므로 우리가 발견하는 x값은 결코 f(x)=0을 만들지 못할 것이고, 단지 f(x)=0의 상태에 근접할 것이다. 예문을 더 구체적으로 만들어 보자. $f(x)=x^2-3$이고 f(x)=0을 만족하는 x값을 구한다고 가정하자. 즉 이차 함수의 근을 구한다고 가정해 보자. 이때 fprime(x)은 2*x가 될 것이다. 위 예문에 이를 그대로 대입해 보자.

```
mata:
x=1
while (abs(x^2-3) > 1e-8) {
   x=x-(x^2-3)/(2*x)
   printf("The result is %9.7f\n", x)
}
```

```
The result is 2.0000000
The result is 1.7500000
The result is 1.7321429
The result is 1.7320508
```
end

위 순환문은 네 번을 순환하였는데, 순환을 거듭할 때마다 x²-3값은 0에 근접하고, x는 방정식의 근에 근접한다. 마지막 순환 단계의 x값은 실제 근, 즉 $\sqrt{3}$과 매우 근사하다.[38]

<삽화 6-1> 뉴튼-랩슨 방법

여기서 근사적으로 방정식의 해를 구하는 뉴튼-랩슨 방법에 대해 잠시 알아보자. 특정 함수 $f(x)$가 미분가능하고 이 함수에 a라는 근이 하나 있다고 가정해 보자. 그리고 x_0는 a에 대한 첫 짐작(initial guess)이라고 가정해 보자. 점 $(x_0, f(x_0))$을 통과하고 기울기가 $f'(x_0)$인 직선은 함수 $f(x)$에 가장 근접하는 직선, 즉 함수 $f(x)$에 접하는 직선이다. 이 직선의 방정식은 다음과 같다.

$$f'(x_0) = \frac{f(x_0) - y}{x_0 - x}$$

이제 이 직선은 x_1에서 x축과 교차하는데, 아래 그림에서 보듯이 x_1은 x_0보다 a에 더 근접한다. x_1에서 그은 접선, 즉 $f'(x_1)$은 x_2에서 x축과 교차한다. x_2는 x_1보다 a에 더 근접한다. 이 과정을 지켜보면, 접선을 그어 나갈수록 x축과 교차하는 지점은 빠르게 근(a)에 접근한다는 사실을 알 수 있다.

---

38) $x^2 - 3 = 0$의 근은 두 개($\pm\sqrt{3}$)다. 다른 하나의 근($-\sqrt{3}$)에 접근하는 방법은 무엇인가? x의 초깃값(첫 짐작)을 -1로 설정하면 근은 $-\sqrt{3}$에 근접한다.

```
mata:
x=-1
while (abs(x^2-3) > 1e-8) {
    x=x-(x^2-3)/(2*x)
    printf("The result is %9.6f\n", x)
}
    The result is -2.0000000
    The result is -1.7500000
    The result is -1.7321429
    The result is -1.7320508
end
```

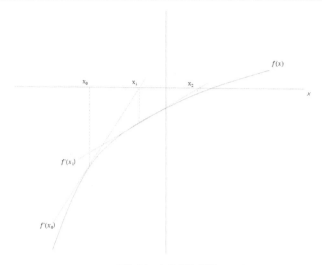

<그림 6-1> 뉴튼-랩슨 방법

이 그림에서 첫 짐작 지점의 접선은 다음과 같은 수식으로 표현할 수 있다.

$$f'(x_0) = \frac{f(x_0) - 0}{x_0 - x_1}$$

그러므로 x_1은 다음과 같이 나타낼 수 있다.

$$x_1 = x_0 - \frac{f(x_0)}{f'(x_0)}$$

다시 말해 두 번째 측정치(x_1)는 첫 짐작(x_0)에서 $f(x_0)/f'(x_0)$만큼 빼서 얻는다. 세 번째 측정치(x_2)는 두 번째 측정치(x_1)에서 $f(x_1)/f'(x_1)$만큼 빼서 얻는다. 이를 일반화하면 다음과 같은 되풀이 관계를 얻는다.

$$x_{n+1} = x_n - \frac{f(x_n)}{f'(x_n)}$$

이 수식에 가장 걸맞은 프로그램은 다음과 같이 쓸 수 있다(지금은 이 함수를 이해하기 어려울지도 모른다. 다음 장에서 Mata 함수를 읽은 다음에 이 프로그램을 다시 보라).

```
clear all
mata:
real scalar f(real scalar x)
{
    r=x^2-3
    return(r)
}
```

```
real scalar fp(real scalar x)
{
  r=2*x
  return(r)
}

real scalar newton_raphson(real scalar x0)
{
  real scalar iter, oldx, x
  real scalar tol, max

  iter=0
  oldx=x0
  tol=1e-8

  x=oldx+10*tol

  while (abs(x-oldx)>tol) {
    iter=iter+1
    if (iter>max){
      printf("No solution found")
      break
    }
    oldx=x
    x=x-f(x)/fp(x)
  }
  return(x)
}
end

: newton_raphson(1)
  1.732050808

: newton_raphson(-1)
  -1.732050808
```

앞의 조건문에서도 그러하였듯, 순환문에서 *stmt*가 하나의 문장이라면 중괄호("{ }")
를 쓰지 않아도 무방하지만 두 개 이상의 문장이라면 중괄호를 꼭 붙여야 한다.

이 while 순환을 끝내려면, 앞에서 보였던 것처럼, 표현식(*expr*)으로 제약한다. 그
러나 표현식으로 순환을 멈추는 게 아니라 아래 예문처럼 break 명령으로 순환을 멈
추게 할 수도 있다. 이때 표현식은 항상 참(True)으로 설정한다.

```
mata:
i=1
sum=0
while(1)  {
    sum=sum+i
    printf("i  and  sum  are  %3.0f  %3.0f,  respectively\n",              ///
          i,  sum)
    i++
    if  (i>8)  break                                              //  new
}
end
```

여기서 표현식이 상수이면, 즉 while(1)이라고 표현하면 순환은 계속한다. while(3), while(3==3) 등으로 표시해도 순환은 계속한다. 그렇다면 언제 순환을 멈추는가? 프로그램 본체 마지막에 있는 break 명령이 이 순환을 멈춘다. break 명령은 부가한 조건식이 참일 때 작동한다는 것은 말할 것도 없다. 다음에는 반복 순환을 할 때, 가장 많이 쓰는 for 문을 살펴보자.

2) for

for 순환문의 형태는 다음과 같다.

```
for  (expr1;  expr2;  expr3)  {
    stmt1
    stmt2
    …
}
```

사용 예를 들어 for 순환문을 이해해 보자. 앞의 while 순환문을 for 순환문으로 바꾸어보자.

```
mata:
sum=0
for  (i=1;  i<=5;  i++)  {
```

```
        sum=sum+i
        printf("i and sum are respectively %3.0f %3.0f\n", ///
             i, sum)
    }
    end
```

이 for 문의 실행 결과는 다음과 같다.

```
i and sum are respectively    1    1
i and sum are respectively    2    3
i and sum are respectively    3    6
i and sum are respectively    4   10
i and sum are respectively    5   15
i and sum are respectively    6   21
i and sum are respectively    7   28
i and sum are respectively    8   36
i and sum are respectively    9   45
i and sum are respectively   10   55
```

이 for 문에서

① *expr1*(여기서는 i=1)은 순환을 시작하기 전에 해야 할 일을 지정한다. 여기서는 i를 1로 지정하였다. i가 1부터 시작한다는 의미다. i=0이라고 표현하면, i는 0부터 시작할 것이다.

② *expr2*는 순환을 계속하는 조건(여기서는 i≤10)을 제시한다. 순환은 이 조건이 참일 때만 지속한다. 위 예제에서는 i가 10이 될 때까지만 순환한다.

④ *expr3*은 순환문의 본체(body)에서 마지막 명령을 수행한 뒤에 해야 할 작업이다. 위의 예제에서 printf(…) 명령을 수행한 뒤에 해야 할 일은 i를 하나씩 높이는 일, 1만큼 증분(增分)하는 일이다.

③ 순환문의 본체가 한 문장(stmt)일 때는 for 문 다음에 중괄호 없이 바로 이 문장을 써도 되지만 두 문장 이상일 때는 반드시 중괄호("{ }")를 사용하여 이들 문장을 묶는다.

이 for 문은 매우 편리해서 사람들은 다른 어떤 순환문보다 더 많이 사용한다. 그러므로 이 for 문을 이해하기 위해 다소 지루하더라도 다양한 사용 예를 살펴보자. 먼저 자연수 1부터 10까지의 합이 아니라, 원소가 1부터 10까지 이어지는 열 벡터의 합을 구해 보자.

```
mata:
x=1::10
sum=0
for (i=1; i<=length(x); i++) {
   sum=sum+x[i]
   printf("sum of vectors %3.0f %3.0f\n", i, sum)
}
sum of vectors    1    1
sum of vectors    2    3
sum of vectors    3    6
sum of vectors    4   10
sum of vectors    5   15
sum of vectors    6   21
sum of vectors    7   28
sum of vectors    8   36
sum of vectors    9   45
sum of vectors   10   55

end
```

1부터 10까지 이어지는 벡터가 아니라 불규칙한 숫자로 구성된 벡터의 원소의 합을 구해 보자.

```
mata:
x=(-7,2,5,9,-3,4,2,-4,3,8)
sum=0
for (i=1; i<=length(x); i++) sum=sum+x[i]
printf("sum of vectors %3.0f\n", sum)
sum of vectors   19

end
```

약간의 변형을 살펴보자.

```
mata:
for(i=10;  i>0;  i=i-2) {
    printf("%g  squared  %g\n",  i,  i^2)
}
10 squared 100
8 squared 64
6 squared 36
4 squared 16
2 squared 4

end
```

다시, 앞에서 제시한 while 문, 즉 뉴튼-랩슨 방법을 사용한 while 문을 for 문으로
바꿔보자.

```
mata:
for  (x=1;  abs(x^2-3)>1e-8;  ) {
    x=x-(x^2-3)/(2*x)
}
end
```

이 문장은 다소 생소하다. for() 안에 셋째 표현식(*expr3*)이 없기 때문이다. 셋째 표
현식은 왜 없는가? 본체의 명령을 수행한 후에 따로 해야 할 일이 없기 때문이다.[39]
조금 더 복잡하게 보이는 예를 들어보자. for 문으로 부트스트랩(bootstrap) 회귀를
실행해 보자. Stata의 자동차 자료에서 74개의 사례로 구성된 표본('중복 추출'한 표
본, 그러므로 자동차 자료와 일치하지 않는다)을 추출하여, 연비(mpg)를 종속변수로
하고 무게(weight)와 원산지(foreign)를 독립변수로 해서 회귀분석을 실행해 보자(아
래에서 putmata는 Stata의 데이터 변수를 행렬로 전환하는 명령어다. putmata는 다

---

39) 그러므로 위의 for 문은

    for (x=1; abs(x^2-3)>1e-8; x=x-(x^2-3)/(2*x)) { }

로 바꾸거나

    for (x=1; abs(x^2-3)>1e-8; x=x-(x^2-3)/(2*x)) ;

로 바꿀 수 있다. 즉 빈 괄호나 세미콜론(";")을 도입하여 순환문을 만들 수 있다. 그러나 이런 방식으로 구성
한 for 문은 그다지 직관적으로 보이지 않는다.

음에 자세히 논의하겠지만, 사용법에 대해서는 우선 help putmata로 알아보라).

```
clear
sysuse auto
putmata *

mata:
datay=mpg
dataX=weight, foreign
n=rows(dataX)
cons=J(n, 1, 1)
dataX=dataX, cons

N=10000
rseed(10101)
b=J(N, 3, .)
for(i=1; i<=N; i++) {
  o=ceil(n*runiform(n,1))
  y=datay[o,]
  X=dataX[o,]
  b[i,]=(invsym(X'X)*X'y)'
}
mean(b)'
```

```
                 1

    1  │    -.0065907036
    2  │    -1.635681907
    3  │     41.67694475
```

```
end
```

이 프로그램에서 rseed()는 표본 추출을 반복할 때마다 동일 표본을 고정하는 시드를 부여한다. rseed()의 전달 인자를 특정 숫자로 정하면, 부트스트랩 결과가 바뀌지 않는다. ceil(x) 함수는 소수 x를 x의 정수 부분보다 1이 더 큰 정수로 바꾼다. 예컨대, ceil(3.1)의 반환값은 4다.

위 프로그램에서 o는 중복으로 추출할 74개의 사례 번호(열의 번호)다. y[o,]와 X[o,]는 그 번호에 상응하는 y와 X를 뽑는다. b[,]는 이 y와 X로 구한 회귀계수다.

이렇게 일 회의 회귀분석으로 얻는 한 묶음의 회귀계수(weight, foreign, cons의 계수)는 b 행렬의 한 행에 저장한다. 연후에 다시 74개의 사례로 구성된 다른 표본을 추출하여 그로부터 다른 회귀계수를 구하여 b 행렬의 다음 행에 저장한다. 이렇게 서로 다른 표본을 10,000번 추출하면 10,000개의 서로 다른 회귀계수를 구할 수 있는데, 이 10,000개의 회귀계수를 b 행렬의 각 행에 저장한다. 이렇게 b 행렬을 만들면, b 행렬의 열 평균(=mean(b))은 부트스트랩 계수가 된다.

부트스트랩 계수는 OLS 회귀계수와 얼마나 다른가? 아래의 결과에서 보듯, 두 회귀계수는 약간의 차이를 보이긴 하지만, 거의 일치한다.

. regress mpg weight foreign

mpg	Coef.	Std. Err.	t	P>|t|	[95% Conf. Interval]	
weight	-.0065879	.0006371	-10.34	0.000	-.0078583	-.0053175
foreign	-1.650029	1.075994	-1.53	0.130	-3.7955	.4954422
_cons	41.6797	2.165547	19.25	0.000	37.36172	45.99768

3) do…while

마지막으로 do…while 순환문을 알아보자. 이 순환문의 구문은 다음과 같다.

```
do {
  stmts
} while(expr)
```

이 순환문은 while 문이지만, 지속 조건(*expr*)을 순환 고리의 맨 끝에 배치한 while 문이다. 앞의 while 문과 차이가 있다면, 적어도 순환 고리 하나는 일단 실행한 후에 조건식(expr)의 참/거짓을 평가하여 다음 순환을 지속한다는 것이다. 그리고 while이나 for 순환문과 달리, 이 구문에서는 본체의 명령문(*stmts*)이 한 줄만 있을 때도 중괄호("{ }")를 생략해서는 안 된다. 예를 들어보자.

```
mata:
x=1::7
i=1
sum=0
do {
   sum=sum+x[i]
   printf("sum of vector x is %3.0f %3.0f\n", i, sum)
   i++
} while (i<=length(x))
sum of vector x is    1    1
sum of vector x is    2    3
sum of vector x is    3    6
sum of vector x is    4   10
sum of vector x is    5   15
sum of vector x is    6   21
sum of vector x is    7   28

end
```

다른 예도 들어보자.

```
mata:
x=1
i=1
do {
   x=x-(x^2-3)/(2*x)
   printf("iteration number and x are")
   printf("%3.0f %10.8f respectively\n", i, x)
   i++
} while (abs(x^2-3)>1e-8)
iteration number and x are  1 2.00000000 respectively
iteration number and x are  2 1.75000000 respectively
iteration number and x are  3 1.73214286 respectively
iteration number and x are  4 1.73205081 respectively

end
```

제16장 | 함수

1. 함수의 구조

Mata는 특유의 함수를 설정할 수 있다. Mata 함수의 구조는 다음과 같다.

```
return_type fcnname (arguments)
{
    declarations
    program  body
    return
}
```

여기서 개별 요소는 각각 다음을 뜻한다.

return_type: 함수의 결과물의 유형(요소 유형과 조직 유형)
fcnname: 함수의 이름
arguments: 전달 인자
declarations: (함수에서 사용할) 변수 유형 선언
program body: 함수의 표현 내용
return: 함수의 연산 결과

각 요소는 조금 뒤에 자세히 설명하기로 하고, 우선 가장 간단한 형태의 함수를 작성하여 함수를 이해해 보자. 가장 간단한 형태의 함수는 결과물의 유형(return_type) 도 지정하지 않고(단, 결과물의 유형을 지정하지 않을 때는 함수 이름 앞에 function 이라는 표현을 부가(附加)해야 한다), 전달 인자도 없고 프로그램에서 사용하는 변수 유형도 선언하지 않으며, 결과물도 반환하지 않는 함수다. 요컨대 다음과 같은 함수 가 가장 간단한 형태의 함수다.

```
function show() {
    printf(`"""This is an example""")
}
```

여기서 function이라는 군더더기를 빼고, void라는 결과물 유형을 추가하면 앞의
함수는 다음과 같이 바꿀 수 있다.

```
void show() {
    printf(`"""This is an example""")
}
```

여기서 void는 함수가 결과물을 반환하지 않는다는 사실을 선언한다. 결과물을 반
환하지 않으므로 return 명령어도 포함하지 않을 것이다. show는 함수의 이름이다.
지금 이 함수는 전달 인자도 포함하지 않는다. 이 함수를 실행하는 방법은 다음과
같다(여기서 clear all은 데이터, 변수의 값 레이블, 행렬, 스칼라, 저장한 결괏값, 그
리고 Mata의 함수와 객체 등을 모두 메모리에서 제거하라는 명령어다[40]).

```
clear all
mata:
void show() {
    printf(`"""This is an example""")
}
end
```

이 함수를 Mata에서 실행한 다음에, Stata 프롬프트에서 다음과 같이 명령하거나,

```
. mata: show()
"This is an example"
```

Mata 프롬프트에서 함수 이름을 입력해 보자. 우리가 바라고 기대한 결과를 얻는다.

---

[40] clear all은 clear *와 동의어다. 다른 한편, clear all은 clear와 다르다. clear는 데이터의 변수와 레이블을 제거하
라는 명령어이지만, clear all은 이보다 훨씬 더 광범한 대상을 제거하는 명령어다. help clear로 양자를 비교해
보라.

```
: show()
"This is an example"
```

이제 함수의 전달 인자를 지정하여 함수를 좀 더 정교하게 만들어 보자.

```
clear all
mata:
void show(a) {
   printf("A is %f", a)
}
end

: show(pi())
A is 3.14159265
```

이번에는 전달 인자는 지정하지 않지만, 결과물을 지정하고 이를 출력하는 함수를 만들어 보자.

```
real scalar speed_of_light() {
   return(300000000 /* m/sec */)
}
```

여기서 함수 이름, speed_of_light() 앞에 붙은 real scalar는 함수의 결과물 유형을 나타낸다. 이는 함수의 결과물이 실수 스칼라라고 선언한다. return()은 함수가 반환할 '함수의 결과물'이다. 이 함수를 실행하는 방법은 다음과 같다.

```
clear all
mata:
real scalar speed_of_light() {
   return(300000000 /* m/sec */)
}
end

: speed_of_light()
300000000
```

만일 반환하는 결괏값이 실수 스칼라가 아니면 함수는 오류 메시지를 발신할 것이다. 다음 함수는 특정 '벡터'를 반환하는데, 함수는 논리적 오류를 만나 오류 메시지를 발신한다.

```
clear all
mata:
real scalar speed_of_light() {
    return((1,300000000) /* m/sec */)      //note
}
end
```

```
:speed_of_light()
        speed_of_light():   3204   <tmp>[1,2] found where scalar required
                  <istmt>:      -  function returned error
r(3204);
```

이처럼 간단한 함수를 만들 수 있지만, 가장 바람직스럽게는 모든 형식을 갖춘 함수를 만드는 것이다. 이제 모든 요소를 두루 갖춘 함수를 살펴보자. 두 실수를 더하는 프로그램, 즉 덧셈 프로그램을 만들어 보자.

```
clear all
mata:
real scalar myadd(real scalar a, real scalar b) {
    real scalar sum
    sum=a+b
    printf("The sum of two numbers is ")
    return(sum)
}
end
```

myadd 함수의 결과물 유형은 실수 스칼라이고, 두 전달 인자도 실수 스칼라다. 두 전달 인자의 합을 저장할 변수 sum도 실수 스칼라다. myadd는 이 sum값을 반환한다. 비록 함수의 내용은 별달리 유용하지 않다고 하더라도, 이 mysum 함수는 앞에서 언급한 함수의 전형적 구조를 보여준다. 이 프로그램을 실행한 결과는 다음과 같다.

```
: myadd(pi(), exp(1))
The sum of two numbers is   5.859874482
```

이때 함수 이름이나 변수 이름과 관련하여 주의해야 할 점을 두어 가지만 언급하자. 첫째, 함수 안에서 변수 이름은 아무렇게 붙여도 무방하다. 변수 이름은 지역 범위(local scope)에서만 통용하기 때문이다. 요컨대 Mata는 오직 함수 안에서만 이 변수를 인지한다. 함수 밖에서 사람들(사용자나 외부자)은 이 변수를 인지하지 못한다. 그러므로 프로그래머는 함수 안에서 변수 이름을 자유롭게 붙여도 무방하다. 함수 안에서 동일 변수 이름만 사용하지 않으면 된다. 그러나 둘째, 함수 밖에서는 함수 이름이든 변수 이름이든 작성자가 아무렇게나 붙여서는 곤란하다. Stata가 사용하고 있거나 사용하려고 남겨놓은 이름을 사용해선 안 되기 때문이다. 예컨대 default, complex, this, void 등과 같은 이름을 사용해선 안 된다. Stata가 이렇게 남겨놓은 이름은 [M-2] restwords를 참고하라.

2. 변수 유형

지금까지 변수 유형을 도입하였지만, 예컨대 real scalar 등과 같은 표현을 썼지만, 이에 대해 언급하지 않았다. 이제 이 변수 유형을 알아보자. 앞 절의 마지막 예와 아래의 그림에서 보듯, 변수 유형은 결과물 유형(return_type)과 전달 인자(arguments), 변수 선언(declarations), 세 군데서 나타난다.

```
return_type fcnname (arguments)
{
    declarations
    program body
    return
}
```

변수 유형 설정은 선택적(optional)이다. 즉 프로그래머가 변수를 설정해도 좋고, 하지 않아도 좋다. 예컨대 함수는 다음과 같은 형식을 띠어도 된다(앞에서 언급하였지만, 이처럼 결과물 유형을 설정하지 않으려면, 함수 이름(*fcnname*) 앞에 function이라는 표현을 입력해야 한다).

```
function fcnname(arguments)
{
    program body
    return
}
```

예컨대, 두 객체를 곱하는 다음과 같은 예를 들어보자.

```
function myproduct(A, i)
{
  C=A*i
  return(C)
}
```

이 프로그램에는 그 어떤 변수 유형도 없다. 이런 함수는 잘 작동하는가?

```
: A=(1,2\3,4); i=3
: myproduct(A, i)
         1     2

  1      3     6
  2      9    12
```

보다시피, 이런 프로그램도 잘 작동한다. 그러므로 프로그램을 이와 같이 간단하게 작성해도 무방하다. 그러나 신중한 프로그래머는 위와 같은 함수, 즉 변수 유형을 설정하지 않은 함수를 좀처럼 사용하지 않는다. 좋은 프로그래머는 변수 유형을 거의 항상 설정한다. 왜 그럴까? 변수 유형 설정은 프로그램의 오류를 찾거나 제거(debug)할 때 큰 도움을 주기 때문이다. 예를 들어보자. 아래의 예는 이차 방정식의 근을 구하는 프로그램이다. 판별식(D)이 0보다 작을 때, 0일 때, 0보다 클 때, 각각 근을 구하도록 구성하였다. 주지하다시피 D<0이면 실수 근은 존재하지 않는다.

```
clear all
mata:
real rowvector quadratic(real scalar a,
                         real scalar b,
                         real scalar c)
{
   real scalar    D
   real rowvector r

   D=b^2-4*a*c

   if (D<0) printf("There is no real root.")
   else if (D==0) return(-b/(2*a))
   else {
    r=(-b-sqrt(D), -b+sqrt(D))/(2*a)
    return(r)
   }
}
end
```

이 프로그램에서 눈여겨볼 것은 첫째, 결과물이 실수 행 벡터여야 한다는 사실이다. 둘째, 전달 인자는 실수 스칼라여야 한다는 것이다. 셋째, 프로그램에서 사용하는 변수는 실수 스칼라나 실수 행 벡터여야 한다는 사실이다. 넷째, D>0일 때와 D==0일 때는 return 명령어가 있지만, D<0일 때는 return 명령어가 없다는 점이다. 첫째 제약부터 셋째 제약까지에 별문제가 있는 것 같지 않다. 그러나 넷째 제약과 관련하여 프로그램이 어쩐지 부정합하다. 그리고 이 부정합성이 오류를 낳을 것 같다. 확인해 보자.

```
: quadratic(1,-3,2)
        1   2
   1 │  1   2 │

: quadratic(1,2,1)
  -1
```

```
: quadratic(1,3,3)
There is no real root.
        quadratic():   3202   <tmp>[0,0] found where rowvector required
        <istmt>:      -  function returned error
(0 lines skipped)
```

두 개의 근과 중근을 구하는 첫 번째와 두 번째 명령은 각각 정상적이고 올바른 결과를 출력하였지만, 마지막 명령을 수행하면서 문제가 생겼다. quadratic(1, 3, 3) 이라는 명령에 오류 메시지가 등장하였다. 오류 메시지를 읽어 보면, 행 벡터가 출력되어야 할 곳에 이 벡터가 존재하지 않는 것이 문제라는 것이다. 아니나 다를까, D<0일 때 행 벡터를 출력하는 return() 명령어가 존재하지 않는다. 오류를 해결하려면 다음과 같이 return() 명령어를 추가해야 한다. 이처럼 변수 유형을 설정하면 프로그램의 오류를 비교적 쉽게 찾을 수 있다.

```
clear all
mata:
real rowvector quadratic(real scalar a,
                         real scalar b,
                         real scalar c)
{
   real scalar D, r1, r2
   real rowvector r
   D=b^2-4*a*c

   if      (D<0)   return(.,.)           // new
   else if (D==0) return(-b/(2*a))
   else
   {
    r1=(-b-sqrt(D))/(2*a)
    r2=(-b+sqrt(D))/(2*a)
    r=(r1,r2)
    return(r)
   }
}
end
```

그런데 위의 프로그램은 어쩐지 이상하다. D<0이면, 실수 해가 없다. 그러나 D<0이면, 허수 해가 존재하는 것이 아닌가? 허수 해를 다루는 문제는 조금 뒤에 해결할 것이다. 그 전에 변수 유형의 종류를 살펴보자.

3. 40가지 변수 유형

변수 유형은 아래 표의 A 열에서 하나를 선택하고 B 열에서 하나를 선택하여 구성한다. A 열에서 추출한 용어는 요소 유형(element type; eltype)을 가리킨다. 이 유형은 벡터나 행렬의 요소가 실수, 복소수, 문자, 포인터, 구조체나 집합체 중에 무엇인지를 구분한다. B 열에서 추출한 용어는 조직 유형(organization type; orgtype)을 가리킨다. 이 유형은 앞의 요소, 즉 실수나 복소수, 문자 등이 어떻게 조직되어 있는지를 구분한다. 요소가 행렬이나 벡터로 조직되었는지, 행 벡터나 열 벡터, 스칼라로 조직되었는지를 구분한다. 변수 유형은 요소 유형과 조직 유형의 결합이다. 요소 유형은 8개고, 조직 유형은 5개이므로, 이 둘을 결합한 변수 유형은 모두 40개다.

A(요소 유형)	B(조직 유형)
real	matrix
complex	vector
string	rowvector
pointer	colvector
struct *name*	scalar
class *name*	
numeric	
transmorphic	

이 두 유형을 결합한 변수 유형은, 예컨대

transmorphic	matrix
real	scalar
complex	vector
numeric	colvector

```
pointer          vector
struct mystruct  scalar
class myclass    scalar
```

등으로 표현할 수 있다.

　요소 유형과 조직 유형 가운데서 먼저, 조직 유형을 알아보자. 조직 유형은 다섯 개다.

orgtype	의미
matrix	r×c
vector	r×1, 1×c
rowvector	r×1
colvector	1×c
scalar	1×1

주) 여기서 r,c≥0이다. 만일 r이나 c가 0이라면 행렬이나 벡터 등은 null 행렬, null 벡터라고 부른다.

　여기서 행렬(matrix)을 제외한 조직 유형은 모두 다른 유형의 하위 범주다. 예컨대 스칼라는 벡터나 행 벡터, 열 벡터의 특별한 경우이고, 벡터는 행렬의 특별한 경우다. 스칼라도 행렬의 특별한 경우다. 스칼라는 1×1 행렬이다. 만일 특정 함수가 특정 자리에 스칼라를 요구한다면, 그 자리에 1×1 행렬을 제공할 수 있다. 동일 논리로 특정 함수가 행렬을 요구한다면, 그 자리에 스칼라를 집어넣을 수도 있다.

　요소 유형은 다음과 같은 여덟 개이다.

elttype	의미
real	실수
complex	복소수
string	문자(ASCII, Unicode, binary)
pointer	다른 변수의 주소 지시자
struct name	구조체 객체
class name	클래스 객체
numeric	실수나 복소수
transmorphic	위의 모든 것

첫 여섯 개의 요소 유형은 서로 배타적이다. 실수와 문자는 명백히 서로 다르다 (실수와 복소수의 구분만 다소 불분명하다). 마지막 두 개의 요소 유형은 가장 느슨하고 가장 넓은 범위의 유형이다. numeric은 실수와 복소수를 포함한다. 결과물 유형이 numeric이면 실수나 복소수를 모두 반환할 수 있고, numeric 전달 인자를 요구하는 함수는 그 전달 인자로 실수나 복소수를 모두 받아들인다. transmorphic은 아무런 제약도 받지 않고, 그 어떤 유형도 수용하는 유형이다. 다시 말해, transmorphic이라고 선언된 변수는 프로그램의 한 부분에서 real로 간주할 수 있고, 다른 부분에서는 complex로, 또 다른 부분에서는 string으로 간주할 수 있다.[41]

요소 유형과 조직 유형은 무엇을 의미하는가? 사용 예를 살펴보고 그 의미를 이해해 보자.

```
real rowvector quadratic2(real scalar a,
                          real scalar b,
                          real scalar c)
{
    real scalar      D
    real rowvector r

    D=b^2-4*a*c
    r=((-b-sqrt(D))/(2*a),  (-b+sqrt(D))/(2*a))
    return(r)
}
```

결과물 유형(return_type)을 규정하는 real rowvector는 이 함수가 반환하는 결과물이 '실수'여야 하고 '행 벡터'여야 한다는 의미를 띤다. 만일 함수를 실행하여 얻은 결과물이 실수가 아니라면 함수는 오류 메시지를 낼 것이고, 만일 결과물이 행 벡터가 아니고 열 벡터이거나 행렬이라면 그때도 함수는 오류 메시지를 발신할 것이다. 단, 결과물이 스칼라라면 함수는 이를 오류라고 간주하지 않을 것이다. 예컨대, 결과물이 r=(-b-sqrt(D))/(2*a)라고 해도, 즉 근이 하나라 해도, 함수는 별 까탈을 부리지

---

41) 그러나 보통 transmorphic을 이런 용도로 활용하지 않는다. 그런 사용법은 오류를 내기 쉬울 뿐이다. transmorphic의 효과적 사용법은 추후에 다시 논의할 것이다.

않을 것이다. 왜냐하면 스칼라(1×1)는 행 벡터(r×1)의 하위 범주이기 때문이다. 위 함수가 반환하는 결과물(r)은 행 벡터다. 그러므로 결과물이 스칼라라고 해도 함수는 오류 메시지를 내보내지 않을 것이다.

이 함수에서는 세 개의 전달 인자를 입력해야 하는데, 이는 모두 '실수 스칼라'여 야 한다. 만일 사용자가 전달 인자에 실수 행렬이나 복소수 열벡터를 입력하면 함수 는 오류 메시지를 낼 것이다. 위 함수를 실행할 때 quadratic(1, 3, 2)이라고 하면 함 수가 지정한 조건을 충족하여 함수는 무난히 수행될 것이다. 그러나 quadratic(1, 3) 이라고 해도(즉, 두 개의 전달 인자만 입력해도) 오류가 날 것이고, quadratic(1, 2-3i, 3)이라고 해도(전달 인자에 다른 조직 유형을 입력해도) 함수는 오류 메시지를 낼 것이다.

변수 유형과 관련하여 한 가지 예를 더 들어보자. 지금까지 우리는 D<0일 때는 해가 존재하지 않는다고 가정하였다. 그러나 D<0일 때도 해는 존재한다. 허수의 해 가 존재한다. 허수 해까지 고려하면, 앞의 quadratic() 함수는 어떻게 조정해야 할까?

```
clear all
mata:
numeric rowvector quadratic3(real scalar a,
                            real scalar b,
                            real scalar c)
{
  real scalar        D
  complex scalar     CD
  numeric rowvector r

  D=b^2-4*a*c
  CD=C(D)
  r=(-b-sqrt(CD), -b+sqrt(CD))/(2*a)
  return(r)
}
end
```

함수의 머리와 본체 부분에서 결과물의 유형을 설정할 때, 요소 유형을 numeric으 로 한다. 왜냐하면, 해가 실수일 수도, 복소수일 수도 있기 때문이다. 해 r을 구할 때 사용한 C() 함수는 실수를 복소수로 전환한다. D=-7일 때, C(D)는 이를 -7+0i로 전환한다. 그리하여 sqrt(C(D))가 -7의 허수 제곱근을 구하는 것을 허용한다. C() 함수에 대해서는 help mata C()로 알아보라. 그리고 C() 함수를 사용하지 않고, 그냥 sqrt(D)라고 입력했을 때 어떤 결과가 나타나는지도 확인해 보라. 함수의 나머지 부분은 기호만 바뀌었을 뿐이지, 이전에 살펴보았던 함수(quadratic())와 별로 다를 게 없다.

이렇게 바꾼 quadratic3() 함수로 우리는 D>0일 때나 D=0일 때는 말할 것도 없고, D<0일 때도 해를 구할 수 있을까? 확인해 보자.

```
mata: quadratic3(1, -3, 0)
          1    2
     ┌──────────────┐
  1  │   0     3    │
     └──────────────┘


mata: quadratic3(1, -3, 2)
          1    2
     ┌──────────────┐
  1  │   1     2    │
     └──────────────┘


mata: quadratic3(1, -3, 3)
                    1                      2
     ┌──────────────────────────────────────────────┐
  1  │   1.5 - .866025404i    1.5 + .866025404i      │
     └──────────────────────────────────────────────┘
```

다른 한편, 이러저러한 변수 유형과 관련하여 한 가지 중요한 점을 언급하자. 요소 유형이 포인터일 때 변수 유형을 설정하는 방법은 다른 요소 유형일 때 변수 유형을 설정하는 방법과 조금 다르다. 요소 유형이 포인터일 때는 아래와 같이 p를 지정할 수 있다.

```
pointer scalar p
pointer vector p
pointer matrix p
```

그러나 이런 선언은 p가 가리키는 것, 즉 p의 내용물(*p)을 밝히지 않는다는 점에서 불완전하다. 우리가 프로그램을 만들 때 주소(p)와 주소에 담긴 내용물(*p)은 별개의 변수인 것처럼 생각하는 것이 바람직하다. 그런데 위의 선언은 주소(p)만 말할 뿐 p의 내용물(*p)을 언급하지 않는다. 실제의 프로그램에서는 주소(p)의 변수 유형뿐만 아니라 내용물(*p)의 변수 유형도 지정하는 것이 바람직하다. 내용물(*p)의 변수 유형은 괄호 안에 지정할 수 있다. 만일 p가 주소를 나타내는 스칼라이고, *p가 실수 행렬이라면

```
pointer(real matrix) scalar p
```

라고 표기하는 것이 좋다. 이런 표기의 실제 예는 조금 뒤에서 구조체를 말하면서 보일 것이다.

4. 기본값 초기화

다음 함수를 보자.

```
clear all
mata:
function foo() {
    real scalar bar
    return(bar)
}
```

이 함수는 변수 bar를 특정 값으로 초기화하지 않아 일종의 버그를 내포한다. 이 함수는 bar를 특정 값으로 초기화하지 않았으므로 기본값으로 초기화한다. 실수 스칼라의 기본값은 결측값(.)이다. 그러므로 foo() 함수를 실행하면 함수는 결국 결측값(.)을 반환한다.

```
        : foo()
        .
```

Mata는 실수 스칼라로 선언한 변수("real scalar bar")를 기본값으로 초기화한다. 그
렇다면 기본값은 무엇인가? Mata는 어떤 값으로도 초기화하지 않은 스칼라의 기본
값을 결측값(.)으로 부여한다. 문자(string)의 기본값은 빈칸("")이고, 포인터의 기본
값은 NULL이다. 아무 주소도 가리키고 있지 않다는 말이다. 벡터와 행렬의 기본값
은 null로 초기화한다. null의 의미는 벡터나 행렬의 차원이 0이라는 말이다. 행 벡터
면 1×0이고, 열벡터는 0×1, 행렬은 0×0으로 초기화한다는 말이다(구조체나 클래스
에서 소속 변수(member variable)의 기본값도 위와 같다. 소속 변수가 스칼라면 결측
값(.)이고, 벡터면 1×0이나 0×1, 행렬이면 0×0이다).

```
scalar          .
string          ""
pointer         NULL
matrix          null(0×0)
row vector      null(1×0)
column vector   null(0×1)
```

5. 요소 유형과 조직 유형의 초기화

사용자가 요소 유형을 설정하지 않으면 Mata는 이 유형을 transmorphic으로 초기
화한다. 사용자가 조직 유형을 설정하지 않으면 Mata는 이 유형을 matrix로 초기화
한다. 그러므로 사용자가 변수 유형을 설정하지 않을 때, Mata는 변수 유형을
transmorphic matrix로 설정한다. 변수 유형의 기본값이 transmorphic matrix라는 말
이다. 예를 들어보자. 사용자가 변수 유형을 앞과 같이 지정하면 Mata는 뒤와 같이
이해한다.

```
transmorphic  -> transmorphic matrix
real          -> real matrix
```

```
colvector      -> transmorphic colvector
matrix         -> transmorphic matrix
```

유형 지정과 관련하여 다음 함수를 보자.

```
mata:
function foo(string a, string b, string c)
{
    colvector bar
    bar=(a\b\c)
    return(bar)
}
end
```

위 함수는 매우 기형적이다. 이 함수가 이상하게 보이는 이유는 첫째, 결과물의 요소 유형과 조직 유형을 선언하지 않았기 때문이다. 둘째, 전달 인자는 요소 유형만 제시하였기 때문이다. 셋째, 변수 선언부에서 **bar** 변수를 선언할 때는 조직 유형만 제시하였기 때문이다. 그런데도 이 함수를 실행하면 정상적 결과를 얻는다.

```
: foo("A", "B", "C")
        1
  1 │  A
  2 │  B
  3 │  C
```

어떻게 이런 결과를 얻는 것이 가능하였는가? 조직 유형과 요소 유형의 기본값 때문이다. 앞에서 말한 바와 같이, 사용자가 요소 유형에 아무런 제약을 가하지 않으면 Mata는 기본값, 즉 transmorphic을 배당한다. 사용자가 조직 유형에 아무런 제약을 주지 않으면 Mata는 기본값, 즉 **matrix**를 부여한다. 위 함수에서 사용자는 결과물 유형에 아무런 제약도 붙이지 않았다. 그러므로 Mata는 transmorphic matrix를 기본값으로 부여한다. 전달 인자는 어떠한가? 위 함수에서 사용자는 전달 인자에 요소 유형만 기입하였을 뿐, 즉 **string**만 기입하였을 뿐, 조직 유형은 제시하지 않았다. 그러므로 Mata는 조직 유형의 기본값, matrix를 부여한다. 다른 한편 사용자는 선언부의 변수 설정에서 조직 유형만 입력하였을 뿐, 즉 colvector만 입력하였을 뿐, 요소 유형은 입력하지 않았다. 그러므로 Mata는 요소 유형의 기본값, transmorphic을 입력한다. 이런 기본값을 채워 넣으면 위 함수는 아래와 같이 고쳐 읽을 수 있게 된다.

```
mata:
transmorphic matrix foo(string matrix a,
                        string matrix b,
                        string matrix c)
{
    transmorphic colvector bar
    bar=(a\b\c)
    return(bar)
}
end
```

이런 변수 유형으로 앞에서 제시한 결과를 얻을 수 있다는 것은 쉽게 알 수 있다. 선언한 결과물 유형은 transmoprhic matrix인데, 이는 실제의 결과물 유형인 string colvector를 포함하고, 함수에서 선언한 전달 인자 유형은 string matrix인데, 이 유형은 실제의 전달 인자 유형인 string scalar를 포함한다. 변수 선언에서 bar의 유형은 transmorphic colvector인데, 이 유형은 실제 변수 유형인 string colvector를 포함한다. 그러므로 별다른 문제없이 결과를 얻을 수 있다.

이렇게 함수에서 요소 유형을 누락하거나 조직 유형을 뺄 수도 있다. 아예 변수 유형 전체를 지정하지 않을 수도 있다. 그러나 이런 방식의 프로그래밍이 매력적인 것은 아니다. 이런 방식의 프로그래밍은 어떤 결과든, 결과를 얻을 가능성이 클지 모르나 오류 가능성을 줄이지 못한다. 오류를 줄이려면 요소 유형이나 조직 유형을 구체적으로 지정해야 한다.

6. 결과물의 유형

함수가 산출하는 결과물의 유형은 모두 40가지이다. 함수는 이 40가지 유형의 어떤 결과물도 반환할 수 있다. transmorphic matrix도 이 많은 유형의 하나다. 그러나 transmorphic matrix를 반환하는 함수는 꼭 transmorphic matrix라는 결과만 반환할 필요는 없다. 이 함수는 하위 범주의 변수 유형을 반환할 수도 있다. 즉 이 함수는 때로 real scalar를 반환할 수 있고, 다른 때는 string vector를 반환할 수 있다.

```
mata:
transmorphic matrix euler(numeric scalar a, real scalar b)
{
    return(exp(a*b))
}
end
```

위 함수는 결과물이 transmorphic matrix가 될 것을 요구한다. 그러나 이 함수는 그 결과물이 행렬이 되어야 한다고 지정하지만, 스칼라를 반환하는 것도 허용한다. 스칼라도 행렬의 일종이기 때문이다. 어쨌든 위 함수는 행렬이 아니라 실수 스칼라나 복소수 스칼라도 반환한다.

```
: euler(1i, pi())
  -1

: euler(1-4i, pi())
  23.1406926
```

다른 한편, 함수가 꼭 결과물을 반환해야 하는 것은 아니다. 함수는 void를 반환할 수도 있다. void는 아무것도 반환(return)하지 않는다는 뜻이다. 결국, 함수는 아무것도 반환하지 않을 수도 있다.

```
void fcnname(arguments) {
    declarations
```

```
      program  body
    }
```

예를 들어보자.

```
    mata:
    void  pvalue()  {
       real  scalar  df,  t
       df=2;  t=3.185
       printf("pvalue=%f  when  df=%f  and  t=%f",  ///
           ttail(df,  t),  df,  t)
    }
    end
```

이 함수는 (이미 파악한) 자유도와 t 값으로 p 값을 구하는 프로그램이다.

```
    : pvalue()
    pvalue=.043022793 when df=2 and t=3.185
```

이 함수를 달리 생각해 보자. 어떤 함수든 return으로 그 함수를 종료할 수 있다.
그러나 void 함수는 return으로 특정 결과를 반환하지 않고 함수를 종료한다. 요컨대
void 함수는 return을 입력해도 좋지만, 입력하지 않아도 된다.

```
    mata:
    void  pvalue()  {
       real  scalar  df,  t
       df=2;  t=3.185
       printf("pvalue=%f  when  df=%f  and  t=%f",  ///
           ttail(df,  t),  df,  t)
       return                                  //<--new
    }
    end
```

7. transmorphic의 적정 사용

앞에서 우리는 transmorphic을 남용하는 것은 그다지 바람직스럽지 않다고 말하였다. 그러나 transmorphic을 사용하는 것이 편리할 때도 있다. 몇 가지 경우를 생각해 보자.

1) 한 경우에는 결과를 반환하지 않고 다른 경우에는 특정 결과를 반환할 때

transmorphic은 어떤 요소 유형도 포함한다. 그러므로 void도 포함한다. 이런 성질을 활용하여, 한 경우에는 void를 사용하고(특정 결과를 반환하지 않고), 다른 경우에는 특정 결과를 반환할 수도 있다. 예를 들어보자. 앞에서 우리는 이차 방정식의 근을 구하는 quadratic 함수를 논의하였다. 앞에서는 D<0일 때나 D≥0일 때를 구분하지 않고 모두 근을 반환하였다. D≥0일 때는 실수 근을, D<0일 때는 결측값(.)을 반환하였다. 그러나 우리가 알다시피, D<0일 때는 실수 근이 없다. 이렇게 실수 근이 없을 때는 결측값을 반환할 것이 아니라 아무것도 반환하지 않아야 한다. 즉 D<0일 때는 아무것도 반환하지 않고, D≥0일 때는 실수 근을 반환하여야 한다. 이를 어떻게 처리할 것인가? transmorphic을 사용해 보자.

```
clear all
mata:
function quadratic4(real scalar a,
                    real scalar b,
                    real scalar c)          //<-- modified
{
   real scalar D, r1, r2
   real rowvector r
   D=b^2-4*a*c

   if      (D<0)  return                    //<--modified
   else if (D==0) return(-b/(2*a))
   else
```

```
        {
            r1=(-b-sqrt(D))/(2*a)
            r2=(-b+sqrt(D))/(2*a)
            r=(r1,r2)
            return(r)
        }
    }
end
```

이 quadratic4() 함수는 앞의 quadratic() 함수를 어떻게 수정하였는가? 먼저 결과물
유형(return type)을 real rowvector에서 그냥 function으로 바꾸었다. 이는 결과물 유
형을 transmorphic matrix라고 선언한 것과 같다. 기본값이 그러하기 때문이다. 둘째,
if D<0 return(.)을 if D<0 return으로 바꾸었다. 결측값(.)을 반환하던 함수를 아무것
도 반환하지 않는 함수로 바꾸었다. 아무것도 반환하지 않는다는 것을 무엇을 의미
할까? D<0일 때 결과물의 유형을 확인해 보자. 그리고 eltype()과 orgtype() 함수로
이 결과물의 요소 유형과 조직 유형을 알아볼 수 있다.

```
        : x=quadratic4(1, 3, 3)
        : eltype(x)
          real
        : orgtype(x)
          matrix
```

D<0일 때 아무것도 반환하지 않았는데, 그 결과물의 요소 유형은 real이고 조직
유형은 matrix다. 이로 미루어 보건대, 아무것도 반환하지 않았다는 말은 0×0을 반
환하였다는 말과 같다.[42]

---

[42] 이 예제는 다소 억지를 부린 것이다. 이 경우에는 변수 유형을 transmorphic matrix으로 설정하는 것이 그렇게
바람직스럽지 않다. 이 예제는 다음과 같이 수정하는 게 더 간결하다.

```
clear all
mata:
real matrix quadratic5(···)     // modified
{
  ......
  if (D<0) return
  ......
```

어쨌든 이 함수를 실행한 결과는 다음과 같다. D<0일 때, 아무것도 반환하지 않았음을 주의하라.

```
: quadratic4(1, 2, 2)


: quadratic4(1, 2, 0)
                1       2
     1    -2       0


: quadratic4(1, 2, 1)
  -1
```

2) 오버로드 함수

함수의 결과물이 그런 것이 아니라, 함수의 전달 인자가 한 경우에는 특정 유형이고 다른 경우에는 이와 다른 또 하나의 유형일 때, 그 전달 인자를 transmorphic으로 설정할 수 있다. 그리고 그런 전달 인자를 허용하는 함수를 오버로드 함수(overloaded function)라고 한다.[43]

아래의 프로그램은 전달 인자가 실수 벡터일 때는, 예컨대 개별 상품의 요금 벡터일 때는, 이 벡터의 요소를 모두 합하여 반환하고, 전달 인자가 문자열일 때는 기본 요금 5달러를 출력하는 함수다. 한 경우에는 실수 벡터를 전달하고 다른 경우에는 문자 스칼라를 전달하므로 함수의 전달 인자 유형은 transmorphic으로 설정하였다.

```
    }
    end
```

결과물의 유형을 transmorphic matrix로 하면 void 함수도 포함하기 때문에 return 명령어를 사용할 수 있다. 그렇다면 결과물 유형을 real matrix로 하면 어떻게 return 명령어를 쓸 수 있는가? 결과물 유형을 matrix로 하면 결과물은 r×c가 되어야 하고, D<0일 때 결과물은 0×0이 되어야 한다. 1×0이나 0×1은 벡터이므로 어떤 것을 반환하는 것이다. 그러나 0×0은 아무것도 반환하지 않은 것과 같다. 그러므로 return(.) 대신 return을 사용할 수 있다.

43) 오버로드(overload)는 흔히 '중복 정의'라고 번역한다. 중복 정의란 동일한 이름의 함수에 입력/출력값의 지정을 다르게 하는 방법이다. 예를 들어 void create(int a)와 void create(double b)는 이름은 같지만 서로 다른 함수다. 사용자가 create 함수에 int형의 값을 넘기면 하나의 서브루틴이 작동하고, double형의 값을 넘기면 다른 서브루틴이 작동한다.

```
clear all
mata:
real scalar foo(transmorphic x)
{
 if (eltype(x)=="real")    return(foo1(x))
 else if (eltype(x)=="string") return(foo2(x))
 _error("real or string required")
}

real scalar foo1(real vector v)
{
 real scalar S
 S=sum(v)
 printf("Total rate(dollars): ")
 return(S)
}

real scalar foo2(string scalar s)
{
 real scalar S
 S=5
 printf("Basic rate(dollars): ")
 return(S)
}
end

: A=(10, 25, 34, 16, 15)
: b="basic"
: foo(A)
Total rate(dollars):    100

: foo(b)
Basic rate(dollars):    5
```

위 예제에 포함된 error()와 _error()의 차이점은 명령 창에 help mata error를 입력해 보라. 그리고 _error() 앞에 else를 쓰지 않아도 무방하다는 점에도 주목하라.

앞의 예제에서 전달 인자를 둘 이상으로 확장할 수 있다. 앞의 프로그램에서 전달 인자가 실수 벡터인 경우만 전달 인자가 둘이라고 가정해 보자. 예컨대, 앞의 프로그램은 실제 요금을 계산하는 함수라고 가정하고, 지금 작성하는 이 프로그램은 부가가치세를 포함한 요금을 계산하는 함수라고 가정해 보자(현재 부가가치세는 10%이지만 가변적인 것이라고 가정해 보자. 그렇다면 부가가치세를 함수의 전달 인자로 따로 설정할 수 있다). 그리고 전달 인자가 문자열일 때는 전달 인자가 그대로 하나라고 가정해 보자. 이렇게 가정하면, 앞의 함수를 다음과 같이 수정할 수 있다.

```
clear all
mata:
real scalar foo(transmorphic one, | transmorphic two)    // modified
{
  if (eltype(one)=="real") {                             // new
   if (args()!=2) _error(3001)                           // new
      return(foo1(one, two))                             // modified
  }
  if (eltype(one)=="string") {                           // new
   if (args()!=1) _error(3001)                           // new
     return(foo2(one))
  }
  _error("real or string required")
}

real scalar foo1(real vector v, real scalar k)           // modified
{
  real scalar S
  S=sum(v)*k                                             // modified
  printf("Weighted rate(dollars): ")
  return(S)
}

real scalar foo2(string scalar s)
{
  real scalar S
  S=5
  printf("Basic rate(dollars): ")
  return(S)
}
end
```

```
: A=(10, 25, 34, 16, 15)
: foo(A, 1.1)
Weighted rate(dollars):    110
: foo("b")
Basic rate(dollars):    5
```

여기에서 사용한 args() 함수는 전달 인자의 수를 세는 함수다. 그 사용법은 Stata
나 Mata 프롬프트에서 help mata args()라고 입력해 보라. 위 함수의 전달 인자에서
세로 막대("|") 기호(이 기호는 or를 뜻하는 논리 연산자다)를 삽입한 까닭은 한 서브
루틴(foo1)에서 두 개의 전달 인자를 쓰지만, 다른 서브루틴(foo2)에서는 하나의 전
달 인자를 사용하기 때문이다. 결국, 세로 막대("|")는 전달 인자가 하나나 둘이라는
의미를 나타낸다.

8. mata strict

Mata는 사용자가 변수를 명시적으로 선언할 것을 요구할 수 있다. 그리하여 문제
가 될 법한 구성체(construct)에 미리 주목하여 이것이 실책으로 이어지는 것을 막거
나, 구성체를 명확하게 정의하지 않아 프로그램이 의도치 않은 방향으로 흐르는 것
을 막는다.

그런데 Mata는 어떤 방법으로 사용자를 강제할까? Mata는 strict 선택지를 켬(on)
으로써 사용자가 변수를 명시적으로 선언하도록 강제할 수 있다. 예를 들어보자.

```
mata:
real matrix quadraticroots(real scalar a,
                           real scalar b,
                           real scalar c)
{
  D=b^2-4*a*c
  return((-b-sqrt(D), -b+sqrt(D))/(2*a))
}
end
```

위 프로그램에서 사용자는 D를 미리 선언하지 않았다. 그런데도 Mata는 이를 컴파일한다. strict 환경을 켜지 않았기 때문이다. 그러나 반복하지만, 이런 방식의 프로그램은 바람직하지 않다. 사용자는 프로그램의 어떤 요소도 미리 명시하는 게 좋다. 말하자면 엄격한 문장이나 엄밀한 논리를 펼치는 게 더 낫다. strict 환경을 켠 상태에서는 Mata는 위와 같은 프로그램을 허용하지 않는다. 엄격하고 엄밀한 프로그램이 필요하다. 먼저 strict 환경을 켜는 방법부터 알아보자. Stata 프롬프트에서

```
. set matastrict on
```

이라고 명령하거나, Mata 프롬프트에서

```
: mata set matastrict on
```

이라고 입력한다. 이를 끌 때는 on 대신 off를 쓰면 된다. strict 환경의 기본값은 꺼짐(off)이다. 다시 말해 아무런 조치를 하지 않으면 strict 환경은 꺼진 상태를 유지한다. 어쨌든 strict 환경을 켜면, Mata는 앞에서 제시한 프로그램을 컴파일하지 않는다. 그 대신 다음과 같은 오류 메시지를 낸다. D를 선언하지 않았기 때문에 프로그램 실행을 끝낸다는 것이다.

```
clear all
set matastrict on                          // new

mata:
real matrix quadraticroots(real scalar a,
                           real scalar b,
                           real scalar c)
{
    D=b^2-4*a*c
    return((-b-sqrt(D), -b+sqrt(D))/(2*a))
}
end
```

```
variable D undeclared
(0 lines skipped)
```

이 프로그램을 정상적으로 실행하려면 (함수 본체에서 사용할 변수) D를 함수 본
체 첫머리에서 미리 선언해야 한다. 사용자는 이렇게 엄밀한 문장을 써야 한다.

```
clear all
mata:
mata set matastrict on                              // new

real matrix quadraticroots(real scalar a,
                           real scalar b,
                           real scalar c)
{
  real scalar D                                     //new

  D=b^2-4*a*c
  return((-b-sqrt(D), -b+sqrt(D))/(2*a))
}
end
```

함수에 **matastrict**를 설정하면 추후에 다음과 같은 메시지가 나타날 수 있다.

```
variable _____ undeclared
note: variable_____ may be used before set
note: variable_____ unused
note: argument_____ unused
note: variable_____ set but not used
```

첫째 메시지는 오류이고, 나머지 메시지는 경고다. 첫째 메시지는 프로그램을 중
단하면서 나타날 것이고, 나머지 메시지는 프로그램을 강행하면서 나타난다. 첫째
메시지는 사용자가 변수를 선언하지 않았다는 것을 의미한다. 변수를 적절하게 선언
하면 오류 메시지는 사라진다. 나머지 메시지는 사용자가 변수나 전달 인자를 선언
해 놓고도 실제로는 사용하지 않을 때 나타난다. 예를 들어보자.

```
set matastrict on
mata:
real matrix example(real scalar a, real scalar m)
{
    real scalar x, y
    x=a*3
    y=a*4
    return(x+y)
}
end

note: argument m unused
: example(3, 1)
21

: example(3)
    example():  3001  expected 2 arguments but received 1
      <istmt>:     -  function returned error
```

위와 같은 연습용 함수를 실행하면 "argument m unused"라는 경고 메시지가 출현한다. 그러나 example(3, 1)이라는 명령은 정상적으로 실행한다. 이와 달리, Mata는 example(3)이라는 명령어는 실행하지 않고 종료한다. 오류이기 때문이다.

9. 전달 인자

이 절에서는 전달 인자와 관련하여 몇 가지 비표준적 사용법을 이야기해 보자. 전달 인자는 사용자(user)나 호출자(caller)가 함수에 전달하는 신호다. 함수는 이 신호를 가공하여 결과를 산출한다. 예컨대 원주율을 구하는 다음과 같은 함수 circumference()의 전달 인자는 반지름 r다.

```
clear all
mata:
real scalar circumference(real scalar r) {
    real scalar c
```

```
    c=2*pi()*r
    printf("The circumference of a radius %f circle is " , r)
    return(c)
}
end
```

이 함수의 사용법은 다음과 같이 전달 인자를 구체화하는 것이다. 다시 말해 전달 인자를 특정한 값으로 지정하는 것이다.

```
: circumference(5)
  The circumference of a radius 5 circle is    31.41592654
```

이처럼 전달 인자는 사용자나 호출자가 입력하는 외생적(exogenous) 값이다. 그러나 전달 인자의 사용법이 이에 그치는 것은 아니다. 함수는 다음과 같은 방식으로 전달 인자의 값을 바꿀 수 있다.

```
void foo(X)
{
   X=I(3)
}
```

이 함수의 전달 인자에 구체적인 값을 입력하면, 다음과 같이 전달 인자의 내용이 바뀐다.

```
: X=1
: foo(X)
: X
[symmetric]
       1   2   3
   ┌─────────────────
 1 │  1
 2 │  0   1
 3 │  0   0   1
   └─────────────────
```

이 함수에서 X는 원래 스칼라였는데, 함수를 거치면서 행렬이 되었다. 전달 인자가 바뀐 셈이다. 왜 이런 함수가 필요한 것일까? 두 가지 가능성 때문이다. 첫 번째 가능성은 외생적인 전달 인자는 그대로 두고 함수의 결과물을 새 전달 인자로 삼는 함수를 만들 수 있기 때문이다. 이런 논리는 매우 어렵게 들리지만, 실은 매우 간단하다. Mata의 내장 함수인 eigensystem() 함수로 설명해 보자. 이 함수는 행렬 A의 고유벡터(X)와 고윳값(L)을 구하는 함수다. 그러나 이 함수는 X와 L을 결괏값으로 얻는 것이 아니라 전달 인자 형태로 얻는다.

```
: A=(2,0,-2\1,1,-2\0,0,1)
: X=L=.
: eigensystem(A, X, L)
: X
```

	1	2	3
1	-.707106781	0	.894427191
2	-.707106781	1	0
3	0	0	.447213595

```
: L
```

	1	2	3
1	2	1	1

이보다 더 심하게 전달 인자를 변형하는 함수도 있다. 투입요소를 바꾸어 산출요소로 대체하는 _fcn() 형태의 함수가 바로 그것들이다. 예를 들어보자. 다음 대칭행렬의 역행렬을 구해보자.

```
: A=(2, 2, 1\2,5,1\1,1,2); A
```

```
[symmetric]
```

	1	2	3
1	2		
2	2	5	
3	1	1	2

대칭행렬의 역행렬을 구하는 내장 함수는 invsym()이다.

```
: invsym(A)
[symmetric]
                      1                 2                 3

    1              1
    2    -.3333333333    .3333333333
    3    -.3333333333              0    .6666666667
```

이렇게 내장 함수 invsym()은 전달 인자를 그대로 두고 결괏값을 별도로 산출한
다. 그러나 이와 달리 _invsym()은 전달 인자 그 자체를 결괏값으로 바꾼다.

```
: _invsym(A)
: A
[symmetric]
                      1                 2                 3

    1              1
    2    -.3333333333    .3333333333
    3    -.3333333333              0    .6666666667
```

이처럼 전달 인자를 내생적으로 바꾸는 사용법은 전달 인자의 비표준적 사용방법
이다. 그러나 비표준적 사용법이 이에 그치는 것은 아니다. 다른 비표준적 사용방법
도 존재하는데, 그 대표적 방법은 전달 인자를 가변적으로 만드는 것이다. 다시 말해
함수는 한 경우에는 하나의 전달 인자를 전달하고 다른 경우에는 하나 이상의 전달
인자를 전달할 수 있다. 이런 예는 앞에서도 잠시 말하였지만 중요한 사용법이니만
큼 다시 한번 더 언급해 보자. 별다른 효용성도 없고 설득력도 떨어지는 프로그램이
지만, 개념적 이해를 위해 다음 함수를 살펴보자.

```
mata:
real matrix myweight(real matrix A, | real scalar w)
{
  if (args()==1)  w=2
  r=w*A
```

```
        return(r)
    }
end
```

이 함수의 전달 인자를 주목해 보라. 첫째 전달 인자 뒤에 쉼표(",")를 붙이고 수직 막대("|")를 기입하였다. 그런 다음 둘째 전달 인자를 전달하였다. 앞에서 이미 말하였지만, 이런 기호(쉼표와 수직 막대)는 첫째 전달 인자는 필수 요소이고, 둘째 전달 인자는 선택 요소라는 사실을 의미한다. 다시 말해 이 기호는 둘째 전달 인자는 넣어도 되고 넣지 않아도 무방하다는 의미를 전달한다.

프로그램 본체에 등장하는 if (args()==1) w=2라는 문장은 전달 인자가 하나일 때 w는 2라는 사실을 의미한다. 전달 인자가 둘인 경우, w의 크기는 사용자가 따로 결정할 것이다.

이제 이 함수를 사용해 보자. A라는 행렬이 있고, w라는 스칼라가 있는데, 이 함수는 w*A를 출력한다.

```
: A=(1,2,3\2,3,4\3,4,5)
: myweight(A)
[symmetric]
         1     2     3

  1      2
  2      4     6
  3      6     8    10


: myweight(A, 3)
[symmetric]
         1     2     3

  1      3
  2      6     9
  3      9    12    15
```

실질적인 의미를 띠는 함수를 예로 들어보자. 다음은 테일러 급수(Taylor series)로 자연대수(自然對數, e)의 근삿값을 구하는 함수다(이 방법에 대한 수학적 논의는 <삽화 7-1>을 보라).

```
clear all
mata:
void myexp(real scalar x, | real scalar tol)
{
  real scalar solold, sol, i, ea

  if (args()==1) tol=.05
  solold=0
  sol=1
  i=1
  ea=.

  while (ea>tol) {
    solold=sol
    sol=solold+x^i/factorial(i)
    ea=abs((sol-solold)/sol)*100
    printf("At iteration %f, the approximation is %f\n", ///
          i, sol)
    i=i+1
  }
}
end
```

이 함수에서 전달 인자는 둘이다. 하나는 필수 요소고 다른 하나는 선택 요소다. Mata는 필수 요소와 선택 요소를 쉼표와 수직 막대로 구분한다. 만일 사용자가 전달 인자를 하나만 사용한다면(앞의 전달 인자만 사용한다면) 뒤의 전달 인자는 미리 정한 값을 갖는다. if (args()==1) tol=.05라는 문장은 전달 인자가 하나라면 tol은 .05가 될 것이라는 의미다. 만일 사용자가 뒤의 전달 인자(tol)의 값까지 지정하여 두 개의 전달 인자를 입력하면, 함수는 사용자가 지정한 tol을 쓸 것이다.

위 함수를 조금만 해설해 보자. 먼저 solold, sol, i, ea 등을 초기화한 이후 while 반복문으로 들어간다. 그다음에 우리가 보는 것은 sol=solold+x^i/factorial(i)이라는 문장이다. 이는 sol 값은 solold 값, 즉 1에 $x^i/i!$를 반복해서 더한다는 의미를 띤다. 이는 수식,

$$e^x = \sum_{n=0}^{\infty} \frac{f^{(n)}(0)}{n!} x^n = 1 + x + \frac{x^2}{2!} + \frac{x^3}{3!} + \cdots + \frac{x^n}{n!}$$

을 프로그램 언어로 번역한 것이다(<삽화 7-1> 참조). 반복은 백분율 상대오차(ea)가 종료 기준(tol)보다 클 때만 계속한다. 다시 말하면, 반복은 백분율 상대오차가 종료 기준보다 작아질 때 종료한다.

위 함수가 잘 작동하는지 살펴보자. 먼저 x=1일 때, 즉 $e^1=e$의 값은 얼마인가? 먼저 백분율 근사오차를 미리 정한 값 .05로 삼을 때, 자연대수 e의 값은?

```
: myexp(1)
At iteration 1, the approximation is 2
At iteration 2, the approximation is 2.5
At iteration 3, the approximation is 2.66666667
At iteration 4, the approximation is 2.70833333
At iteration 5, the approximation is 2.71666667
At iteration 6, the approximation is 2.71805556
At iteration 7, the approximation is 2.71825397
```

오차를 1e-8로 하면? 반복은 조금 더 길어지고 자연대수 값은 조금 더 정밀해진다.

```
: myexp(1, 1e-8)
At iteration 1, the approximation is 2
At iteration 2, the approximation is 2.5
At iteration 3, the approximation is 2.66666667
At iteration 4, the approximation is 2.70833333
At iteration 5, the approximation is 2.71666667
At iteration 6, the approximation is 2.71805556
At iteration 7, the approximation is 2.71825397
At iteration 8, the approximation is 2.71827877
At iteration 9, the approximation is 2.71828153
At iteration 10, the approximation is 2.7182818
At iteration 11, the approximation is 2.71828183
At iteration 12, the approximation is 2.71828183
At iteration 13, the approximation is 2.71828183
```

x=2면? 즉, e^2는? 위 함수의 실행 결과는 7.389다.

```
: myexp(2, 1e-8)
At iteration 1, the approximation is 3
At iteration 2, the approximation is 5
At iteration 3, the approximation is 6.33333333
At iteration 4, the approximation is 7
At iteration 5, the approximation is 7.26666667
At iteration 6, the approximation is 7.35555556
At iteration 7, the approximation is 7.38095238
At iteration 8, the approximation is 7.38730159
At iteration 9, the approximation is 7.38871252
At iteration 10, the approximation is 7.38899471
At iteration 11, the approximation is 7.38904602
At iteration 12, the approximation is 7.38905457
At iteration 13, the approximation is 7.38905588
At iteration 14, the approximation is 7.38905607
At iteration 15, the approximation is 7.3890561
At iteration 16, the approximation is 7.3890561
At iteration 17, the approximation is 7.3890561
```

<삽화 7-1> 테일러 급수로 자연대수 e의 근삿값 구하기

컴퓨터로 근삿값을 구하면 근삿값은 필연적으로 오차(error)를 포함한다. 참값을 x라 하고 근삿값을 x'라고 하면 오차는 다음과 같다.

$$\epsilon = x - x'$$

오차의 절댓값이 중요한 것이 아니라 상대적 크기가 중요하므로 이를 참값의 크기로 나누고 100을 곱하면 백분율 단위의 상대오차를 얻을 수 있다.

$$\epsilon_t = \frac{x - x'}{x} \times 100$$

그러나 우리는 보통 참값을 알지 못한다. 그러므로 근사오차를 사용해야 한다. 그리고 상대오차도 직전의 근사오차와 지금의 근사오차를 비교하는 방법을 써야 한다.

$$\epsilon_a = \frac{x'_1 - x'_0}{x'_0} \times 100$$

그리고 이 백분율 상대오차가 미리 정한 특정 허용값(ϵ_s)보다 작을 때까지 계산을 반복해야 한다. 말하자면 이 허용값을 반복 종료 기준(stopping criterion)으로 삼는 셈이다.

$$|\epsilon_a| < \epsilon_s$$

다른 한편, 수학에서 함수는 테일러의 무한급수로 표현할 수 있다. 예컨대 자연대수의 지수함수(e^x)는 다음과 같은 수식으로 바꿀 수 있다.

$$e^x = \sum_{n=0}^{\infty} \frac{f^{(n)}(0)}{n!} x^n = 1 + x + \frac{x^2}{2!} + \frac{x^3}{3!} + \cdots + \frac{x^n}{n!}$$

여기서 $e^1 = e$는 다음과 같은 수식으로 바뀐다.

$$e = 1 + 1 + 1/2 + 1/3! \cdots + 1/n!$$

이 수식에서 첫째 항만 계산에 넣으면 $e = 1$이 되고, 둘째 항까지 포함하면 $e = 2$다. 셋째, 넷째, 다섯째 항까지 포함하면 e는 각각 2.5, 2.667, 2.708이 된다. 그리고 각 항별로 백분율 상대오차는 50, 20, 6.25로 점차 줄어든다(아래 표 참조).

항	e	백분율 상대오차(ϵ_a)(%)
1	1	
2	2	50.00
3	2.5	20.00
4	2.666667	6.25
5	2.708333	1.538462
6	2.716667	.306748
7	2.718056	.051098
8	2.718254	.007299

이 표에서 볼 수 있다시피, 종료기준을 .05로 삼으면 여덟째 항까지 계산하고 반복을 종료한다. 그 결과 $e = 2.718254$다. 종료기준을 더 작게 하면, 예컨대 1e-8로 하면, 본문에서 볼 수 있다시피 훨씬 더 정밀한 결과를 얻을 것이다.

제17장 | Stata와 연결

Mata는 Stata와 구별되는 별개의 언어이지만, 그렇다고 Stata와 완전히 분리된 언어는 아니다. Mata는 Stata와 긴밀하게 서로 얽혀 있다. Mata는 Stata의 데이터, 변수, 매크로 등을 사용할 수 있다. Mata 함수는 Stata의 프로그램과 결합하기도 한다. 흔히 Stata와 Mata는 합당한 기능과 장점에 따라 제구실을 수행하여 나중에 서로 보완한다. Stata와 Mata는 각각 어떤 구실을 수행하는가? Stata는 주로 데이터를 입력하고 결과를 출력하며, 문장을 분해하거나 분석하는 데 사용한다. 즉 Stata는 자료를 관리(data management)하는 데 사용한다. 이와 달리, Mata는 주로 데이터를 연산하는 데 사용한다. 이 장에서는 Stata와 Mata의 연결을 알아보자.

1. Stata의 자료 받아들이기; st_data()와 st_view()

Mata는 서로 다른 두 종류의 함수를 사용하여 Stata의 데이터를 Mata의 처리 대상, 즉 행렬로 바꿀 수 있다. st_data()와 st_view()가 바로 그것들이다. st_data()는 Stata 데이터의 복사본(a copy)을 만들고, st_view()는 Stata 데이터의 뷰(a view)를 만든다.[44] Stata에 다음과 같이 간단한 데이터가 있다고 가정해 보자.

```
. list

     mpg    weight   length

1.    22     2930      186
2.    17     3350      173
3.    22     2640      168
4.    20     3250      196
5.    15     4080      222
```

---

44) Stata에서 뷰(view)는 가상의 데이터(virtual data)다. 예컨대 Stata의 변수 데이터로 이루어진 가상의 행렬(virtual matrices)을 뷰라고 부른다(Baum, 2016: 301). 본문에서도 언급하였지만, 이런 뷰는 몇 가지 특징을 보인다. 첫째, 실제의 데이터보다 메모리를 훨씬 적게 쓴다. 그만큼 효율적이다. 둘째, 실제의 데이터를 바꾸면 뷰가 달라지는 것은 당연하다. 거꾸로 뷰를 수정하면 원래의 데이터도 바뀐다.

Mata에서 이 데이터의 복사본을 만들 수 있다. 복사본을 만드는 내장 함수는 st_data()이다. st_data()에서 첫째 전달 인자에 마침표(".")를 넣으면 모든 사례 (observation)를 포함하라는 이야기고, 둘째 전달 인자에 마침표를 넣으면 모든 변수 (variable)를 포함하라는 말이다.

```
: X=st_data(.,.)
: X
            1       2       3

    1      22    2930     186
    2      17    3350     173
    3      22    2640     168
    4      20    3250     196
    5      15    4080     222
```

이 복사본으로 우리는 우리가 바라는 계산을 할 수 있다. 예컨대 특정한 독립변수 (X)로 어떤 종속변수(y)에 대해 회귀분석을 실시하여 회귀계수($b=(X'X)^{-1}X'y$)를 구할 수 있다. 여기서 중요한 것은 y나 X가 복사본이라는 것이다. 그리하여 우리가 데이터를 고치거나 바꾸어도, 그런 작업은 y나 X를 변형하지 않는다. 거꾸로 y나 X를 바꾸어도 원래의 데이터는 바뀌지 않는다.

함수 st_view()는 Stata에 저장된 데이터에 접근하는 다른 방법을 제공한다.

```
: st_view(V=.,.,.)
: V
            1       2       3

    1      22    2930     186
    2      17    3350     173
    3      22    2640     168
    4      20    3250     196
    5      15    4080     222
```

V의 내용은 앞에서 말한 복사본 X와 동일하다. 그리고 V를 다루는 방법은 X를 다루는 방법과 동일하다. 예컨대 우리는 어떤 y에 대해 $(V'V)^{-1}V'y$를 구할 수 있다. 그러나 V는 X와 다르다. X가 복사본인 데 반하여, V는 뷰라는 점이 다르다. 행렬

V는 Stata의 데이터와 동일하다. 그리하여 V를 수정하면 Stata의 데이터도 바뀐다.

```
: V[1,1]=500
: end
. list
```

	mpg	weight	length
1.	500	2930	186
2.	17	3350	173
3.	22	2640	168
4.	20	3250	196
5.	15	4080	222

이와 비슷하게, Stata의 데이터를 변형하면 V도 바뀐다.

```
. replace mpg=2 in 1
. mata
: V
```

	1	2	3
1	2	2930	186
2	17	3350	173
3	22	2640	168
4	20	3250	196
5	15	4080	222

뷰 V와 복사본 X가 서로 다른 점이 또 하나 있다. 그것은 각자가 소비하는 메모리의 크기가 다르다는 것이다. 뷰는 메모리를 적게 소비하고, 복사본은 메모리를 많이 차지한다. 아래의 표에서 보듯, 뷰는 겨우 32바이트를 소비하는 데 반하여 복사본은 120바이트나 차지한다. 데이터가 별로 크지 않은데도, 복사본이 뷰보다 약 네 배 더 많은 메모리를 소비한다. 데이터의 크기가 크면 클수록 이 차이는 기하급수적으로 벌어진다.

```
: mata describe
```

# bytes	type	name and extent
32	real matrix	V[5,3]
120	real matrix	X[5,3]

우리가 st_data()보다 st_view()를 더 많이 사용하는 것은 이 사실, 즉 st_view()가 메모리를 덜 소비한다는 사실 때문이다. 위 예제처럼 행렬이 작을 때는 st_data()도 큰 문제를 일으키지 않지만, 거대 자료에서 거대 행렬을 추출해서 이를 연산해야 할 때는 st_view()를 사용하지 않을 수 없다.

앞에서 우리는 st_view()로 행렬을 만드는 방법을 다음과 같이 표기하였다.

```
: st_view(V=.,.,.)
```

그런데 왜 그냥 V가 아니고, V=.이라고 표기해야 할까? 다른 함수가 그런 것처럼 st_view() 함수의 전달 인자도 이미 존재해야 하기 때문이다. 즉 V를 미리 초기화해야 하기 때문이다. 이런 표기법이 눈에 거슬리면, 다음과 같이 나누어서 표기해야 한다.[45]

```
: V=.
: st_view(V,.,.)
```

그런데 st_view()에서 눈여겨보아야 할 것은 V=.라는 표기뿐만 아니다. 행렬을 만드는 다음과 같은 방법, 즉 V=st_view(.,.)라고 하지 않고 st_view(V=.,.,.)라고 쓰는 방법도 특이하다. 특이하기는 하지만, 어쨌든 st_view() 함수의 첫째 전달 인자 V는 Mata가 만들어야 할 행렬을 지정한다. 둘째 전달 인자는 포함할 사례(observation)를 나타내고, 셋째 전달 인자는 포함할 변수를 특정한다. 둘째 전달 인자가 "."인 것은 모든 사례를 포함한다는 의미고, 셋째 전달 인자가 "."인 것은 모든 변수를 포함한다는 뜻이다.

그러나 보통 우리는 사례를 모두 사용한다. 그러나 우리는 변수를 모두 사용하지 않는다. 일부 변수만 사용할 뿐이다. 예를 들어, 자동차 자료에서 mpg를 y로 삼고, weight와 foreign을 X로 삼지만, 나머지 변수는 사용하지 않는다. 이럴 때, 즉 몇 개

---

45) 앞으로 보겠지만, eigensystem()과 같은 함수에서도 전달 인자는 미리 존재해야 한다. 그러므로 eigensystem(A, X=.,L=.)과 같이 명령한다. 물론 이도 두 단계로 표시할 수 있다. X=L=.이라고 명령한 뒤에 eigensystem(A, X, L)이라고 명령할 수 있다.

의 변수만 사용할 때 뷰를 만드는 방법은 다음과 같다.

```
. sysuse auto, clear
. mata:
: st_view(y=.,.,"mpg")
: st_view(X=.,.,("weight", "foreign"))
```

이런 경우에 주목해야 할 것은 셋째 전달 인자다. 우리는 ("weight", "foreign")이라고 지정하여 두 변수만 선택하여 행 벡터로 지정하였고, 나머지 변수는 관심 대상에서 제외하였다. 이 셋째 전달 인자를 다른 방식으로 표기할 수도 있다. tokens()라는 내장 함수를 사용하는 방법이다.

```
: st_view(X=.,.,tokens("weight foreign"))
```

여기서 tokens() 함수는 빈칸(space)을 기준으로, 하나의 문자 리터럴("weight foreign")을 ("weight", "foreign")이라는 행 벡터로 전환한다. Stata의 tokenize 명령과 흡사한 기능을 수행한다.

어쨌든 이렇게 변수를 추출한 다음, 그것이 복사본이든 뷰든 상관없이, 위에서 보인 것처럼 그 변수를 사용하여 다음과 같이 행렬을 연산할 수 있다.

```
: b=invsym(X'X)*X'y
```

그러나 위의 연산은 cross()라는 내장 함수를 사용하여 다음과 같은 방식으로 하는 것이 더 낫다. 왜냐하면 cross() 함수는 행렬의 곱을 더 정확하고 더 빠르게 연산할 수 있고 일반적인 행렬 연산보다 더 적은 메모리를 쓰기 때문이다.[46]

```
: b=invsym(cross(X,1,X,1))*cross(X,1,y,0)
: b
```

---

46) cross() 함수의 자세한 활용은 help mata cross()로 알아보라.

```
                 1

1      -.0065878864
2     -1.650029106
3      41.67970233
```

데이터에 결측값이 있으면 Mata는 이를 어떻게 처리하는가? 가장 간단하고 가장
효율적인 방법은 Stata에서 결측값을 제거하고 Mata는 연산만 하는 것이다.

```
. sysuse auto, clear
. gen cons=1
. egen missing=rowmiss(mpg weight foreign)        // note
. drop if missing                                 // note
. mata:
: st_view(y=.,.,"mpg")
: st_view(X=.,.,tokens("weight foreign cons"))
: b=invsym(cross(X,X))*cross(X, y)
: end
```

그러나 st_view() 함수로도 결측값을 다룰 수 있다. st_view() 함수는 넷째 전달 인
자를 선택 사항으로 두어서, 특정 변수를 지정할 수 있다. 이 변수는 결측값과 결측
값이 아닌 사례를 분리한다. 이 변수 이름은 흔히 touse라고 설정한다. 프로그래밍에
서 touse 변수는 분석에 사용할 사례에는 0이 아닌 값을 주고 분석에서 제외할 사례
에는 0을 부여한다. 그리고 이런 touse 변수를 넷째 전달 인자로 지정한다.

```
program myreg
    version 15
    syntax varlist [if][in]
    marksample touse
    tempvar cons
    qui gen `cons'=1
    mata: myreg("`varlist' `cons'", "`touse'")
end

version 15
mata:
```

```
real colvector myreg(string scalar varnames, string scalar touse)
{
    string rowvector vars
    real matrix X
    real colvector y

    vars=tokens(varnames)
    st_view(y=.,.,vars[1], touse)
    st_view(X=.,.,vars[|2\.|], touse)
    b=invsym(cross(X, X))*cross(X, y)
    return(b)
}
end
```

다른 예를 들어서 Stata와 Mata를 연결하는 다른 st_interface 함수를 알아보자. 아래의 centervars.ado는 개별 변수에서 그 변수의 평균값을 뺀 변수를 만드는 프로그램이다. 말하자면 변수를 중심화(centering)하는 프로그램이다.

```
program centervars
    version 15.1
    syntax varlist(numeric), GENerate(string) [DOUBLE]
    marksample touse
    qui count if `touse'
    if r(N)==0 error 2000
    foreach v of local varlist {
      confirm new var `generate'`v'
    }
    foreach v of local varlist {
      qui gen `double' `generate'`v'=.
      local newvars="`newvars' `generate'`v'"
    }
    mata: centerv("`varlist'", "`newvars'", "`touse'")
end

version 15.1
mata:
mata set matastrict on
void centerv(string scalar varnames,
```

```
                string  scalar  newvarnames,
                string  scalar  touse)
    {
        real  matrix  X,  Z
        st_view(X=.,.,tokens(varnames),  touse)
        st_view(Z=.,.,tokens(newvarnames),  touse)
        Z[.,.]=X:-mean(X)
    }
    end
```

위 프로그램은 다소 복잡하므로, 몇 가지 해설해 보자. ① centervars 프로그램의
명령어 구문(syntax)은 다음과 같다.

    centervars *varlist*, GENerate(*string*) double

여기서는 auto.dta 데이터를 사용하여 mpg, weight, foreign 변수를 중심화한다고
한다고 가정해 보자. 그리고 중심화한 변수 이름을 c_mpg, c_weight, c_foreign으로
한다고 가정해 보자. 그러면 명령어는 다음과 같을 것이다.

    . centervars mpg weight foreign, gen(c_) double

여기서 gen(c_)이라는 선택 명령은 c_로 시작하는 새 변수를 만들 것이라는, 즉
c_mpg, c_weight, c_foreign이라는 이름의 새 변수를 만들 것이라는 예고다. 이렇게
이름을 미리 지은 다음에 프로그램 본문에서는 generate c_mpg=… 등의 명령어로
새 변수를 지정할 것이다(qui gen `double' `generate''v'=.). ② 여기서 confirm 명령어
는 새로 만든 변수, 즉 c_mpg 등이 과연 새 변수인지, 즉 기존의 변수와 그 이름이
겹치지는 않는지를 확인한다. 새 변수임이 확실하다면 아무 반응도 보이지 않을 것
이지만, 새 변수가 아니고 기존 이름과 겹친다면 오류 메시지가 나타날 것이다. ③
local newvars "`newvars' `generate''v'"는 재미있는 문법이다. 이 명령의 의미를 풀어
보자. 맨 먼저 local newsvars "`newvars' `generate''v'"의 `newvars'는 빈칸이다. 그러
므로 local newsvars… 명령으로 만들어지는 다음 `newvars'는 `c_mpg'가 된다. 첫 번

째 `generate``v'는 `c_mpg'가 될 것이기 때문이다. 그다음 반복과정에서 `newvars'는
`c_mpg c_weight'다. 다음 반복과정에서 `newvars'는 `c_mpg c_weight c_foreign'가
된다. ④ Stata와 Mata의 centerv() 함수의 전달 인자는 순서대로 변수 이름, 새 변수
이름, touse다. 그러므로 st_view()는 네 개의 전달 인자를 포함한다.

이 프로그램을 centervars.ado라고 이름 붙이고, 이를 C:\ado\personal 폴더에 저장
하자. 이제 이 프로그램을 실행하여, auto 데이터에서 mpg, weight, foreign 변수를
중심화해 보자.

```
. discard
. sysuse auto
. centervars mpg weight foreign, gen(c_) double
```

이제 변수들이 제대로 중심화하였는지 확인해 보자. 다음 결과를 보면 제대로 중
심화하였다는 사실을 확인할 수 있다.

```
. sum mpg weight foreign
```

Variable	Obs	Mean	Std. Dev.	Min	Max
mpg	74	21.2973	5.785503	12	41
weight	74	3019.459	777.1936	1760	4840
foreign	74	.2972973	.4601885	0	1

```
. sum c_mpg c_weight c_foreign
```

Variable	Obs	Mean	Std. Dev.	Min	Max
c_mpg	74	-9.60e-16	5.785503	-9.297297	19.7027
c_weight	74	-1.35e-13	777.1936	-1259.459	1820.541
c_foreign	74	-3.30e-17	.4601885	-.2972973	.7027027

지금까지 우리는 st_view() 함수로 Stata 데이터를 Mata 행렬로 전환하는 방법을
알아보았다. 이 함수와 관련하여 이와 구분되는 두 개의 함수를 언급할 필요가 있다.
st_subview()와 st_sview()가 바로 그것들이다. 후자는 Stata의 문자 벡터를 Mata의 벡
터로 불러들이는 함수고, 전자는 st_view()로 만든 뷰에서 일부 벡터를 추출하는 함
수다. 사람들은 이런 함수를 많이 사용하지 않는다. 그러므로 이의 사용법을 따로 언

급하지 않는다. help mata st_sview()와 help mata st_subview()를 입력하여 도움말을 보라.

```
.  sysuse  auto
.  mata:
:  st_sview(producer=.,.,"make")
:  st_view(allv=.,.,.)
:  st_subview(y=.,  allv,  .,  3)
:  st_subview(X=.,  allv,.,(7,  12))
```

2. putmata

앞에서 보았다시피, *st_data()*와 *st_view()* 함수로 Stata와 Mata를 연결하는 방법은 프로그램을 작성하거나 다룰 때 주로 사용한다. 그러나 대화 모드(interactive mode)에서는 이보다 더 간편한 방법이 있다. 대화 모드에서는 putmata 명령으로 Stata의 변수를 Mata의 벡터나 행렬로 손쉽게 전환할 수 있다. 거꾸로 Mata의 행렬을 Stata로 이동하는 명령은 getmata다. 그러나 여기서는 이 명령어에 대해 따로 논의하지 않는다. help mata getmata로 알아보라. 여기서는 putmata만 알아보자. putmata의 구문(syntax)은 다음과 같다.

putmata *putlist* [*if*][*in*][, replace omitmissing view]

여기서 *putlist*는 다음과 같은 형식으로 표현할 수 있다.

① putmata mpg -> Mata에서 mpg라는 벡터를 만든다.
② putmata mpg weight -> Mata에서 mpg와 weight라는 벡터를 생성한다.
③ putmata * -> Stata의 모든 변수를 Mata의 벡터로 만든다. Mata의 벡터 이름은 Stata의 변수 이름과 벡터 이름과 같다.
④ putmata y=mpg -> Stata의 mpg 변수를 Mata의 y 벡터로 만든다.

⑤ putmata X=(weight foreign) -> Mata에서 X 행렬을 만드는데, 1열은 weight, 2열은 foreign으로 한다.

⑥ putmata y=mpg X=(weight foreign), omitmissing replace view-> Mata에서 벡터와 행렬을 만드는데, Stata의 mpg 변수를 Mata의 y 벡터로 만들고, Stata의 weight와 foreign 변수는 Mata의 X 행렬로 생성한다. omitmissing는 y와 X에서 결측 사례를 제외하라는 선택 명령이다. view는 데이터의 복사본을 만들지 말고 뷰를 만들라는 선택 명령이다. st_view() 함수에서 본 것처럼, 이는 메모리를 절약할 것이다. replace는 Mata의 행렬에 mpg라는 벡터와 weight, foreign이라는 행렬이 이미 존재한다면 이를 대체하라는 선택 명령이다.

이외의 자세한 선택 사항은 help putmata로 알아보라. 지금부터는 putmata를 사용하는 예를 들어보자.

```
. sysuse auto, clear
. gen cons=1
. putmata y=mpg X=(weight foreign cons), omitmissing replace
  (1 vector, 1 matrix posted)

. mata:
: b=invsym(X'X)*X'y
: b
                   1

    1    -.0065878864
    2    -1.650029106
    3     41.67970233

: yhat=X*b        // y estimate
: e=y-yhat        // error
: sum(e)
  6.72173e-12
: sum(yhat)
  1576
: end
```

여기서 주의할 것은 putmata로 만든 벡터나 행렬은 Stata 변수의 복사본(a copy)이라는 사실이다. 계산은 다소 느리지만, 메모리 소비가 적은 뷰(a view)로 만들려면 view라는 선택 명령을 덧붙여야 한다.

```
. putmata y=mpg X=(weight foreign), omitmissing view
```

3. 다른 st_interface 함수

지금까지 우리는 Stata의 객체를 Mata로 옮기는 접속기(interface)로 st_view()나 st_data()를 살펴보았다. 그러나 Stata의 객체를 Mata로 옮기거나 Mata의 객체를 Stata로 옮기는 접속기(interface)는 이외에도 많다. st_local(), st_global(), st_numscalar(), st_matrix() 등이 바로 그것들이다. 이들은 차례로 로컬(지역) 매크로, 글로벌(전역) 매크로, 스칼라, 행렬을 이리저리 옮기는 함수다. 이 절에서는 이들 접속기에 대해 간단하게 살펴보자. 이들 함수의 문법은 비슷하다. 그러므로 st_local() 함수의 구문을 살펴서 다른 함수의 구문도 이해해 보자.

```
st_local(string scalar name)
st_local(string scalar name, string scalar contents)
```

앞 구문, 즉 st_local(*name*)은 Stata의 로컬(지역) 매크로를 Mata의 객체로 전환한다. 뒤의 구문, 즉 st_local(*name*, *contents*)은 거꾸로 Mata의 객체를 Stata의 객체로 바꾼다. 예를 들어보자.

```
. sysuse auto
. local varlist "mpg weight foreign"
. mata
: st_local("varlist")
  mpg weight foreign

: st_local("a", "mpg weight")
: st_local("A", st_local("varlist"))
: end
```

```
. disp "`a'"
mpg weight
```

```
. disp "`A'"
mpg weight foreign
```

이 예문으로 알 수 있는 바는 다음과 같은 세 가지 사실이다. 첫째, Stata에서 varlist라는 매크로를 만든 다음, Mata에서 st_local("varlist")이라고 명령하면, Stata의 매크로를 Mata로 불러들인다.[47] 그렇다고 Mata에서 Stata 매크로를 그대로 쓸 수 있다고 말하는 것은 아니다. Stata와 달리, Mata에는 매크로가 없다. 그러므로 Stata의 매크로를 Mata에서 사용하려면 매크로를 다른 객체로 변환해야 한다. 예컨대

```
: varnames=st_local("varlist")
```

라고 변환한 다음, varnames라는 객체를 사용해야 한다.

둘째, Stata의 매크로를 Mata에서 불러들일 때 매크로에 따옴표("")를 붙이는 까닭은 Stata의 매크로가 설령 숫자를 나타낸다고 해도 Mata는 이를 문자로 인지하기 때문이다. Stata에 다음과 같은 매크로가 있다고 하자.

```
. local theanswer 42
```

이를 Mata의 객체로 만들어 보자.

```
: theanswer=st_local("theanswer")
```

---

47) Mata에서 매크로를 불러들일 때, st_local("`varlist'")이 아니라 st_local("varlist")임에 주목하라. 빠른 이해를 돕기 위해 다른 예를 들어보자.
. local a 3
. mata:
: st_local("a")
  3

이 예에서도 st_local("`a'")이 아니라 st_local("a")이라고 표기하였다.

이렇게 만든 Mata의 theanswer 객체는 문자다. 이를 숫자로 바꾸려면 strtoreal() 함수를 써야 한다.[48]

```
: strtoreal(theanswer)
  42
```

셋째, Mata의 객체를 Stata의 매크로로 변환하려면 st_local(*string scalar name*, *string scalar contents*) 명령을 사용해야 한다. 예컨대 Mata의 mpg weight라는 문자열을 Stata의 a라는 로컬 매크로로 전환하려면, Mata에서 다음과 같은 함수를 사용해야 한다.

```
: st_local("a", "mpg weight")
```

이 함수가 Stata에서 a라는 로컬 매크로를 만들었는가? 확인해 보자.

```
: end
. display "`a'"
  mpg weight
```

지금까지 주로 st_local() 함수를 해설하였다. 다른 st_interface 함수의 구문도 st_local()의 구문과 흡사하다. 그러므로 여기서는 별다른 설명이나 해설 없이 st_global(), st_numscalar(), st_matrix() 함수를 활용하는 간단한 예를 살펴보자. 자세한 구문과 적당한 적용 예는 help mata 명령으로 알아보라.

---

48) 다른 한편, st_numscalar(), st_matrix() 함수는 st_local() 함수와 달리, 문자열로 인지한 스칼라와 행렬을 다시 숫자로 전환한다.

```
. scalar year=2002
: st_numscalar("year")
  2022

: eltype(st_numscalar("year")(
  real
```

```
. global b "hello, world"
. mata:
: st_global("b")
  hello, world

: st_global("B", "good morning")
: end
. disp "$B"
  good morning

. scalar c=2.7
. mata:
: st_numscalar("c")
  2.71
: st_numscalar("C", exp(1))
: end
. disp C
  2.7182818

. matrix M=(1,2\3,4)
. mata:
: st_matrix("M")
        1   2

  1     1   2
  2     3   4


: N=(3,4\5,6)
: st_matrix("M2", N)
: end
. matlist M2
```

	c1	c2
r1	3	4
r2	5	6

제18장 │ 구조체

1. 정의

구조체(structure)는 여러 변수를 한 이름으로 묶어 놓은 변수로, 여러 변수를 다루기 쉽게 고안한 프로그래밍 구성물(a programming construct)이다(Gould, 2018). 구조체는 여러 개의 서브루틴(subroutine)을 포함하는 복잡한 프로그램을 단순화한다. 구조체를 사용하면 복잡한 프로그램을 쉽게 설계하고 쉽게 코딩하며 쉽게 수정할 수 있다(Gould, 2007).

구조체를 사용하려면 먼저 이를 정의해야 한다. 구조체는 struct *structName* 같은 명령어로 사용자가 정의한다. 예를 들어 coord라는 구조체를 만들어 보자.

```
struct coord {
    real scalar x
    real scalar y
}
```

이 정의는 coord 구조체라는 새로운 요소 유형(element type)을 생성한다. 이 요소 유형은 실수(real), 복소수(complex), 문자(string) 등의 유형과 동일 수준의 것이다. 우리가 특정 변수를 요소 유형과 조직 유형의 결합으로 지정하듯, 예컨대 real scalar x, string matrix y 등으로 지정하듯, 특정 구조체는 요소 유형(struct *structName*)과 조직 유형(scalar, vector, matrix 등)의 결합으로 나타낼 수 있다. 예컨대 struct coord scalar s, struct coord vector v, struct coord matrix M 등으로 나타낼 수 있다.

```
struct coord scalar s
struct coord vector v
struct coord matrix M
```

앞에서 정의한 coord 구조체는 x와 y라는 두 개의 소속원(所屬員, member)을 포함하는데, 이 소속원은 모두 소속 변수(member variable)다.[49]

2. 활용

구조체를 정의하면, 프로그램에서 이 구조체를 사용할 수 있다. 구조체를 활용하는 다음 함수를 보자.

```
void distance_from_origin(real scalar a, real scalar b)
{
    struct coord scalar c
    real scalar          d

    c.x=a
    c.y=b
    d=sqrt(c.x^2+c.y^2)
    printf("The return value is %f.\n", d)
}
```

먼저 함수의 머리(head) 부분을 보자. 함수 머리의 void로 판단하건대, 위 함수는 결괏값을 반환하지 않는 프로그램이다. 그리고 전달 인자를 보건대, 이 함수는 두 개의 인자(a와 b)를 전달하거나 받아들인다. 이들은 모두 실수 스칼라다. 이제 함수의 본체(body) 부분을 보자. 이 함수는 본체에서 struct coord scalar c라는 명령어로 구조체 coord의 인스턴스 c를 선언(declaration)한다.[50] 구조체를 활용하려면 인스턴스를 만드는 이 선언은 반드시 필요하다. 이때 이 선언은 struct coord라는 요소 유형도 포함하지만, scalar라는 조직 유형도 포함하고 있음에도 유의해야 한다. 조직 유형

---

49) 뒤에서 보겠지만, 집합체(class)는 소속원으로 소속 함수(member function)도 포함할 수 있다. 이와 달리, 구조체는 소속 변수만 포함한다.

50) 인스턴스(instance)란 개념이나 정의의 한 사례라고 말할 수 있다. 예컨대 1, 2, 3 등의 숫자는 자연수의 인스턴스다. 위의 예에서 보는 coord라는 구조체도 a, b, c 등과 같은 여러 인스턴스로 나타낼 수 있다. 그러므로 본문의 예에서 보는 c는 coord 구조체의 한 사례라고 말할 수 있다. 인스턴스를 사례나 실례 등으로 번역할 수도 있지만, 혼선을 피해 그냥 소리 나는 대로 부르기로 한다.

(scalar)을 지정하지 않으면 오류 신호가 뜬다. 그 이유는 조금 뒤에 알아보기로 하고, 논의를 줄곧 이어가 보자. struct coord scalar c라는 명령어로 c라는 인스턴스를 만드는데, 이 c는 x와 y라는 두 개의 소속 변수를 거느린다. 이 소속 변수는 각각 c.x와 c.y로 나타낸다. coord의 정의에서 우리가 미리 선언했던 것처럼, 이 두 소속 변수는 모두 실수 스칼라이다. 위에서 언급한 distance_from_origin() 함수에서는 이렇게 만든 c.x와 c.y라는 두 변수에 각각 실수 스칼라인 전달 인자 a와 b를 부여한다. 그런 다음, 이들 소속 변수를 특정 방식으로 연산하여 d를 만든다(d도 실수 스칼라다). 그리고 이 d를 화면에 출력한다.

구조체를 활용한 이런 함수는 제대로 작동하는가? 구조체의 정의부터 시작하여 거리를 측정하는 함수까지 모두 포함하여 실행해 보자.

```
clear all
mata:
struct coord {
    real scalar x
    real scalar y
}

void distance_from_origin(real scalar a,
                          real scalar b)
{
    struct coord scalar c
    real scalar      d

    c.x=a
    c.y=b
    d=sqrt(c.x^2+c.y^2)
    printf("The return value is %f.\n", d)
}
end
```

이제 Mata에서 함수를 활용해 보자.

```
: distance_from_origin(3, 4)
  The return value is 5.
```

프로그램이 제대로 작동하여, 우리가 예측한 결과를 얻었다. 구조체를 제대로 만들고, 제대로 활용했다는 이야기다.

다소 지루하지만, 이제 앞에서 언급한 문제, 즉 인스턴스를 만들 때 왜 scalar라는 조직 유형을 명기해야 하는지 그 이유를 알아보자. 인스턴스를 만들 때 조직 유형을 밝히지 않으면 Mata는 조직 유형에 기본값(기본형)을 부여한다. 즉 Mata는 struct coord c를 struct coord matrix c라고 컴파일한다. 이로 말미암아 오류가 발생한다. 실제로 오류가 발생하는지 알아보자. 앞의 예에서 distance_from_origin() 함수를 잠깐 방심하여 다음과 같이 입력하고, 전체 프로그램을 실행하였다고 가정해 보자.

```
void distance_from_origin(real scalar  a,
                          real scalar  b)
{
    struct coord    c         //<-- note that the orgtype is omitted
    real scalar     d

    c.x=a
    c.y=b
    d=sqrt(c.x^2+c.y^2)
    printf("The return value is %f.\n", d)
}
end

: distance_from_origin(3, 4)
   distance_from_origin():  3259  nonstruct found where struct required
                 <istmt>:      -  function returned error
(0 lines skipped)
```

오류가 발생하였다. 오류 메시지의 내용은 구조체가 있어야 할 곳에 구조체를 발견하지 못했다는 것이다. 이런 메시지는 무엇을 의미할까? 앞에서 말한 바와 같이, 조직 유형을 명기하지 않은 struct coord c 선언은 조직 유형의 기본값을 자동 부여하여, struct coord matrix c가 된다. 그런데 사용자가 초기화하지 않은 행렬(Mata가 기본값으로 초기화한 행렬), 즉 영(null) 행렬의 차원은 0×0이다(참고로, 초기화하지 않은 스칼라와 열 벡터, 행 벡터의 영(null)은 각각 1×1, 0×1, 1×0의 차원의 것이다). 결국, 행렬 c는 0×0차원의 것이므로 변수 c도 당연히 0×0차원의 것이다. 말하자면

c는 존재하지 않는 그 무엇이다. 당연하게도 c.x도 존재하지 않는 그 무엇인데, 여기에 어떤 것을 배당하라는 명령, 즉 c.x=a도 부당한 것이 된다. 어쨌든 c.x는 구조체의 형식을 띠고 있지만, 구조체가 아닌 그 무엇이다. 그러므로 오류 메시지가 위와 같은 방식으로 뜬 것이다. 이런 오류를 바로잡는 일은 쉽다. 구조체의 인스턴스를 만들 때, struct coord c가 아니라 struct coord scalar c라고 표기하면 오류 메시지는 사라진다. 초기화하지 않은 scalar는 1×1이므로 c.x에 특정 값을 할당할 수 있다.[51]

3. 구조체의 전달

앞의 논의로 되돌아가자. 소속 변수인 c.x와 c.y가 변수이듯, 구조체 c 자체도 변수다. 우리는 구조체 c를 통째로 함수에 전달할 수 있다. 예컨대 우리는 다음과 같은 방식으로 c를 특정 함수의 전달 인자에 포함할 수 있다.

        distance_from_origin(struct coord scalar c)

---

[51] 오류 발생을 제거하는 또 하나의 방법은 생성자를 활용하는 방법이다. 구조체를 정의하면, Mata는 구조체의 인스턴스를 만들 수 있는 함수를 자동 생성한다. 이 함수는 구조체와 동일한 이름을 갖는다. 예컨대 coord 구조체를 정의하면, Mata는 coord() 함수를 자동으로 생성하는데, 이 함수로 인스턴스를 생성할 수 있다. 이 함수를 생성자(生成者, constructor)라고 한다.
생성자는 0, 1, 2개의 전달 인자를 허용한다. 전달 인자가 한 개면, 즉 coord(n)이면, Mata는 1×n 벡터 형태로 n개의 인스턴스를 만든다. 전달 인자가 둘이면, 즉 coord(r, c)이면, Mata는 $r×c$ 행렬 형태로 $r×c$개의 인스턴스를 반환한다. 전달 인자가 없으면, 즉 coord()이면, Mata는 1×1 형태로 한 개의 인스턴스를 반환한다. 이런 결과를 이용하면, 조직 유형을 누락할 수도 있다. 앞의 distance_from_origin() 함수에서 struct coord c라는 명령어를 내린 다음에, c=coord()를 삽입하고, c.x=⋯ 명령어를 내리면 오류 신호가 사라진다. 생성자가 matrix를 1×1 형태로 초기화하기 때문이다. 생성자는 다음에 또 언급하기로 한다.

```
void distance_from_origin(real scalar a, real scalar b)
{
    struct coord    c           //<-- note that the orgtype is omitted
    c=coord()                   //<-- new: note a constructor
    real scalar     d

    c.x=a
    c.y=b
    d=sqrt(c.x^2+c.y^2)
    printf("The return value is %f.\n", d)
}
end
```

말할 것도 없지만, 이렇게 구조체를 함수의 전달 인자로 삼으려면, 몇 가지 작업을 먼저 수행해야 한다. 첫째, c를 특정 유형의 인스턴스로 선언해야 한다. 둘째, c.x와 c.y에 특정 값을 부여해야 한다. 셋째, c를 특정 유형으로 반환해야 한다. 다음 함수를 보라.

```
struct coord scalar cset(real scalar a,
                         real scalar b)
{
    struct coord scalar c              // the first work
    c.x=a                              // the second work
    c.y=b
    return(c)                          // the third work
}
```

우리가 만든 이 cset() 함수는 그 결괏값으로 c를 반환하는데, 함수의 본체에서 미리 선언하였고(struct coord scalar c), 함수의 머리 부분에서 결괏값의 유형으로 미리 지정하였듯(struct coord scalar), 이 c의 요소 유형은 struct coord이고, 조직 유형은 스칼라다. 이제 이렇게 반환한 c를 전달 인자로 사용할 수 있다.

```
void distance_from_origin(struct coord scalar c)
{
    d=sqrt(c.x^2+c.y^2)
    printf("The return value is %f.\n", d)
}
```

이제 이들 프로그램을 연결하고 실행해 보자.

```
clear all
mata:
struct coord {
    real scalar x
    real scalar y
}
```

```
struct coord scalar cset(real scalar a, real scalar b)
{
    struct coord scalar c
    c.x=a
    c.y=b
    return(c)
}

void distance_from_origin(struct coord scalar c)
{
    d=sqrt(c.x^2+c.y^2)
    printf("The return value of distance_from_origin() is %f.\n", d)
}
end
```

이 프로그램은 잘 작동하는가? 먼저 cset() 함수로 coord 구조체의 한 인스턴스, c를 만든 다음, 이 c를 distance_from_origin() 함수에 전달해 보자.

```
: c=cset(5, 12)
: distance_from_origin(c)
  The return value of distance_from_origin() is 13.
```

우리가 예상한 대답을 얻었다. 프로그램이 잘 작동한다는 이야기다. 인스턴스의 이름은 i, e, u, in, distance 등으로 바꾸어도 무방하다.

```
: e=cset(3, 4)
: distance_from_origin(e)
  The return value of distance_from_origin() is 5.
```

4. 구조체의 반환

지금까지 우리는 구조체(의 인스턴스)를 전달 인자에 그대로 입력하는 방식을 살펴보았다. 그러나 다른 한편으로, 앞에서 잠시 스치듯 언급하였지만, 구조체(의 인스턴스)를 결괏값으로 반환할 수도 있다. 말하자면 함수 본체에서 return(*something*)이라는 명령어를 쓸 수 있는데, *something*을 구조체(의 인스턴스)로 대체할 수도 있다는 말이다. 다음 함수는 소속 변수의 단위 길이(unit length)를 구하는 프로그램이다. 이 프로그램에서 주목할 것은 이 프로그램이 구조체(의 인스턴스)를 반환한다는 사실이다.

```
struct coord scalar unitlength(struct coord scalar c)
{
    struct coord scalar toret
    distance=distance_from_origin(c)
    toret.x=c.x/distance
    toret.y=c.y/distance
    return(toret)
}
```

이 함수를 포함한 프로그램 전체를 살펴보자.

```
clear all
mata:
struct coord
{
    real scalar x
    real scalar y
}

struct coord scalar cset(real scalar a, real scalar b)
{
    struct coord scalar c
    c.x=a
    c.y=b
    return(c)
}

real scalar distance_from_origin(struct coord scalar c)        // changed
{
    return(sqrt(c.x^2+c.y^2))                                  // changed
```

```
        }

        struct coord scalar unitlength(struct coord scalar c)
        {
            struct coord scalar toret
            real scalar distance

            distance=distance_from_origin(c)                           // note
            toret.x=c.x/distance
            toret.y=c.y/distance
            return(toret)
        }
        end
```

이들 함수에서 주의할 것은 distance_from_origin()의 결괏값 유형이다. 앞에서는 이 결괏값 유형을 void로 설정했으나 지금은 real scalar로 바꾸었다. 그렇게 바꾼 이유는 무엇인가? unitlength() 함수에서 distance라는 변수를 사용하였는데, distance_from_origin() 함수에서 이 값을 얻기 위해서 바꾸었다. 어쨌든 이들 함수를 활용하여 결과를 얻어 보자. 최장 길이(13)와 비교할 때 한 전달 인자(5)의 단위 길이는 .384이고, 다른 전달 인자(12)의 단위 길이는 .923이다.

```
        : c=cset(5, 12)
        : distance_from_origin(c)
          13

        : u=unitlength(c)
        : u.x
          .3846153846

        : u.y
          .9230769231
```

5. 셀프 스레딩 코드

특정 방식으로 데이터를 분석할 때, 우리가 컴퓨터 작동 원리를 상세하게 알 필요는 없다. 컴퓨터 작동 원리를 모르더라도 데이터 분석은 충분히 가능하기 때문이다. 그러나 그 원리의 일부를 대략적으로나마 짐작하는 것도 그다지 나쁘지 않다. 아니, 좀 더 정밀한 프로그램을 만들려면 이런 지식이 필요할지도 모를 일이다. 어쨌든 여기서는 프로세스와 스레드에 대해 개략적으로 논의해 보자. 컴퓨터는 프로그램을 실행한다. 프로그램은 명령어와 데이터의 묶음인데, 컴퓨터가 이 프로그램을 실행하기 전에는 우리는 이것을 그저 프로그램이라고 부른다. 그러나 컴퓨터 메모리가 이 프로그램을 구동하여 작업을 시작하면 우리는 이 프로그램을 프로세스(process)라고 부른다. 결국, 프로세스는 이미 실행된 프로그램이라거나 지금 실행하고 있는 프로그램이라고 말할 수 있다. 스레드(thread)는 프로세스 내부의 개체를 말한다. 요컨대 실행하고 있는 프로그램 일부라고 볼 수 있다. 보통 한 프로세스 안에는 여러 개의 스레드가 존재한다. 실행 중인 프로그램에는 여러 개의 개체가 존재한다는 말이다. 여러 개의 스레드, 즉 다중 스레드는 프로세스의 초기부터 데이터를 공유하여 메모리를 효율적으로 관리한다. 요컨대 다중 스레드를 사용한다는 것은 하나의 프로세스 안에서 프로세스의 작은 단위를 병렬 처리(parallel computing)하여, 작업을 효율적으로 수행한다는 것을 의미한다. 셀프 스레딩 코드(self-threading code)란 프로그램을 작은 단위로 분리하여 컴퓨터가 다중 스레드로 이들을 병렬처리하는 데 도움을 주는 코딩 방식을 말한다.

셀프 스레딩 코드의 원리를 개념적으로 설명하는 것보다 예를 들어 이해하는 것이 훨씬 더 직관적이다. 다음과 같이 서로 얽혀 있는 계산을 생각해 보자. 임의의 값 a와 b에 대하여 x, y, z는 다음과 같다고 가정해 보자.

$$x = (a+b)*z$$
$$y = 2*b*x$$
$$z = a-b$$

이런 수식을 보고 있노라면, z 값을 아는 것이 우리의 관심사든 아니든, x와 y 값을 구하기 전에 z부터 계산해야 한다는 사실을 알 수 있다. 그리고 y를 구하기 전에 x를 구해야 한다는 것도 곧바로 알 수 있다.

그러나 이런 논리적 이해나 절차적 이해와는 달리, 셀프 스레딩 코드는 프로그램을 서브루틴(subroutine) 단위로 분산한다. 이 코드는 서로 얽혀 있는 계산식을 서브루틴 단위로 파악하여 계산 수를 최소화한다. 이런 방식의 코드는 서로 연결된 수식을 계산하지만, 어떤 계산을 먼저 해야 하고 몇 번 계산해야 하는지에 신경을 쓰지 않는다.

앞에서 든 예에서 변수 a와 b는 투입 변수(input variable)라고 부른다. 변수 x, y, z는 파생 변수(derived variable)다. 셀프 스레딩 코드를 만들기 위해, 먼저 투입 변수와 파생 변수를 포함하는 구조체를 정의하자. 아래의 정의를 보면 a와 b, x와 y, z는 모두 실수 스칼라라는 사실을 알 수 있다.

```
struct info
{
    //------------ input variables--
    real scalar a
    real scalar b
    //------------ derived variables--
    real scalar x
    real scalar y
    real scalar z
}
```

다음에 개별 파생 변수를 계산하는 함수를 만든다. 이 함수의 이름을 c_x(), c_y(), c_z()이라고 하고, 이 중에서 c_x를 계산하는 방식을 살펴보자.

```
real scalar c_x(struct info scalar r)
{
    if (r.x has not yet been calculated) {
        r.x=(r.a+r.b)*c_z(r)
        mark r.x as calculated
    }
    return(r.x)
}
```

이 코드의 의미는 매우 단순하다. 만일 x가 이미 계산되었다면, c_x()는 그것을 반환할 것이다. 그렇지 않다면, c_x()는 x를 연산하고 연산 결과를 r.x에 저장하고 반환할 것이다.

x를 계산할 때, c_x()는 z를 필요로 한다. z는 c_z() 함수가 산출할 것이다. 그러므로 c_x()는 c_z()를 소환함으로써 z를 얻는다. 조금 뒤에 우리는 c_z() 함수를 쓸 것인데, c_z()는 c_x()와 동일한 모양과 방식으로 쓸 것이다.

그런데 이 코드는 x나 z가 이미 계산되었는지를 어떻게 알 수 있는가? Mata는 쉬운 해결책을 제시한다. 각각의 파생 변수를 특정한 값으로 초기화한 연후에, 해당 계산 루틴이 그 값을 확인하도록 코딩하는 방법이 바로 그것이다.

```
real scalar c_x(struct info scalar r)
{
    if (r.x==.m) {
        r.x=(r.a+r.b)*c_z(r)
    }
    return(r.x)
}
```

여기서 c_x()는 '아직 계산하지 않은 결과'를 단순한 결측값과 구별하기 위해 보통의 결측값 기호인 "."을 사용하지 않고 이와 구분되는 결측값 ".m"을 사용하였다. 또는 ".z"을 사용해도 무방하다.

논리적으로 볼 때, 위의 프로그램보다 앞선 단계에서 파생 변수(r.x와 r.y, r.z)를 특정 값(.m)으로 초기화하는 프로그램이 필요하다(그러나 실제로는 병렬 처리 때문에 어떤 프로그램이 먼저 나와도 문제가 되지 않는다).

```
struct info scalar cset(real scalar a, real scalar b)
{
    struct info scalar r
    //--------store input variables--
    r.a=a
    r.b=b
    //--------set derived variables to .m--
```

```
      r.x=r.y=r.z=.m
      return(r)
    }
```

cset() 함수는 파생 변수에 .m을 부여하였다. '아직 계산하지 않은 결과'라는 사실을 나타내기 위해서다. 어쨌든 앞의 절차를 모두 합하면 코드는 다음과 같은 모습을 띈다.

```
mata:
struct info
{
  //------------- input variables--
  real scalar a
  real scalar b
  //------------- derived variables--
  real scalar x
  real scalar y
  real scalar z
}

struct info scalar cset(real scalar a, real scalar b)
{
  struct info scalar r
  //--------------store input variables--
  r.a=a
  r.b=b
  //--------------set derived variables to .m--
  //           (.m means not yet calculated)
  r.x=r.y=r.z=.m
  return(r)
}

real scalar c_x(struct info scalar r)
{
  if (r.x==.m) {
    r.x=(r.a+r.b)*c_z(r)
  }
  return(r.x)
```

```
        }
    end
```

지금까지 셀프 스레딩 코드의 논리 구조를 살펴보았다. 프로그램을 완성하려면 c_y()와 c_z()도 c_x()와 같은 방식, 유사한 모습으로 작성해야 한다.

```
    real  scalar  c_y(struct  info  scalar  r)
    {
        if  (r.y==.m)  {
            r.y=2*r.b*c_x(r)
        }
        return(r.y)
    }

    real  scalar  c_z(struct  info  scalar  r)
    {
        if  (r.z==.m)  {
            r.z=r.a-r.b
        }
        return(r.z)
    }
```

이제 앞에서 작성한 작은 부분을 모두 그러모아 프로그램을 완성할 차례다.

```
    mata:
    struct  info
    {
        //------------ input  variables--
        real  scalar  a
        real  scalar  b
        //------------ derived  variables--
        real  scalar  x
        real  scalar  y
        real  scalar  z
    }

    struct  info  scalar  cset(real  scalar  a,  real  scalar  b)
```

```
{
    struct info scalar r
    //--------------store input variables--
    r.a=a
    r.b=b
    //--------------set derived variables to .m--
    //               (.m means not yet calculated)
    r.x=r.y=r.z=.m
    return(r)
}

real scalar c_x(struct info scalar r)
{
    if (r.x==.m) {
        r.x=(r.a+r.b)*c_z(r)
    }
    return(r.x)
}

real scalar c_y(struct info scalar r)
{
    if (r.y==.m) {
        r.y=2*r.b*c_x(r)
    }
    return(r.y)
}

real scalar c_z(struct info scalar r)
{
    if (r.z==.m) {
        r.z=r.a-r.b
    }
    return(r.z)
}
end
```

이 프로그램을 어떻게 사용하는가? 먼저, do 파일 편집 창에서 실행 버튼을 눌러 위 파일을 메모리에 탑재한 후에, 사용자는 cset() 함수를 호출하여 투입 변수의 값을 특정해야 한다.

```
: r=cset(4, 5)
```

둘째, 이제 사용자는 필요한 함수, 즉 c_.() 함수를 호출할 수 있다. 이 함수는 순서 없이 아무거나 먼저 호출해도 좋고, 호출하지 않아도 무방하며, 호출을 반복할 수도 있다.

```
: c_x(r)
  -9
: c_z(r)
  -1

: c_y(r)
  -90
```

이런 코드는 매우 간결하다. 이는 불필요한 계산을 하지 않고, 어떤 것도 두 번 계산하지 않는다. 이 코드는 시간을 허비하지 않는다. 사용자가 어떤 것이 먼저 필요하다고 말할 필요도 없고, 특정 순서로 서브루틴을 처리하거나 실행할 필요도 없다. 예컨대 c_z()가 c_x()보다 먼저 나타나도 되고 cset()이 프로그램의 맨 뒤로 이동해도 무방하다. 단, 논리적 필요 때문에 구조체를 정의하는 서브루틴은 다른 어떤 것보다 먼저 등장해야 한다.

6. 포인터

꼭 알아두어야 할 사실을 한 가지 더 알아보자. 앞에서 info 구조체를 정의할 때 우리는 문제를 단순화하여 투입 변수를 실수 스칼라로 설정하였다.

```
struct info
{
   //----------input variables--
   real scalar a                    // note
   real scalar b                    // note
```

```
//----------derived variables--
real scalar x
real scalar y
real scalar z
}
```

이런 정의 자체에 큰 문제가 있는 것은 아니다. 그러나 전달 인자가 스칼라가 아
니고 벡터나 행렬, 구조체라면 어떤가? 특히, 실제의 사례에서 흔히 그러하듯, 전달
인자가 매우 큰 행렬이라면 프로그램을 이대로 두어도 괜찮을 것인가? 그런 경우에
는 앞의 방식대로 전달 인자의 복사본(a copy)을 그대로 투입 변수로 삼는 것이 바
람직하지 않다. 메모리를 과도하게 소비하기 때문이다. 투입 변수가 대규모 벡터나
행렬일 때는, 메모리 절약을 위해 포인터를 사용해서 변수가 존재하는 주소를 지정
해 주는 게 더 낫다. 다시 말해, 전달 인자가 대규모 행렬일 것을 가정하여, 위 코드
는 다음과 같이 바꾸는 게 더 낫다.

```
struct info
{
  //-------------------input variables--
  pointer(real matrix) scalar a, b              // note
  //-------------------derived variables--
  real matrix x, y, z
}
```

구조체를 이렇게 정의하면 나머지 코드의 상응하는 부분도 고쳐야 한다. 예컨대
cset()도 고쳐야 하고, c_x()와 c_y(), c_z()도 조금 수정해야 한다. 예컨대 cset()와
c_z()는 다음과 같이 고쳐야 한다.

```
struct info scalar cset(real matrix a, real matrix b)
{
  struct info scalar r
  //------------store input variables
  r.a=&a
  r.b=&b
```

```
//-------------set derived variables to .m--
//             (.m means not yet calculated)
r.x=r.y=r.z=.m
return(r)
}


real matrix c_z(struct info scalar r)
{
  if (r.z==.m) {
   r.z=*r.a-*r.b
  }
  return(r.z)
}
```

다른 코드, 즉 c_x()와 c_y()도 이런 방식으로 고쳐야 한다.

```
real matrix c_x(struct info scalar r)
{
  if (r.x==.m) {
     r.x=(*r.a+*r.b)*c_z(r)
  }
  return(r.x)
}


real matrix c_y(struct info scalar r)
{
  if (r.y==.m) {
     r.y=2*(*r.b)*c_x(r)
  }
  return(r.y)
}
```

이제 이들 서브루틴을 모아서 프로그램을 완성해 보자.

```
clear all
mata:
struct info
```

```
{
    //-------------------input variables--
    pointer(real matrix) scalar a, b              // note
    //------------------derived variables--
    real matrix x, y, z
}

struct info scalar cset(real matrix a, real matrix b)
{
    struct info scalar r
    //------------store input variables
    r.a=&a
    r.b=&b
    //------------set derived variables to .m--
    //                     (.m means not yet calculated)
    r.x=r.y=r.z=.m
    return(r)
}

real matrix c_x(struct info scalar r)
{
    if (r.x==.m) {
        r.x=(*r.a+*r.b)*c_z(r)
    }
    return(r.x)
}

real matrix c_y(struct info scalar r)
{
    if (r.y==.m) {
        r.y=2*(*r.b)*c_x(r)
    }
    return(r.y)
}

real matrix c_z(struct info scalar r)
{
    if (r.z==.m) {
        r.z=*r.a-*r.b
    }
```

```
        return(r.z)
    }
    end
```

간단한 예를 들어 이 코드가 제대로 작동하는지를 알아보자.

```
: a=(1,2\3,4)
: b=(2,-3\-1, 2)
: r=cset(a, b)
: c_z(r)
```

	1	2
1	-1	5
2	4	2

```
: c_x(r)
```

	1	2
1	-7	13
2	22	22

```
: c_y(r)
```

	1	2
1	-160	-80
2	102	62

비록 대규모 행렬이 아니고 작은 행렬을 대상으로 연산한 것이지만, 이런 연산으로 미루어 볼 때, 프로그램이 제대로 작동한다는 것을 알 수 있다.

7. 구조체 활용 실례: reginfo

앞의 셀프 스레딩 코드는 넓게 보아 세 부분으로 분류할 수 있다. 먼저 정의 부분이다. 이 부분에서 우리는 소속 변수(입력 변수와 파생 변수)를 정의한다.

```
struct info
{
    ...............
}
```

위 코드의 둘째 부분은 대입과 초기화를 담당하는 부분이다. 이 부분에서 우리는
입력 변수의 값을 지정하고 파생 변수의 값을 초기화한다.

```
struct info scalar cset(real matrix a, real matrix b)
{
    ....................
    ....................
}
```

마지막으로 셋째 부분은 연산 부분이다. 이 부분에서는 소속 변수, 주로 파생 변수의
값을 연산한다.

```
real matrix c_x(struct info scalar r)
{
    ..................
}
```

```
real matrix c_y(struct info scalar r)
{
    ..................
 }
```

```
real matrix c_z(struct info scalar r)
{
    ...............
}
```

아마도 다른 셀프 스레딩 코드도 이렇게 세 부분으로 이루어져 있을 것이다. 실제
로 그런가? 위 코드와 동일한 구조를 보이는 다른 예를 살펴보자. 이번에는 회귀계
수를 구하는 프로그램이다. 회귀계수를 구하는 공식은 b=invsym(X'X)*X'y이다. 이

공식에 의거하여 구조체를 정의하고, 입력 변수를 지정하며, 연산을 실행할 것이다.

　이런 회귀계수를 구하려면 X'X의 역행렬과 X'y를 계산하여 서로 곱하면 된다. 이 절차를 염두에 두고, 먼저 소속 변수를 정의한다. 소속 변수에는 입력 변수와 파생 변수가 있을 것인데, 입력 변수로는 y, X, cons가 있을 것이고, 파생 변수로는 XX, XXinv, Xy, b가 있을 것이다.

```
struct reginfo
{
    // -------------- inputs--
    pointer(real colvector) scalar   y
    pointer(real matrix) scalar      X
    real scalar                   cons
    //--------------- derived--
    real matrix    XX
    real matrix    XXinv
    real colvector Xy
    real colvector b
}
```

이렇게 구조체를 정의한 다음, 입력 변수를 대입하고 파생 변수를 초기화한다.

```
struct reginfo scalar regset(real colvector y,
                             real matrix    X,
                             real scalar    cons)
{
    struct reginfo scalar r
    //-----------------inputs--
    r.y=&y
    r.X=&X
    r.cons=(cons !=0)

    //-----------------derived--
    r.XX=r.XXinv=r.Xy=r.b=.m
    return(r)
}
```

마지막으로 파생 변수의 연산을 담당하는 부분을 작성한다. 이 부분에서는 XX와 XXinv, Xy를 연산하고 그 결과를 반환한다.

```
real matrix reg_XX(struct reginfo scalar r)
{
    if (r.XX==.m) {
        r.XX=(*r.X, J(rows(*r.X), 1, 1))'(*r.X, J(rows(*r.X), 1, 1))
    }
    return(r.XX)
}

real matrix reg_XXinv(struct reginfo scalar r)
{
    if (r.XXinv==.m) {
        r.XXinv=invsym(reg_XX(r))
    }
    return(r.XXinv)
}

real colvector reg_Xy(struct reginfo scalar r)
{
    if (r.Xy==.m) {
        r.Xy=(*r.X, J(rows(*r.X) ,1, 1))'(*r.y)
    }
    return(r.Xy)
}

real colvector reg_b(struct reginfo scalar r)
{
    if (r.b==.m) {
        r.b=reg_XXinv(r)*reg_Xy(r)
    }
    return(r.b)
}
```

이 프로그램을 특별히 해설할 필요는 없다. 직관적이기 때문이다. 다만 이해를 돕기 위해 한 가지만 언급하자면 r.XX와 r.Xy를 구할 때, 상수항을 J(rows(*r.X), 1, 1)로 구하였고, 이를 *r.X와 행 결합하였다. 이런 조작은 독립변수에 상수(constant)를 포함하는 절차였다.

참고로 위 코드의 두 번째 부분, regset()은 소속 변수의 지정과 초기화를 담당하는데, 이 부분은 다음과 같이 두 개의 함수로 나눌 수 있다. 첫 함수(reginit())는 파생 변수의 초기화를 담당하고, 둘째 함수(regset())는 입력 변수를 지정한다.

```
void  reginit(struct  reginfo  scalar  r)
{
  r.XX=      .m
  r.XXinv=.m
  r.Xy=      .m
  r.b=       .m
}

struct  reginfo  scalar  regset(real  colvector  y,
                                real  matrix     X,
                                real  scalar       cons)
{
  struct  reginfo  scalar  r
  r.y=&y
  r.X=&X
  r.cons=(cons  !=0)

  reginit(r)                         //<-- note
  return(r)
}
```

위의 코드를 한 자리에 묶어, 이를 실행하면 우리는 적절한 절차를 밟아 회귀계수 (b)를 얻을 수 있다.

```
version  15.1
set  matastrict  on

mata:
struct  reginfo
{
  // --------------- inputs--
```

```
    pointer(real colvector) scalar y
    pointer(real matrix) scalar     X
    real scalar                        cons
    //--------------- derived--
    real matrix      XX
    real matrix      XXinv
    real colvector Xy
    real colvector b
}

void reginit(struct reginfo scalar r)
{
  r.XX=    .m
  r.XXinv=.m
  r.Xy=    .m
  r.b=      .m
}

struct reginfo scalar regset(real colvector y,
                             real matrix     X,
                             real scalar      cons)
{
  struct reginfo scalar r
  r.y=&y
  r.X=&X
  r.cons=(cons !=0)

  reginit(r)
  return(r)
}

// calculation

real matrix reg_XX(struct reginfo scalar r)
{
  if (r.XX==.m) {
  r.XX=(*r.X, J(rows(*r.X), 1, 1))'(*r.X, J(rows(*r.X), 1, 1))
  }
  return(r.XX)
}
```

```
real matrix reg_XXinv(struct reginfo scalar r)
{
  if (r.XXinv==.m) {
    r.XXinv=invsym(reg_XX(r))
  }
  return(r.XXinv)
}

real colvector reg_Xy(struct reginfo scalar r)
{
  if (r.Xy==.m) {
    r.Xy=(*r.X, J(rows(*r.X) ,1, 1))'(*r.y)
  }
  return(r.Xy)
}

real colvector reg_b(struct reginfo scalar r)
{
  if (r.b==.m) {
    r.b=reg_XXinv(r)*reg_Xy(r)
  }
  return(r.b)
}
end
```

이제 자동차 자료를 이용하여, 실제로 회귀계수를 구해 보자. 종속변수를 mpg로 삼고, 독립변수를 weight와 foreign으로 하여 회귀계수를 구해 보자.

```
. sysuse auto
. putmata y=mpg X=(weight foreign)
. mata:
: r=regset(y, X, 1)
: reg_b(r)
                1
  1  │  -.0065878864
  2  │  -1.650029106
  3  │   41.67970233

: end
```

회귀계수를 구하였으면, 분산과 표준오차도 구하고 t 값과 p 값도 구해야 한다. 이런 작업은 그렇게 어렵지 않다. 위 코드를 조금 더 확장하면 되기 때문이다. 구조체를 활용하여 본격적으로 회귀분석을 하는 방법은 나중에 다루기로 한다.

제19장 | 집합체

1. 정의

집합체(class)는 구조체와 그 개념이나 모습이 흡사하다.[52] 집합체를 정의하고 설명하려면 먼저 간단한 예를 드는 것이 좋을 것 같다. 앞 장에서 본 reginfo 구조체와 비슷한 집합체를 만들어 보자. 이를 LinReg 집합체라고 부르자.

먼저 집합체를 정의하는 방식은 구조체의 그것과 같다. 다른 점이라고는 struct 대신 class를 사용한다는 것뿐이다.

```
class LinReg
{
    //-----------------input variables--
    pointer(real colvector) scalar  y
    pointer(real matrix) scalar     X
    real scalar                     cons

    //-----------------derived variables--
    real colvector  b
    real matrix     XX
    real matrix     XXinv
    real colvector  Xy
}
```

소속 변수만 포함하는 이런 집합체는 구조체와 다를 게 없다. 특정 함수 안에서 이 집합체의 인스턴스를 만드는 방법도 구조체의 인스턴스를 만드는 방법과 같다. 이 역시 struct를 class로 바꾸기만 하면 된다.

---

52) 나는 클래스(class)를 집합체라고 번역한 책을 본 적이 없다. 컴퓨터 프로그래밍 관련 서적은 대부분 이를 번역하지 않고 영문 그대로 클래스라고 불렀다. 사람들이 얼마나 동의해 줄지는 모르겠으나, 나는 여기서 이를 집합체(集合體)라고 번역하였다.

```
class LinReg scalar r
```

이 명령어는 r이라는, LinReg 집합체의 인스턴스를 만들라는 말이다. 이 인스턴스의 소속 변수를 지칭할 때도 구조체의 표기법과 같다. 소속 변수는 각각 r.y, r.X, r.XX, r.Xy 등이라고 지칭한다. 우리는 이 r을 함수의 전달 인자로 삼을 수 있고, 특정 함수에서 r을 결괏값으로 반환할 수도 있다. r을 복사하여 다른 변수에 할당할 수도 있다.

그러나 집합체는 구조체와 다른데, 그 결정적 차이는 집합체가 그 소속원(所屬員, member)으로 소속 변수(member variable)뿐만 아니라 소속 함수(member function)도 포함할 수 있다는 점이다. 아래의 LinReg는 입력 변수와 파생 변수를 소속 변수로 삼고, setup(), b(), XX(), XXinv(), Xy() 함수를 소속 함수로 삼는 집합체다.

```
class LinReg
{
  //-----------------input variables--
  pointer(real colvector) scalar y
  pointer(real matrix) scalar    X
  real scalar                 cons

  //-----------------derived variables--
  real colvector  b
  real matrix     XX
  real matrix     XXinv
  real colvector  Xy

  //-----------------member functions--
  void            setup()
  real colvector  b()
  real matrix     XX()
  real matrix     XXinv()
  real colvector  Xy()
}
```

2. 소속 함수

소속 함수는 보통의 함수를 만드는 방식과 같은 방식으로 정의한다. 다만, 함수 이름 앞에 집합체 소속을 지시하는 범위 확인 연산자(scope resolution operator)를 덧붙인다는 점, 즉 함수 이름 앞에 집합체의 이름("LinReg")을 붙인 뒤에 두 개의 콜론("::")을 덧붙인다는 점만 다를 뿐이다.53) 예를 들면 다음과 같은 모습이다.

```
void LinReg::setup(real colvector user_y,
                   real matrix    user_X,
                   real scalar    user_cons)
{
    y=&user_y
    X=&user_X
    cons=(user_cons!=0)
}

real colvector LinReg::b()
{
    if (b==.z) {
        b=XXinv()*Xy()
    }
    return(b)
}
```

이 소속 함수의 사용과 관련하여 두 유형의 프로그램/프로그래머가 있을 수 있다. 한 부류는 집합체를 정의하고 소속원을 집합체 내부(의 프로그램)에서 지정하거나 사용하는 내부자(insider)고, 다른 부류는 집합체의 소속원을 집합체 외부(의 다른 프로그램)에서 사용하는 외부자(outsider)다. 한 프로그램이나 프로그래머가 이 두 유형의 역할을 수행할 수도 있다. 그러나 만일 한 프로그래머가 한 유형의 역할만 수행한다면 그가 어떤 역할을 담당하는지를 판별하는 것은 매우 중요하다. 왜냐하면, 프로그래머가 각자의 역할에서 집합체의 소속 변수나 함수를 표기하는 방법이 서로

---

53) 컴퓨터 프로그래밍에서 범위(scope)는 특정한 값과 표현식을 둘러싸고 있는 맥락(context)이다. 범위 확인 연산자는 식별자(identifier, 대상의 이름)가 지칭하는 맥락을 확인하고 지정한다. 요컨대 이 연산자는 특정 변수나 데이터 유형, 레이블, 서브루틴, 모듈 등이 적용되는 맥락이나 범위를 지정한다.

다르기 때문이다. 외부자, 즉 외부의 프로그램은 소속 변수와 소속 함수를 지칭할 때, r.XX나 r.b() 등으로 표기한다.

```
real colvector myreg(real colvector y, real matrix X)
{
    real colvector coef

    class LinReg scalar r
    r.setup(y, X, 1)
    coef=r.b()
    return(coef)
}
```

이와 달리 내부자, 즉 집합체 내부의 프로그램은 소속 함수 안에서 소속원을 지칭할 때, r 접두사를 빼고, y, X, XX, Xy 등이거나 XX(), Xy() 등으로 표기한다.

```
void LinReg::setup(real colvector user_y,
                   real matrix    user_X,
                   real scalar    cons)
{
    y=&user_y
    X=&user_X
    cons=(cons!=0)
}

real colvector LinReg::b()
{
    if (b==.z) {
        b=XXinv()*Xy()
    }
    return(b)
}
```

3. 소속 함수와 내장 함수

내부자는 소속 함수의 이름으로 어떤 것이라도 사용할 수 있다. 심지어 Mata의 내장 함수 이름도 사용할 수 있다. 예컨대 Mata는 invsym() 함수를 내장하고 있지만, 집합체는 이것도 자신의 소속 함수 이름으로 쓸 수 있다. 별로 현실적이지는 않지만, 설명의 편의를 위해, 가상적인 한 예를 들어보자.

```
class LinReg
{
  real colvector  b
  real matrix     XX
  real matrix     XXinv
  real colvector  Xy

  void            setup()
  real colvector  b()
  real matrix     XX()
  real matrix     XXinv()
  real colvector  Xy()
  real matrix     invsym()              // note
}
```

집합체의 정의 안에 invsym()이라는 함수를 포함하고, 이 함수가 내장 함수 invsym()과 내용과 의미가 다르다고 가정해 보자. 예컨대 이는 특정 행렬(X)의 역수 (1:/X)를 구하는 함수라고 가정해 보자. 집합체에 이 invsym()을 정의하고 포함하는 것은 소속 함수 LinReg::b() 등에서 사용한 invsym()의 의미를 바꾼다.

```
real colvector LinReg::b()
{
  return(invsym(XX)*Xy)
}
```

이 함수에서 invsym()은 내장 함수를 부르는 것이 아니라 집합체의 invsym()을 부른다. 즉 XX의 역행렬을 구하는 것이 아니라 XX의 역수를 구한다. 만일 b()가 집합체의 invsym()이 아니라 내장 함수 invsym()을 부르고 싶다면 프로그램의 형태를 바꾸어야 한다.

```
real colvector LinReg::b()
{
    return(::invsym(XX)*Xy)
}
```

여기에서 ::invsym()은 집합체의 invsym()이 아니라 프로그램 외부의 invsym(), 즉 내장 함수 invsym()을 부르라는 의미를 띤다.

우리는 집합체의 함수 이름이 내장 함수나 이미 만든 다른 함수의 이름과 같을 때는 어떤 일이 일어나는가를 보이기 위해 일부러 invsym()이라는 내장 함수를 집합체에 포함하였다. 그러나 실제로 프로그래머는 좀처럼 그런 일을 하지 않으려 할 것이다. 할 수만 있다면 널리 알려진 내장 함수 이름을 사용하려 들지 않을 것이다.

4. 소속원 구분과 선언

집합체가 구조체와 다른 점이 또 있다면, 그것은 소속원이 사적(私的, private)일 수 있다는 것이다. 사적 소속원(private member), 즉 사적 변수나 사적 함수란 무엇인가? 사적 변수나 사적 함수는 내부의 사용자는 쓸 수 있지만, 외부의 사용자는 쓸 수 없는 변수나 함수를 말한다. 이와 달리 공적 소속원(public member), 즉 공적 변수나 공적 함수는 내부나 외부의 사용자가 모두 사용할 수 있는 변수나 함수다. 앞에서 우리는 집합체를 다음과 같이 정의하였다.

```
class LinReg
{
    //-----------------input variables--
    pointer(real colvector) scalar y
    pointer(real matrix) scalar    X
    real scalar                    cons
```

```
//-----------------derived  variables--
real  colvector   b
real  matrix      XX
real  matrix      XXinv
real  colvector  Xy


//----------------member  functions--
void             setup()
real  colvector  b()
real  matrix     XX()
real  matrix     XXinv()
real  colvector  Xy()
}
```

집합체를 이렇게 정의하면 소속원은 모두 공적이다. 여기서 우리는 아무것도 선언
하지 않았는데, 아무것도 선언하지 않으면 공적이라고 선언한 것이기 때문이다. 공
적인 것이 기본값(default)이라는 말이다. 그러나 소속원을 이렇게 모두 공적인 것으
로 선언하는 것보다 공적인 것과 사적인 것으로 구분하는 것이 여러모로 더 낫다.
여러 변수와 함수 중에서 setup()과 b()를 공적 소속원으로 지정하고, 나머지는 모두
사적 소속원으로 분류하려면 어떻게 할 것인가? 다음과 같이 설정하면 된다. 공적
소속원은 public으로 분류하고, 사적 소속원은 private로 분류한다(또는 공적 소속원
은 그대로 두고, 사적 소속원만 private로 분류한다).

```
mata:
class LinReg
{
  private  pointer(real colvector) scalar y
  private pointer(real matrix) scalar    X
  private real scalar                    cons

  private real colvector                 b
  private real matrix                    XX
  private real matrix                    XXinv
  private real colvector                 Xy

  public void                           setup()
```

```
        private  real  matrix              XX()
        private  real  matrix              XXinv()
        private  real  colvector           Xy()
        public  real  colvector            b()
    }
    end
```

공적 소속원은 아무라도 쉽게 접근할 수 있다. 이들은 내부자가 setup()이나 b() 등으로 불러서 사용할 수 있다. 외부자도 자신이 쓰는 프로그램에서 class LinReg scalar r이라고 선언한 후에 r.setup()이나 r.b() 등으로 불러서 사용할 수 있다.

  사적 소속원은 내부자, 즉 내부 프로그램이나 프로그래머만 접근할 수 있다. 외부자, 즉 집합체 밖에 놓여 있는 함수는 사적 소속원을 호출하거나 사용할 수 없다. 외부자, 즉 자신의 프로그램에서 class LinReg scalar r이라고 정의하는 프로그래머나 프로그램은 자신이 사용하는 프로그램에서 r.y, r.X, r.XX(), r.Xy() 등이라고 코딩할 수 없다. 이들은 사적 소속원이어서 접근 불가능하기 때문이다. 만일 외부의 프로그램이 이 사적 소속원을 부르거나 언급하면 Mata는 오류 신호를 내보낸다. 비록 완전한 프로그래밍은 아니지만, 아래의 예를 보자(아직은 이런 코딩이 이해하기 쉽지 않다. 나중에 LinReg라는 집합체가 완성되면 손쉽게 이해할 수 있을 것이다. 지금은 외부의 프로그램, 예컨대 myreg() 등과 같은 프로그램은 LinReg 집합체의 사적 소속원에 접근할 수 없다는 사실만 기억하자).

```
    mata:
    void myreg(real colvector y, real matrix X)
    {
      class LinReg scalar r
      real matrix XX

      r.setup(y, X, 1)
      r.XX                       // <-- note
      XX not found in class LinReg
    }
    end
```

프로그램이 멈췄다. 이처럼 프로그램을 멈춘 뒤에, X가 사적 소속원이라는 것, 그러므로 외부자는 접근할 수 없다는 오류 메시지가 뜨면 좋겠으나, 그런 메시지는 뜨지 않고, 그저 XX를 볼 수 없다는 메시지만 뜬다. 충분히 이해할 만하다. 왜냐하면, Mata 입장에서 보면, 이는 단순히 존재하지 않는 것이기 때문이다.

위에서는 소속원을 사적인 것으로 정의할 때 우리는 소속원을 하나하나 정의하였다. 다소 번거롭다. 그러나 그렇게 번거롭게 정의하지 않아도 무방하다. 소속원을 몇 개씩 묶어 한꺼번에 정의하면 그만이다. 공적 소속원은 따로 모아 공적인 것으로 정의하고, 사적 소속원은 따로 모아 사적인 것으로 정의한다. 또 그렇게 정의하는 것이 코드를 읽기 더 쉽다.

```
class LinReg
{
  public:
    void                      setup()
    real colvector            b()

  private:
    real matrix               XX()
    real matrix               XXinv()
    real colvector            Xy()

  private:
    pointer(real colvector) scalar y
    pointer(real matrix) scalar   X
    real scalar                   cons

    real colvector            b
    real matrix               XX
    real matrix               XXinv
    real colvector            Xy
}
```

집합체를 이렇게 정의하면, 우리가 앞에서 구조체를 다룰 때 이미 이야기했던 것처럼, Mata는 집합체의 이름과 똑같은 생성자를 만든다. 집합체의 이름이 LinReg이면 생성자 함수는 LinReg()다. 전달 인자가 없는 LinReg()는 1×1 스칼라 인스턴스를 만들고, LinReg(*n*)는 1×n 형태로 n개의 인스턴스를 생성한다. LinReg(*r, c*)는 rxc 형 태로 rc개의 인스턴스를 반환한다.

```
: LinReg()
 0x960650
```

```
: LinReg(3, 3)
                    1              2              3

1     0x1185e480     0x1185fe60     0x1185fd40
2     0x11878d20     0x11879080     0x11879860
3      0x960ad0       0x961730       0x960650
```

5. 집합체의 유용성

집합체는 어떤 경우에 유용한가? 다시 말해, 어떤 경우에 집합체를 사용하면 편리 한가? 집합체를 유의미하게 활용한 예를 들어 집합체의 효용성을 알아보자. 아래의 집합체, EuclidDistance는 이차원 평면에서 두 점 사이의 거리를 측정하는 목적으로 작성한 것이다. 주지하다시피, 유클리드 기하학에서 한 점 (x_1, y_1)과 다른 점 (x_2, y_2) 사이의 거리(d)는 다음과 같이 계산한다.

$$d = \sqrt{(x_2 - x_1)^2 + (y_2 - y_1)^2}$$

이 거리를 계산하는 프로그램은 다음과 같이 쓸 수 있다.

```
version 15.1
set matastrict on

clear all
mata:
class EuclidDistance
```

```
{
    real scalar distance()
}

real scalar EuclidDistance::distance(real vector pos1,
                                     real vector pos2)
{
    real scalar dx, dy
    real scalar d

    dx=pos1[1]-pos2[1]
    dy=pos1[2]-pos2[2]
    d=sqrt(dx^2+dy^2)
    return(d)
}
end
```

우리가 앞에서 구조체를 다룰 때 이미 보았다시피, 이 집합체를 사용하여 한 점 (1, 1)과 다른 점(-2, 2) 사이의 거리를 구하는 방법은 두 가지다. 하나는 생성자를 사용하는 방법이고,

```
: e=EuclidDistance()
: e.distance((1, 1), (-2, 2))
  3.16227766
```

다른 하나는 별도의 외부 프로그램을 이용하는 방법이다.

```
mata:
real scalar mydistance()
{
    class EuclidDistance scalar s
    d=s.distance((1, 1), (-2, 2))
    return(d)
}
mydistance()
  3.16227766

end
```

다른 한편, 지구 표면에서 두 지점 사이의 거리를 측정하는 방식은 2차원 평면의 두 점 사이의 거리를 재는 것과 전혀 다르다. 주지하다시피, 구면 위의 거리는 직선이 아니라 곡선이기 때문이다. 구면 위의 거리를 재려면 하버사인 공식을 사용해야 한다.

<삽화 10-1> 하버사인 공식

구면 위의 거리를 구하는 하버사인(haversine) 공식은 다음과 같다. 먼저, 구(球, sphere)에서 두 지점 사이의 중심각(θ)은 다음과 같다.

$$\theta = \frac{d}{r}$$

여기서 d는 두 지점 사이의 거리고, r은 구의 반지름(radius)이다. θ는 라디안(radian)으로 측정한 각도다. 이 중심각의 하버사인은 다음과 같이 계산한다.

$$hav(\theta) = hav(\phi_2 - \phi_1) + \cos(\phi_1)\cos(\phi_2)hav(\lambda_2 - \lambda_1)$$

여기서 ϕ_1, ϕ_2는 지점 1과 지점 2의 위도를 가리키고, λ_1, λ_2는 지점 1과 지점 2의 경도를 가리킨다. 다른 한편, 중심각을 중심으로 한 하버사인 함수는 다음과 같이 표기할 수 있다.

$$hav(\theta) = \frac{1 - \cos(\theta)}{2}$$

거리(d)를 재려면, 하버사인 h=hav(θ)의 역함수를 구하거나 arcsine 함수를 사용해야 한다.

$$d = r \ archav(h) = 2r \ arcsin(\sqrt{h})$$

하버사인 공식으로 거리를 구하려면 세 개의 함수가 필요하다. 하나는 위도와 경도를 라디안으로 전환하는 함수이고, 둘째 함수는 하버사인 함수다. 셋째 함수는 거리(d)를 구하는 함수다. 먼저 위도와 경도를 라디안으로 바꾸는 함수는 다음과 같이 쓸 수 있다.

```
real scalar radians(real scalar p)
{
    return(p*(pi()/180))
}
```

예컨대 위도가 38°라면 라디안은 .663이다.

```
: radians(38)
  .6632251158
```

다음은 하버사인을 구하는 함수다.

```
real scalar hav(real scalar theta)
{
    return((1-cos(theta))/2)
}
```

마지막으로 하버사인의 역함수다.

```
real scalar invhav(real scalar h)
{
    return(2*asin(sqrt(h)))
}
```

여기서 h는 $hav(\phi_2 - \phi_1) + \cos(\phi_1)\cos(\phi_2)hav(\lambda_2 - \lambda_1)$이다. 이제 앞의 세 함수를 사용하여 distance() 함수를 만들어 보자.

```
real scalar distance(real vector pos1,
                     real vector pos2 )
{
    real scalar dlon, dlat
    real scalar lat1, lat2
    real scalar lon1, lon2
    real scalar h, radius

    radius=6375              // kilometers

    lat1=radians(pos1[1])
    lon1=radians(pos1[2])
```

```
        lat2=radians(pos2[1])
        lon2=radians(pos2[2])

        dlon=lon2-lon1
        dlat=lat2-lat1

        h=hav(dlat)+cos(lat1)*cos(lat2)*hav(dlon)
        return(radius*invhav(h))
    }
```

이들 코드를 집합체로 묶어 보자. 먼저 집합체를 정의한 다음, 개별 함수를 이 집합
체와 연결한다.

```
version 15.1
set matastrict on

clear all
mata:
class EarthDistance
{
  public:
     real scalar distance()
  private:
     real scalar radians()
     real scalar hav()
     real scalar invhav()
}

real scalar EarthDistance:: distance(real vector pos1,
                               real vector pos2 ) //<-- note
{
  real scalar dlon, dlat
  real scalar lat1, lat2
  real scalar lon1, lon2
  real scalar h, radius

  radius=6375                    // kilometers
```

```
        lat1=radians(pos1[1])
        lon1=radians(pos1[2])

        lat2=radians(pos2[1])
        lon2=radians(pos2[2])

        dlon=lon2-lon1
        dlat=lat2-lat1

        h=hav(dlat)+cos(lat1)*cos(lat2)*hav(dlon)
        return(radius*invhav(h))
    }

    real scalar EarthDistance:: radians(real scalar p)  //<--note
    {
        return(p*(pi()/180))
    }

    real scalar EarthDistance:: hav(real scalar theta)  //<--note
    {
        return((1-cos(theta))/2)
    }

    real scalar EarthDistance:: invhav(real scalar h)  //<--note
    {
        return(2*asin(sqrt(h)))
    }
    end
```

집합체로 묶어 놓은 이 프로그램은 제대로 작동하는가? 이를 알기 위해, 실제의 두 지점 사이의 거리를 이 프로그램으로 추론해 보자. 서울과 여수 간 거리를 알아 보자. 서울의 위도와 경도는 (37.6, 127.00)이고, 여수의 위도와 경도는 (34.8, 127.7) 이다. 이 두 도시 간 거리는 얼마나 될까?

```
: e=EarthDistance()
: e.distance((37.6, 127.00),(34.8, 127.7))
    317.8145131
```

이렇게 계산된 거리는 실제 거리인 대략 318km와 흡사하다. 그런데 앞에서 제시한 EuclidDistance와 EarthDistance와 같은 집합체의 모양은 다소 이상하다. 왜냐하면, 이 집합체는 함수만 포함하고, 심지어 단 하나의 함수만 포함할 뿐이기 때문이다. 집합체가 단 하나의 함수만 포함하는데, 왜 굳이 집합체를 사용해야 한단 말인가? 함수 하나만 사용하면 그만 아닌가? 예컨대, 다음과 같은 함수도 잘 작동하지 않는가?

```
mata:
real scalar distance(real vector pos1,
                     real vector pos2)
{
    real scalar dx, dy
    real scalar d

    dx=pos1[1]-pos2[1]
    dy=pos1[2]-pos2[2]
    d=sqrt(dx^2+dy^2)
    return(d)
}
end

: distance((1, 1), (2, -2))
  3.16227766
```

그러나 이 함수는 그렇게 좋은 프로그램이 아니다. distance라는 함수 이름 때문이다. 이 이름은 너무 일반적이어서 다른 사용자가 흔히 쓸 수 있는 이름이기 때문이다. 특히 Stata 회사가 지금은 아니라 할지라도 언젠가는 이 이름을 사용할 수 있다. 그런 사태에 이르면, Stata의 distance() 함수는 우리가 만든 distance() 함수보다 우선으로 작동하게 된다. 그리하여 우리가 애써 만든 함수는 무력화한다.

단일 함수 대신 집합체를 사용하는 이유는 두 가지다. 첫째, 계산이 복잡하여 서브루틴이 필요할 때 집합체는 관련 코드를 캡슐화하여 서브루틴을 사적인 것으로 보존한다.[54] 예컨대 앞의 EarthDistance에서 distance() 함수가 hav(), invhav(), radians()

---

54) 캡슐화(encapsulation)는 서로 관련하는 변수와 함수를 집합체로 묶는 작업이다. 일련의 코드를 캡슐화하면 외

등의 서브루틴을 사용했던 것을 상기해 보라. 둘째, 함수나 서브루틴은 집합체라는 맥락을 포함하므로 함수나 서브루틴에 좀 더 쉽고 편한 이름을 부여할 수 있다. 다시 말해, 집합체의 이름을 독특하게 설정하면, 집합체 안의 함수에는 직관적이고 평범한 이름을 붙여도 무방하다. 예컨대 EarthDistance라는 집합체 이름만 독특하면, 이 집합체 안의 함수에는 distance라는 평범한 이름을 그냥 그대로 부여할 수 있다. 왜냐하면, EarthDistance::distance()는 EarthDistance가 맥락이 되어 이 안의 distance()를 다른 distance()와 분명하게 구별하기 때문이다.

6. 집합체의 활용: LinReg

집합체를 만드는 과정은 크게 두 가지다. 하나는 집합체를 정의하는 것이고, 다른 하나는 집합체의 소속 함수를 작성하는 것이다. 앞에서 LinReg 집합체를 정의하였으므로, 이제 집합체의 소속 함수를 작성해 보기로 하자. 먼저 setup() 함수다. 사용자는 이 함수로 추정하려는 모형을 설정한다.

```
void  LinReg::setup(real  colvector  y,
                    real  matrix     X,
                    real  scalar     cons)
{
    ..............
    ..............
}
```

setup 함수 머리 부분에서 우리는 데이터의 변수 y와 X, 그리고 상수항(cons)을 함수에 전달한다. 함수의 본체(몸통) 부분에서 우리는 먼저 모든 변수를 초기화한다. y와 X는 포인터 변수이므로 초깃값을 NULL로 설정하고, 나머지 변수는 초깃값을 .z로 설정한다. 결측값을 나타내는 부호(".")를 그대로 사용해도 무방하나, 결측값과 구별하기 위해 .z로 초기화한다.

부의 영향을 받지 않고 내부에서 작업을 수행할 수 있는가 하면, 객체가 기능을 구현한 과정이나 방법을 숨길 수 있다.

```
y=       NULL
X=       NULL
b=       .z
XX=      .z
XXinv=.z
Xy=      .z
```

이렇게 변수를 초기화한 다음, 종속변수와 독립변수를 설정한다. 관례대로 종속변수의 이름을 y라고 하고, 독립변수의 이름을 X라 하며, 상수항을 cons라 하자. 이렇게 종속변수와 독립변수를 결정한 다음에 종속변수와 독립변수에 데이터의 변수를 할당한다.

```
y=&y
X=&X
cons=(cons!=0)
```

모양새가 다소 혼란스럽지 않은가? 모형의 종속변수 이름이 y인데, 입력 변수 이름도 y다. 비록 데이터의 주소를 나타내는 &가 양자를 구분하기는 하지만, 혼란스럽다. 이를 해결하는 방법은 두 가지다. 첫째, 함수의 머리 부분에서 데이터의 변수 이름을 함수의 변수 이름과 다르게 붙인 다음에,

```
void  LinReg::setup(real  colvector  user_y,
                    real  matrix      user_X,
                    real  scalar      user_cons)
```

함수 본체에서 다음과 같이 설정하는 방법이다.

```
y=&user_y
X=&user_X
cons=(user_cons!=0)
```

둘째, 함수 머리 부분은 그대로 두되, 함수 본체에서 this를 사용하는 방법이다. 이

this는 특정 변수나 함수가 소속 변수나 소속 함수임을 나타내는 지시어다.

```
this.y=&y
this.X=&X
this.cons=(user_cons!=0)
```

필자에게는 첫째 방법이 나아 보인다. 어쨌든 setup() 함수의 모든 것을 종합해 보자. 조금 전에 이야기한 두 가지 방식을 모두 제시해 보자. 한 가지 방식은 다음과 같다.

```
void LinReg::setup(real colvector  user_y,
                   real matrix     user_X,
                   real scalar     user_cons)
{
   y=      NULL
   X=      NULL
   b=      .z
   XX=     .z
   XXinv=.z
   Xy=     .z

   y=&user_y
   X=&user_X
   cons=(user_cons!=0)
}
```

다른 방식은 다음과 같다.

```
void LinReg::setup(real colvector  y,
                   real matrix     X,
                   real scalar     cons)
{
   ..........
   ..........

   this.y=&y
```

```
      this.X=&X
      this.cons=(cons!=0)
   }
```

setup() 함수를 다 만든 것 같지만, 이를 조금 더 다듬어 보자. 방금 본 것처럼 setup() 함수는 두 가지 작업을 한다. 하나는 변수를 초기화하는 것이고, 다른 하나는 함수의 변수에 데이터를 할당하는 작업, 입력 변수를 지정하는 일이다. 이 두 작업을 분리해 보자. 즉 초기화 작업과 입력 변수 지정 작업을 따로 분리해 보자. 분리하는 방식은 변수를 초기화하는 init() 함수로 새로 만드는 것이다.

```
      void  LinReg::init()
      {
        y=       NULL
        X=       NULL
        b=       .z
        XX=      .z
        XXinv=.z
        Xy=      .z
      }
```

이제 setup() 함수에 이 init() 함수를 포함한다(이렇게 init() 함수를 새로 만들면, LinReg 집합체의 정의 부분에서도 init() 함수를 설정해야 한다. 조금 뒤에 완성된 LinReg 집합체의 코드를 보라).

```
      void  LinReg::setup(real colvector  user_y,
                          real matrix     user_X,
                          real scalar     user_cons)
      {
        init()                          //<--note
        y=&user_y
        X=&user_X
        cons=(user_cons!=0)
      }
```

지금까지 setup() 함수를 초기화 부분과 입력 변수 지정 부분으로 나누었다. 이제 나머지 함수를 알아볼 차례다. 먼저 회귀계수를 구하는 b() 함수를 보자. b=(X'X)$^{-1}$X'y 이므로 다음과 같이 쓸 수 있다.

```
real colvector LinReg::b()
{
    if (b==.z) {
      b=XXinv()*Xy()
    }
    return(b)
}
```

이 함수의 논리적 구조는 단순하다. 이 함수는, b가 .z로 초기화되어 있다면, b를 (X'X)$^{-1}$X'y 값으로 바꾸고, 이를 반환하라는 논리로 짜여 있다. 이 b를 구하려면, XXinv()와 Xy() 함수의 결괏값을 구해야 하는데, 이 값들은 어떻게 구할 것인가? XXinv()와 Xy() 함수를 작성하면 구할 수 있을 것이다. 다른 한편, XXinv()를 구하려면, XX()를 구해야 한다. 그러므로 우리가 추가로 만들어야 할 함수는 XX(), XXinv(), Xy() 함수다. 먼저 XX() 함수의 코드를 구해 보자.

```
real matrix LinReg::XX()
{
    if (XX==.z) {
      XX=(*X, J(rows(*X), 1, 1))'(*X, J(rows(*X), 1, 1))
    }
    return(XX)
}
```

상수항(J(*rows(X), 1, 1))을 포함한 X는 (*X, J(rows(*X), 1, 1))이다. 그러므로 X'X 는 (*X, J(rows(*X), 1, 1))'(*X, J(rows(*X), 1, 1))이다. 나머지 XXinv(), Xy() 함수도 비슷한 방식으로 계산한다.

```
real matrix LinReg::XXinv()
```

```
{
  if (XXinv==.z) {
    XXinv=invsym(XX())
  }
  return(XXinv)
}

real colvector LinReg::Xy()
{
  if (Xy==.z) {
    Xy=(*X, J(rows(*X), 1, 1))'(*y)
  }
  return(Xy)
}
```

이들 함수를 종합하면 LinReg 집합체는 다음과 같은 모습을 띤다.

```
clear all
mata:
class LinReg
{
  public:
    void                    setup()
    real colvector          b()

  private:
    void                    init()       //<--note
    real matrix             XX()
    real matrix             XXinv()
    real colvector          Xy()

  private:
    pointer(real colvector) scalar y
    pointer(real matrix) scalar   X
    real scalar             cons

    real colvector          b
    real matrix             XX
    real matrix             XXinv
```

```
      real  colvector              Xy
}

void  LinReg::init()
{
   y=     NULL
   X=     NULL
   b=     .z
   XX=    .z
   XXinv=.z
   Xy=    .z
}

void  LinReg::setup(real  colvector  user_y,
                    real  matrix     user_X,
                    real  scalar     user_cons)
{
   init()
   y=&user_y
   X=&user_X
   cons=(user_cons!=0)
}

real  colvector  LinReg::b()
{
   if (b==.z) {
     b=XXinv()*Xy()
   }
   return(b)
}

real  matrix  LinReg::XX()
{
   if (XX==.z) {
      XX=(*X, J(rows(*X), 1, 1))'(*X, J(rows(*X), 1, 1))
   }
   return(XX)
}

real  matrix  LinReg::XXinv()
```

```
{
  if (XXinv==.z) {
    XXinv=invsym(XX())
  }
  return(XXinv)
}

real colvector LinReg::Xy()
{
  if (Xy==.z) {
    Xy=(*X, J(rows(*X), 1, 1))'(*y)
  }
  return(Xy)
}
end
```

이 집합체는 제대로 작동하는가? 확인해 보자. 외부자는 공적 함수 b()의 결과는 얻을 수 있지만, 사적 함수 XX(), XXinv(), Xy()의 결과는 확인할 수 없다. 오류 메시지에서 Mata는 아예 이런 함수가 없다고 말할 것이다.

```
. sysuse auto, clear
. putmata y=mpg X=(weight foreign), view replace
. mata:
: r=LinReg()
: r.setup(y, X, 1)
: r.b()
                    1

    1     -.0065878864
    2     -1.650029106
    3      41.67970233


: r.XX()
function XX() not declared in class LinReg
r(3000);

: end
```

이처럼 생성자를 이용해서 계수를 얻을 수 있지만, 이와 다른 방식으로도 계수를 얻을 수 있다. 별도의 함수를 작성하는 방법이 바로 그것이다. 여기서는 사례 수 (observation)가 적은 데이터를 사용할 때의 함수를 먼저 살펴보고, 매우 큰 데이터를 사용할 때의 함수도 살펴본다. 사례 수가 적을 때는 다음과 같은 함수를 사용해도 무방하다.

```
mata:
void myregression(real colvector y,
                real matrix    X,
                real scalar    cons)
{
    class LinReg scalar r
    r.setup(y, X, 1)
    r.b()
}
end

. sysuse auto
. mata:
: st_view(y=.,.,"mpg")
: st_view(X=.,.,tokens("weight foreign"))
: myregression(y, X, 1)
: end
```

크지 않은 데이터를 사용할 때는 위와 같은 방식으로 접근하면 될 것이지만, 사례 수가 많아서 메모리를 많이 차지하는 데이터를 사용할 때는 다음과 같은 함수를 사용하는 것이 더 낫다.

```
mata:
void myreg(real colvector y,
          real matrix    X,
          real scalar    cons)
{
    pointer(class LinReg scalar) scalar p
    p=&(LinReg())
```

```
    (*p).setup(y, X, 1)
    (*p).b()
  }
end


. sysuse auto
. putmata y=mpg X=(weight foreign), view replace
. mata:
: myreg(y, X, 1)
                        1

    1   -.0065878864
    2   -1.650029106
    3    41.67970233


: end
```

제20장 | 매크로 변수 유형

Stata에서 매크로(macro)는 매우 중요한 구실을 한다. Stata의 프로그램에서 우리는 흔히 '많은' 매크로를 '자주' 사용한다. Stata에서 변수를 중심화하는 다음 프로그램을 보자(우리는 앞에서 이미 변수를 중심화하는 본격적인 프로그램을 보았다. 지금은 이보다 다소 느슨한, 그러나 이해하기 쉬운 프로그램을 살펴보자).

```
clear all
program fixvars
   syntax varlist
   foreach var of local varlist {
      quietly sum `var', meanonly
      local mean=r(mean)
      replace `var'=`var'-`mean'
   }
end
```

이 프로그램을 보면 매크로가 많다. var와 mean도 매크로고 varlist도 매크로다. 매크로가 없으면 프로그램이 작동하지 않을 것처럼 보일 지경이다. 그러나 Mata에서는 이런 매크로를 거의 쓰지 않는다. 위와 동일한 결과를 낳는 프로그램을 Mata에서 작성하면, 다음과 같이 쓸 수 있다. 여기에는 그 어떤 매크로도 존재하지 않는다.

```
mata:
function fixvars(string scalar varnames)
{
   real matrix X

   st_view(X=.,.,tokens(varnames))
   X[,]=X:-mean(X)
}
end
```

이처럼 Mata는 보통 매크로를 전제하지 않고 매크로를 거의 쓰지 않는다. 그러나 Mata가 매크로와 전혀 관계가 없는 것은 아니다. Mata는 때때로 매크로를 활용한다. Mata가 매크로를 활용하는 몇 가지 방법을 알아보자. 하나는 간접 사용법이고, 다른 하나는 직접 사용법이다. 먼저 간접 사용법부터 보자.

우리는 Stata의 매크로를 끌어와 Mata에서 사용할 수 있다. Stata와 Mata를 결합하는 다음 예를 보자.

```
program myfixvars
   syntax varlist
   mata: fixvars("`varlist'")              //<--note
end

mata:
function fixvars(string scalar varnames)
{
   real matrix X

   st_view(X=.,.,tokens(varnames))         //<--note
   X[,]=X:-mean(X)
}
end
```

이 프로그램이 뜻하는 바는 다음과 같다. Stata는 프로그램 이름(명령어) 다음에 나오는 변수의 목록은 "`varlist'"에 저장한다. 예컨대 Stata 명령 창에서 myfixvars mpg weight라고 입력하면 "`varlist'"는 "mpg weight"가 된다. 이렇게 Stata에서 미리 전개(expansion)한 변수 목록은 Mata에서 varnames라는 문자열이 된다.

그러나 이런 방식의 프로그램은 때때로 불편할 수도 있다. 예컨대 사용자가 명령 창에서 myfixvars q1-q10000이라고 명령하면 "`varlist'"는 "q1 q2…q10000"과 같은 엄청난 길이의 문자열이 된다. 이 긴 문자열은 Stata에서 먼저 전개한 다음, Mata의 varnames로 옮긴다. 그러나 Stata에서 문자열을 이렇게 미리 전개하는 것은 낭비다. 필요할 때 Mata에서 전개하는 것이 훨씬 더 효과적이다. 그러므로 프로그램을 효율적으로 운용하려면 앞의 프로그램을 다음과 같이 고치는 게 더 낫다.

```
program myfixvars
  syntax varlist
  mata: fixvars("varlist")                    //<--changed
end


mata:
function fixvars(string scalar varnames)
{
  real matrix X

  st_view(X=.,.,tokens(st_local(varnames)))   //<--changed
  X[,]=X:-mean(X)
}
end
```

고친 프로그램의 특징은 다음과 같다. ① Stata에서 변수 목록(varlist)을 전개하지 않고 목록의 이름만 지정한다. 즉 "`varlist'"가 아니라 "varlist"라고 지정한다(fixvars ("varlist")). ② st_view() 함수로 Stata 변수를 Mata의 행렬로 전환할 때, st_local() 함수로 매크로 이름을 불러들이고(st_local() 함수의 전달 인자는 문자열임을 상기하라), tokens() 함수로 이 이름을 변수별로 분리한다(tokens(st_local(varnames))).

지금까지 Mata에서 매크로를 간접 사용하는 방식을 보았다. 이제 Mata에서 매크로를 직접 사용하는 방식을 보자. Stata에서 만든 글로벌(전역) 매크로(global macro)는 Mata에서 사용할 수 없지만, 로컬(지역) 매크로는 그대로 사용할 수 있다. 예를 들어보자.

```
. local a 7
. local b *
: mata:
: 30*`a'
  210
: 30*st_local("a")
  77777777777777777777777777777777
: "`b'"
  *
: 30*st_local("b")
  ******************************
```

이 예에서 우리는 Mata에서 로컬 매크로 'a'는 7이라는 '숫자'를 나타내지만, st_local("a")은 7이라는 '문자'를 반환한다는 사실을 알 수 있다.

이처럼 Mata에서 로컬 매크로는 그대로 사용할 수 있지만, 한 가지 주의해야 할 것이 있다. 다음은 원화를 달러화로 전환하는 프로그램이다. 아래와 같은 Mata 프로그램에서는 로컬 매크로가 없다.

```
version 15.1
mata:
real scalar korwonval(real scalar dollar)
{
    real scalar wonperdollar
    wonperdollar=1200
    return(korwon/wonperdollar)
}
korwonval(10000)
  8.333333333333

end
```

달러당 원화 환율이 1200원일 때, 한화 만원을 달러로 환산하면, 약 8.3 달러다. 로컬 매크로를 사용하면 이 프로그램을 다음과 같이 고칠 수 있다.

```
clear all
local wonperdollar 1200
mata:
real scalar korwonval(real scalar korwon)
{
    return(korwon/`wonperdollar')
}

korwonval(10000)
  8.3333333333333333

end
```

결과는 같다. 그러므로 편리하다면, 로컬 매크로를 활용해도 좋다. 그러나 주의해야
할 점은 한번 컴파일한 로컬 매크로는 다시 정의한다고 해서 바뀌지 않는다는 것이
다. 예컨대

```
clear all
local wonperdollar 1200
mata:
real scalar korwonval(real scalar korwon)
{
    return(korwon/`wonperdollar')
}

korwonval(10000)
  8.3333333333

end

local wonperdollar 1100
mata: korwonval(10000)
  8.3333333333

end
```

환율을 1200원에서 1100원으로 고쳐도 환전 결과는 같다. Mata가 이미 컴파일된
환율, 1200원을 고수하기 때문이다. 환율을 바꾸려면 다시 컴파일해야 한다. 즉,
clear all 등의 명령어로 이미 컴파일한 내용을 버리고 다시 컴파일해야 한다.
  이렇게 로컬 매크로를 Mata에서 직접 사용할 수도 있지만, 다른 한편, 새로운 변
수 유형을 만들 때도 매크로를 사용할 수 있다. 예를 들어보자. 앞에서 우리는 각도
를 라디안으로 바꾸는 프로그램을 작성한 적이 있다.

```
mata:
real scalar radians(real scalar d)
{
    return(d*(pi()/180))
}
```

```
            end
```

Stata에서 미리 정의한다면, 이런 프로그램은 다음과 같이 고쳐 쓸 수 있다.

```
            clear
            local Degree real
            local Radian real

            mata:
            `Radian' scalar radians(`Degree' scalar d)
            {
                return(d*(pi()/180))
            }
            end
```

매크로 때문에 함수가 조금 더 이해하기 쉽게 바뀌지 않았는가? 이때 사용한 `Radian'와 `Degree'는 매크로 변수 유형(macroed type)이라고 부르거나 파생형 변수 유형(derived type)이라고 부른다. 매크로 변수 유형은 위의 예에서 본 것처럼 요소 유형만 포함할 수도 있지만, 조직 유형까지 포함할 수도 있다.

```
            clear
            local DegreeS real scalar
            local RadianS real scalar

            mata:
            `RadianS' radians(`DegreeS' d)
            {
                return(d*(pi()/180))
            }
            end
```

매크로 변수 유형을 사용할지, 아니면 원래의 변수 유형을 사용할지는 사용자가 결정할 일이다. 매크로 변수 유형은 프로그램의 가독성(可讀性, readability)을 높여 오류 가능성을 줄일 수 있게 하거나 프로그램을 쉽게 이해할 수 있게 한다. 예를 들어보자. 앞에서 우리는 다음과 같은 함수를 제시하였다.

```
mata:
numeric rowvector quadratic3(real scalar a,
                             real scalar b,
                             real scalar c)
{
  real  scalar         D
  complex  scalar      CD
  numeric  rowvector  r

  D=b^2-4*a*c
  CD=C(D)
  r=(-b-sqrt(CD), -b+sqrt(CD))/(2*a)
  return(r)
}
end
```

매크로 변수 유형을 사용하면, 이 함수는 다음과 같이 고쳐 쓸 수 있다.

```
version 15.1
set matastrict on

local NRV numeric rowvector
local RS real scalar
local CS complex scalar
mata:
`NRV' quadratic3(`RS' a, `RS' b, `RS' c)
{
  `RS'  D
  `CS'  CD
  `NRV' r

  D=b^2-4*a*c
  CD=C(D)
  r=(-b-sqrt(CD), -b+sqrt(CD))/(2*a)
  return(r)
}
end
```

그런데 이런 프로그램이 더 간편하고 더 쉽게 보이는가? 위 프로그램은 매크로 변수 유형을 써서 더 간편해진 것 같지 않다. 오히려 더 번잡하게 보이기도 한다. 이렇게 매크로 변수 유형이 더 간편하지 않거나 더 쉽지 않다고 느끼면, 이를 버리고 원래의 변수 유형을 고수하면 될 것이다. 그러나 행렬의 선형독립성 여부를 판별하는 아래의 프로그램에서는 매크로 변수 유형을 사용한 프로그램이 그렇지 않은 프로그램보다 훨씬 더 간편하고 훨씬 더 직관적으로 보인다.[55] 그러므로 매크로 변수 유형을 마다할 이유가 없다. 원래의 프로그램 표기 방식은 다음과 같지만,

```
mata:
real scalar fullrank(real matrix X)
{
   real matrix Xinv
   Xinv=invsym(X)
   for(i=1;i<=rows(Xinv);  i++) {
      if (Xinv[i,i]==0) return(0)
   }
   return(1)
}
end
```

매크로 변수 유형을 사용하면, 이를 다음과 같이 고쳐 쓸 수 있다.

```
clear
local boolean  real scalar
local RM        real matrix
local True     1
local False    0

mata:
`boolean' fullrank(`RM' X)                    //<--note
{
   `RM' Xinv
   Xinv=invsym(X)
```

---

55) 역행렬의 대각선에 0이 존재하면 행렬은 선형 독립이지 않다.

```
        for(i=1;i<=rows(Xinv);  i++) {
          if (Xinv[i,i]==0) return(`False')              //<--note
        }
        return(`True')                                   //<-- note
      }
      end
```

매크로 변수 유형을 사용한 프로그램이 더 직관적이다. 어쨌든 이 프로그램을 실제로 사용해 보자.

```
  . sysuse auto
  . mata:
  : st_view(X=.,.,.,tokens("weight foreign displacement"))
  : XXinv=invsym(XX)
  : fullrank(XXinv)
    1
```

매크로 변수 유형은 이렇게 보통의 프로그램에서도 얼마든지 사용할 수 있지만, 특히 구조체나 집합체에서 유용하게 쓸 수 있다. 여기서는 집합체에서 매크로 변수 유형을 사용하는 방법을 보자. 앞에서 우리는 LinReg라는 간단한 집합체를 만들었다. 그리고 그 집합체를 활용하는 별도의 프로그램에서 우리는 class LinReg scalar라는 명령어로 LinReg의 인스턴스를 만들었다.

```
      mata:
      void myregression(real colvector y,
                        real matrix    X,
                        real scalar    cons)
      {
        class LinReg scalar r
        r.setup(y, X, 1)
        r.b()
      }
      end
```

매크로 변수 유형을 사용하면, 이 명령어를 더 보기 좋게 더 직관적으로 바꿀 수 있다.

```
local LinReg class LinReg scalar
mata:
void myregression(…)
{
   `LinReg' r
   r.setup(y, X, 1)
   r.b()
}
end
```

다른 한편, 매크로 변수 유형은 집합체 이름을 바꿀 때도 유용하다. 앞에서 우리는 LinReg 집합체를 미리 정의한 뒤에, 즉 LinReg 집합체의 이름을 미리 확정한 뒤에, 이 이름을 서브루틴에서 계속 사용하였지만, 이런 방식의 프로그램 개발은 다소 무리한 일이다. 왜냐하면 나중에 LinReg라는 이름을 그대로 쓸지, 아니면 다른 이름을 붙일지는 아직 모르는 일이기 때문이다. 프로그램 개발 단계에서는 다른 사람이나 기관이 전혀 쓸 것으로 보이지 않은 복잡하고 독특한 이름, 예컨대 LinearRegressionDevelopmentTrial 등과 같은 이름을 붙여도 무방하다. 개발이 끝나면 그때야 비로소 LinReg라고나 LinearRegression과 같은 이름, 즉 쉽게 이해 가능한 이름을 확정하는 게 훨씬 더 효율적이다. 그러나 집합체 안에서 이렇게 복잡하고 긴 이름을 계속 반복하는 일은 번거로울 뿐 아니라 현명하지도 않다. 그러므로 매크로를 써서 이를 간략하게 표기할 수 있다.

```
local LinReg LinearRegressionDevelopmentTrial
mata:
class `LinReg' {
   ……
}
void `LinReg'::init()
{
   ……
}
```

```
void `LinReg':: setup(…)
{
   ……
}
……
……
end
```

  그런데 집합체를 개발하는 최종 단계에서 LinearRegressionDevelopmentTrial이라
는 길고 복잡한 이름을 버리고 LinReg라는 간편한 이름을 쓰기로 결정한다면, 이 프
로그램을 어떻게 고칠 것인가? 간단하다. 다른 것은 그대로 두고 Stata의 명령어,

     local LinReg LinearRegressionDevelopmentTrial

을 다음과 같이 바꾸면 된다.

     local LinReg LinReg

  마음이 바뀌어 최종 이름으로 LinReg가 아니라 LinearRegression으로 하기로 결정
했다면, 다른 것은 바꾸지 않고 단지 로컬 매크로를

     local LinReg LinearRegression

으로 바꾼다.
  집합체의 이름이야 어떤 방식으로 바꾸든, 생성자를 사용하여 이 집합체의 인스턴
스를 만드는 방식은 다음과 같다.

     e=`LinReg'()

제21장 | 기술 통계치

이 장에서는 평균과 표준편차, 최솟값과 최댓값 등의 기술 통계치(descriptive statistics)를 구하는 프로그램을 만든다. 물론 현실적으로 이런 프로그램이 필요한 것은 아니다. 그런 프로그램은 Stata가 이미 제공한다.

```
. sysuse auto, clear
. summarize mpg weight foreign
    Variable │        Obs        Mean    Std. Dev.         Min         Max
─────────────┼──────────────────────────────────────────────────────────
         mpg │         74     21.2973     5.785503          12          41
      weight │         74    3019.459     777.1936        1760        4840
     foreign │         74    .2972973     .4601885           0           1
```

Stata의 summarize 명령어는 개별 변수의 사례 수(Obs), 평균(Mean), 표준편차(Std. Dev.), 최솟값(Min)과 최댓값(Max)을 구한다. 그런데 우리가 왜 이런 기술 통계치를 계산하는 프로그램을 따로 만든단 말인가? 순전히 실용적 이유 때문이다. 이런 프로그램을 만드는 것은 Stata와 Mata 프로그램을 짜는 연습이나 훈련을 하기 위함이다. 이런 방식의 연습은 매우 효과적인데, 그 이유는 다음과 같다. 첫째, 우리가 만든 프로그램으로 얻은 결과가 Stata의 명령어가 출력한 결과와 일치하는지를 쉽게 평가할 수 있다. 둘째, 프로그램을 만들 때, 이미 존재하는 Stata 명령어의 구문(syntax)을 참조할 수 있다.

Stata로 요약 통계치를 제시하는 방법을 다룬 책은 이미 존재한다. 장상수(2010)는 요약 통계치를 산출하는 Stata 프로그램에 대해 상세하게 논의하였다. 그러나 그 책은 Mata를 활용하지 않은 ado 파일을 주로 논의하였다. 그런 파일을 만드는 방법을 반복해서 다룰 필요는 없을 것이다. 그러므로 이 책에서는 ① Stata와 Mata를 결합한 ado 파일(mydes.ado)을 제시하거나 아예 ② Mata로만 만든 프로그램(mydes.mata)을 제시해 보자. 먼저 Stata와 Mata를 결합한 ado 파일을 만들어 보자.

1. Stata와 Mata의 결합 함수: mydes.ado

앞에서 보았다시피, Stata의 ado 파일의 형태는 다음과 같다.

```
program define prog_name
    version 15.1
    ...............
    ...............
end

version 15.1
mata:
    ...............
    ...............
end
```

이 구조는, 우리가 앞에서 이미 보았다시피, Stata의 프로그램과 Mata의 프로그램을 결합한 것이다. 구조가 그렇다면 우리는 Mata 프로그램보다 Stata 프로그램을 먼저 생각해야 한다. 기술 통계치를 구하는 ado 파일의 이름을 mydes라고 해 보자. 즉 우리가 mydes.ado 파일을 만든다고 해 보자. 그렇다면 이 ado 파일은 program [define] mydes라는 명령어로 시작할 것이다. 추가로 이 프로그램의 실행 결과를 저장한다고 가정해 보자. 그렇다면 이 파일은 다음과 같은 명령으로 시작할 것이다.

```
program mydes, rclass
```

이 명령어 다음에는 mydes 명령의 구문(syntax)을 결정해야 할 것이다. mydes 명령 다음에 변수 이름이 나올 것인가? if나 in과 같은 제한자(qualifier)를 지정할 것인가? 특별한 선택사항(option)을 붙일 것인가? 이 모든 요인을 붙여도 좋고 붙이지 않아도 좋다고 가정해 보자. 그렇다면 syntax 명령어는 다음과 같을 것이다.

```
syntax [varlist][if][in][,options]
```

syntax 명령어는 로컬 매크로를 생성한다. 구체적으로 말하면, `varlist`, `if`, `in`, `options`라는 매크로를 생성한다. 예컨대

```
sysuse auto
mydes mpg weight if foreign in 1/50
```

이라고 명령하면, 이 명령어가 syntax 구문에 이르러 varlist라는 로컬 매크로를 만들고 if와 in이라는 매크로를 생성한다. 이 매크로의 내용은 순서대로 각각, mpg weight이고, if foreign이며, in 1/50이다. 요컨대 `varlist`=mpg weight이고, `if`=if foreign이며, `in`=in 1/50일 것이다.

다음 순서는 제한자를 붙이는 과정이다. 거두절미하고, syntax 명령어에 이어 다음과 같은 명령어를 붙인다.

```
marksample touse
```

이 명령어의 의미는 표본을 제한하되, 제한한 표본을 1로 표시하고 버리는 표본을 0으로 표시하여 touse라는 로컬 매크로에 저장하라는 것이다. 예컨대 우리가

```
mydes mpg weight if foreign in 1/50
```

이라고 명령했다면, 외국산 차이자 1부터 50번째 자동차에는 1이라는 값을 부여하고, 국산차이거나 51~74번째 자동차에는 0이라는 값을 부여한 매크로, touse를 만들라는 말이다.

이제 Mata 함수와 연결해 보자. 이 Mata 함수의 이름은 우선 my_desc()라고 가정해 보자. Mata 함수는 나중에 만들기로 하고, 우선 Stata에서 이 Mata 함수로 보내야할 인자(전달 인자)를 지정해야 한다. 전달 인자는 둘인데, 하나는 변수 이름이고, 다른 하나는 제한자다. 변수 이름은 "`varlist`"이고, 제한자는 "`touse`"다. 그러므로 Stata에서 Mata 함수로 진입하는 방법은 다음과 같다.

```
mata: my_desc("`varlist'", "`touse'")
```

앞에서 말한 Stata 프로그램을 정리해 보자. Mata 함수를 부른 다음에 할 일은 점선(…)으로 표시하였다.

```
program mydes, rclass
    syntax [varlist][if][in][,options]
    marksample touse
    mata: my_desc("`varlist'", "`touse'")
    ..................
end
```

어쨌든 이제 Mata 함수를 불렀으니 Mata 함수를 살펴보자. 먼저 Mata 함수의 전달 인자는 둘이다. 하나는 변수 이름("`varlist'")이고, 다른 하나는 제한자("`touse'")다. 그러니 Mata 함수의 초입 부분은 다음과 같을 것이다. 즉 함수의 전달 인자는 다음과 같을 것이다. 여기서 varnames는 "`varlist'"에 해당하는 것이고, touse는 "`touse'"에 상응하는 것이다. varnames나 touse는 사용자가 편한 대로 다른 이름으로 바꾸어도 무방하다.

```
void my_desc(varnames, touse)
{
    ..................
}
```

이제 이 전달 인자를 받아 무엇을 어떻게 가공할 것인가? 먼저 이 함수에서 사용할 변수를 지정해 보자. 이 함수는 변수를 행렬로 전환하는데, 이 행렬을 X라고 하고, 행렬을 가공하여 얻은 새 행렬을 D라고 가정해 보자. 그렇다면

```
real matrix X, D
```

라고 할 수 있다. 다음에는 각 열의 사례 수(N), 평균(mean), 분산(v), 표준편차(sd), 최솟값(min), 최댓값(max)을 사용할 것인데, 이들은 모두 행 벡터다. 그러므로

```
real rowvector N, mean, v, sd, min, max
```

라고 선언한다.

　다음 단계에서, 전달 인자로 건네받은 Stata의 변수를 Mata의 행렬로 바꾼다.

```
st_view(X=.,.,tokens(varnames), touse)
```

　이 행렬에서 우리는 행렬의 행 수(변수의 사례 수), 열 평균, 열의 표준편차, 열의 최솟값, 열의 최댓값을 알고 싶다. 먼저 각 열의 행 수(변수의 사례 수)는 어떻게 알 수 있는가? colnonmissing() 함수로 알 수 있다. 이 함수는 결측값을 제외한 나머지 사례의 수를 셈한다.

```
N=colnonmissing(X)
```

　각 열의 평균은 어떻게 구하는가? colsum() 함수는 한 열의 합을 구하고, 평균은 이 합을 각 열의 행 수로 나눈 것이다.

```
mean=colsum(X):/N
```

　각 열의 분산은 다음과 같은 식으로 나타낼 수 있고, 표준편차는 분산의 제곱근이다.

```
v=colsum((X:-mean):*(X:-mean)):/(N:-1)
sd=sqrt(v)
```

　각 열의 최솟값과 최댓값은 colmin() 함수와 colmax() 함수로 구한다.

```
min=colmin(X)
max=colmax(X)
```

이제 이들, 각 열의 행 수와 평균, 표준편차, 최솟값과 최댓값을 하나의 행렬(D)로 묶어 보자.

    D=N', mean', sd', min', max'

이들 값을 모두 구했으므로 이 행렬을 Stata로 옮기자.

    st_matrix("D", D)

이제 Mata의 작업은 모두 끝났다. 이 작업을 정리해 보자.

```
version 15.1
set matastrict on
mata:
void my_desc(varnames, touse)
{
    real matrix X, D
    real rowvector N, mean, v, sd, min, max

    st_view(X=.,.,tokens(varnames), touse)
    N=colnonmissing(X)
    mean=colsum(X):/N
    v=colsum((X:-mean):*(X:-mean)):/(N:-1)
    sd=sqrt(v)
    min=colmin(X)
    max=colmax(X)
    D=N', mean', sd', min', max'

    st_matrix("D", D)
}
end
```

Mata가 할 일은 모두 끝났으므로 작업은 이제 Stata로 넘어간다. Stata는 Mata에서 넘겨받은 D 행렬의 행 이름과 열 이름을 붙이고, 이 행렬을 출력한다.

```
matrix rownames D=`varlist'
matrix colnames D=N mean sd min max
matlist D
```

그리고 return 명령어로 이 결과 행렬(D)을 저장한다. 저장할 때는 사용자가 이해하기 좋은 이름을 붙인다.

```
return matrix summary=D
```

Stata의 작업도 모두 끝냈다. 이 작업을 정리하고, Mata 함수와 결합해 보자.

```
program mydes, rclass
    version 15.1
    syntax [varlist][if][in][,options]
    marksample touse

    mata: my_desc("`varlist'", "`touse'")

    matrix rownames D=`varlist'
    matrix colnames D=N mean sd min max
    matlist D

    return scalar summary=D
end

version 15.1
set matastrict on

mata:
void my_desc(string scalar varnames,
             string scalar touse)
{
    real matrix X, D
    real rowvector N, mean, v, sd, min, max

    st_view(X=.,.,tokens(varnames), touse)
    N=colnonmissing(X)
```

```
    mean=colsum(X):/N
    v=colsum((X:-mean):*(X:-mean)):/(N:-1)
    sd=sqrt(v)
    min=colmin(X)
    max=colmax(X)
    D=N', mean', sd', min', max'

    st_matrix("D", D)
 }
 end
```

이 프로그램을 C:\ado\personal 디렉토리에 mydes.ado라는 이름으로 저장하고 Stata의 명령 창에 다음과 같이 입력해 보자.

```
. sysuse auto
. mydes mpg weight
```

	N	mean	sd	min	max
mpg	74	21.2973	5.785503	12	41
weight	74	3019.459	777.1936	1760	4840

이는 Stata의 summarize 명령의 결과와 정확하게 일치한다. 프로그램을 제대로 만들었다는 이야기다.

```
. summarize mpg weight
```

Variable	Obs	Mean	Std. Dev.	Min	Max
mpg	74	21.2973	5.785503	12	41
weight	74	3019.459	777.1936	1760	4840

그러나 이 mydes 프로그램은 불완전하다. 결측값 문제를 제대로 다루지 못하기 때문이다.

```
. mydes mpg weight rep78
```

	N	mean	sd	min	max
mpg	69	21.28986	5.866408	12	41
weight	69	3032.029	792.8515	1760	4840
rep78	69	3.405797	.9899323	1	5

이런 결과는 우리가 예측한 바와 다르다. 다시 summarize 명령어를 동원해 보면, 그 결과는 다음과 같다.

```
    Variable │       Obs        Mean    Std. Dev.        Min         Max
─────────────┼─────────────────────────────────────────────────────────
         mpg │        74     21.2973     5.785503         12          41
      weight │        74    3019.459     777.1936       1760        4840
       rep78 │        69    3.405797     .9899323          1           5
```

구체적으로 말하면, mpg weight 등의 사례 수는 모두 74개인데, mydes 명령어는 이들의 사례 수를 69개로 표시하였다. Stata는 왜 그렇게 하였는가? rep78에 결측값이 존재하는데, 이것이 누락된 사례는 모두 일괄 삭제(listwise deletion)하였기 때문이다. 왜 이런 일이 일어났는가? marksample 명령어 때문이다. marksample touse 명령어는 if나 in과 같은 제한자를 이용하여 표본을 줄이지만, 결측값을 일괄삭제하기도 한다. 그러므로 mydes 파일은 결측값을 일괄삭제하지 않도록, 제한자만 활용하도록 명령을 변경해야 한다. marksample 대신 다음 명령어를 삽입한다.

```
tempname touse
mark `touse' `if' `in'
```

marksample touse를 이런 명령어로 대체하면 사태가 개선할 것인가? 살펴보자.

```
program mydes, rclass
    version 15.1
    syntax [varlist][if][in][,options]

    tempname touse                            // modified
    mark `touse' `if' `in'                     // modified

    mata: my_desc("`varlist'", "`touse'")

    matrix rownames D=`varlist'
    matrix colnames D=N mean sd min max
    matlist D
```

```
    return  scalar  summary=D
end

version  15.1
set  matastrict  on

mata:
void  my_desc(string  scalar  varnames,
              string  scalar  touse)
{
    .............
    .............
}
end

.  discard
.  mydes  mpg  weight  rep78
```

	N	mean	sd	min	max
mpg	74	21.2973	5.785503	12	41
weight	74	3019.459	777.1936	1760	4840
rep78	69	3.405797	.9899323	1	5

훌륭하게 개선하였다. 여기서 discard라는 명령어에도 주목해야 한다. ado 파일을 수정하여 다시 실행할 때, 메모리에 탑재된 이전의 ado를 버리고, 새 ado 파일을 실행해야 한다. 이런 기능을 담당하는 것이 discard 명령어다.

2. 구조체를 이용한 Mata 함수: mydes_st.mata

우리는 앞에서 구조체와 집합체를 이용하여 복잡한 프로그램을 단순하게 만드는 방법을 살펴보았다. 이 절에서는 ado 파일이 아니라 구조체와 집합체를 이용하여 기초통계치를 구하는 방법을 알아보기로 하자. 먼저 구조체를 활용해 보자.

구조체는 세 부분으로 구성한다. 구조체의 정의 부분, 대입과 초기화 부분, 파생변수의 연산 부분 등이 바로 그것들이다. 먼저 구조체를 정의해 보자. 구조체의 이름을 mydes_st라고 붙여보자. 입력 변수는 행렬 X다. 파생 변수는 사례 수(N)와 각 열 (변수)의 평균(means), 각 열(변수)의 분산(V)과 표준편차(sd), 각 열(변수)의 최솟값 (min)과 최댓값(max)이다.

```
struct mydes_st {
    //input variables
    pointer(real matrix) scalar X

    //derived variables
    real rowvector N
    real rowvector means
    real matrix     V
    real rowvector sd
    real rowvector min, max
}
```

두 번째 부분은 대입과 초기화 부분이다. 대입은 입력 변수를 결정하는 과정이고, 초기화는 파생 변수를 초기화하는 과정이다.

```
struct mydes_st scalar mset(real matrix X)
{
    struct mydes_st scalar r
    // input
    r.X=      &X

    // derived
    r.N=      .m
    r.means=.m
    r.V=      .m
    r.sd=     .m
    r.min=   .m
    r.max=  .m

    return(r)
}
```

앞에서 보았다시피, 이 과정은 대입 부분과 초기화 부분으로 나눌 수 있다.

```
void mydes_st_init(struct mydes_st scalar r)
{
  r.N=     .m
  r.means=.m
  r.V=     .m
  r.sd=    .m
  r.min=   .m
  r.max=   .m
}

struct mydes_st scalar mset(real matrix X)
{
  struct mydes_st scalar r
  // input
  r.X=     &X

  mydes_st_init(r)
  return(r)
}
```

마지막으로 파생 변수를 연산하는 부분을 완성해야 한다. 예를 들면 각 열(변수)의 사례 수는 다음과 같이 연산한다.

```
real rowvector N(struct mydes_st scalar r)
{
  if (r.N==.m) {
    r.N=colnonmissing(*r.X)
  }
  return(r.N)
}
```

파생 변수를 모두 연산한 다음에, 이를 다른 부분과 결합하면, 기술 통계치를 구하는 프로그램은 다음과 같은 모습을 띤다.

```
clear all
version 15.1
set matastrict on

mata:
struct mydes_st {
    //input variables
    pointer(real matrix)scalar X

    //derived variables
    real rowvector N
    real rowvector means
    real matrix     V
    real rowvector sd
    real rowvector min, max
}

void mydes_st_init(struct mydes_st scalar r)
{
    r.N=      .m
    r.means=.m
    r.V=      .m
    r.sd=    .m
    r.min=   .m
    r.max=   .m
}

struct mydes_st scalar mset(real matrix X)
{
    struct mydes_st scalar r
    // input
    r.X=      &X

    mydes_st_init(r)
    return(r)
}

real rowvector N(struct mydes_st scalar r)
{
    if (r.N==.m) {
```

```
        r.N=colnonmissing(*r.X)
    }
    return(r.N)
}


real rowvector means(struct mydes_st scalar r)
{
    if (r.means==.m) {
        r.means=colsum(*r.X):/N(r)
    }
    return(r.means)
}


real matrix V(struct mydes_st scalar r)
{
    if (r.V==.m) {
        r.V=colsum((*r.X:-means(r)):*(*r.X:-means(r))):/(N(r):-1)
    }
    return(r.V)
}


real rowvector sd(struct mydes_st scalar r)
{
    if (r.sd==.m) {
        r.sd=sqrt(V(r))
    }
    return(r.sd)
}


real rowvector min(struct mydes_st scalar r)
{
    if (r.min==.m) {
        r.min=colmin(*r.X)
    }
    return(r.min)
}


real rowvector max(struct mydes_st scalar r)
{
    if (r.max==.m) {
```

```
            r.max=colmax(*r.X)
        }
        return(r.max)
    }
end
```

이 프로그램을 mydes_st.mata라는 이름으로 저장하자. 이제 이 파일로 기술 통계
치를 구해 보자.

```
clear all
do mydes_st.mata
sysuse auto
local varlist mpg weight rep78
mata:
st_view(X=.,.,tokens("`varlist'"))
r=mset(X)
D=N(r)\means(r)\sd(r)\min(r)\max(r)
st_matrix("summary", D')
end

mat rownames summary=`varlist'
mat colnames summary=N mean sd min max
matlist summary
```

	N	mean	sd	min	max
mpg	74	21.2973	5.785503	12	41
weight	74	3019.459	777.1936	1760	4840
rep78	69	3.405797	.9899323	1	5

```
exit
```

바라는 결과를 얻었다. 프로그램을 잘 만들었다는 이야기다.

3. 집합체를 이용한 Mata 함수: mydes_cl.mata

지금까지 구조체를 사용한 프로그램을 만들어 기초통계치를 구하였다. 그러나 구

조체보다는 집합체가 훨씬 더 유연하다. 구조체는 변수만 포함하지만, 집합체는 변수뿐만 아니라 함수까지 사용하기 때문이다. 지금부터 집합체를 활용해 보자. 먼저 집합체를 정의해 보자. 집합체의 정의는 구조체의 정의와 흡사하다. 다만 변수와 함수를 공적인 것과 사적인 것으로 구분한다는 점이 다를 뿐이다. 집합체의 이름을 mydes_cl이라 하자.

```
class mydes_cl
{
public:
    pointer(real matrix) scalar X

private:
    real rowvector  N
    real colvector  i
    real matrix     M, V, V2
    real rowvector  means
    real rowvector  sd
    real rowvector  min, max

public:
    void            setup()
    real rowvector  N()
    real rowvector  means()
    real matrix     V()
    real rowvector  sd()
    real rowvector  min()
    real rowvector  max()

private:
    void            init()
}
```

집합체의 정의에서 추후에 사용할 변수와 함수를 정의하였다. 사적 변수와 공적 변수, 사적 함수와 공적 함수로 구분하기도 하였다. 다음에는 개별 변수를 초기화하는 부분이다. 여기서 행렬 포인터는 NULL로 초기화하였고, 나머지 변수는 결측값 .z로 나타냈다.

```
void mydes_cl::init()
{
    X=      NULL
    N=      .z
    means= .z
    V=      .z
    V2=     .z
    sd=     .z
    min=    .z
    max=    .z
}
```

대입 부분이다. 여기서는 다른 변수를 초기화하되, 외부의 행렬을 Mata로 불러들인다. 외부 행렬은 그 주소로 불러들인다.

```
void mydes_cl:: setup(real matrix user_X)
{
    init()
    X=&user_X
}
```

다음 순서는 개별 함수의 연산 부분이다. 사례 수를 구하고, 평균과 표준편차를 구하며, 최솟값과 최댓값을 연산한다. 먼저 사례 수를 연산하는 N() 함수를 살펴보자. 결측값을 제외한, 행렬 X의 각 열의 사례 수는 colnonmissing() 함수로 구할 수 있다. 이 함수로 구한 결괏값은 행 벡터다.

```
real rowvector mydes_cl:: N()
{
    N=colnonmissing(*X)
    return(N)
}
```

다음에는 평균과 표준편차를 구하며, 최솟값과 최댓값을 연산하는 함수를 만든다.

```
real rowvector mydes_cl:: means()
{
  if (means==.z) {
    means=colsum(*X):/colnonmissing(*X)
  }
  return(means)
}

real matrix mydes_cl:: V()
{
  if (V==.z) {
    V=colsum((*X:-means):*(*X:-means)):/(N():-1)
  }
  return(V)
}

real rowvector mydes_cl:: sd()
{
  if (sd==.z) {
    sd=sqrt(V())
  }
  return(sd)
}

real rowvector mydes_cl:: min()
{
  if (min==.z) {
    min=colmin(*X)
  }
  return(min)
}

real rowvector mydes_cl:: max()
{
  if (max==.z) {
    max=colmax(*X)
  }
  return(max)
}
end
```

이제 앞에서 서술한 각 부분을 하나로 결합해 보자.

```
clear all
version 15.1
set matastrict on

class mydes_cl
{
  public:
     pointer(real matrix) scalar X

  private:
     real rowvector N
     real colvector  i
     real matrix     M, V, V2
     real rowvector means
     real rowvector sd
     real rowvector min, max

  public:
     void           setup()
     real rowvector N()
     real rowvector means()
     real matrix    V()
     real rowvector sd()
     real rowvector min()
     real rowvector max()

  private:
     void           init()
}

void mydes_cl::init()
{
  X=     NULL
  N=     .z
  means= .z
  V=     .z
  V2=    .z
```

```
       sd=      .z
       min=     .z
       max=     .z
}


void  mydes_cl::  setup(real  matrix  user_X)
{
    init()
    X=&user_X
}


real  rowvector  mydes_cl::  N()
{
    N=colnonmissing(*X)
    return(N)
}


real  rowvector  mydes_cl::  means()
{
    if  (means==.z)  {
      means=colsum(*X):/colnonmissing(*X)
    }
    return(means)
}


real  matrix  mydes_cl::  V()
{
    if  (V==.z)  {
      V=colsum((*X:-means):*(*X:-means)):/(N():-1)
    }
    return(V)
}


real  rowvector  mydes_cl::  sd()
{
    if  (sd==.z)  {
      sd=sqrt(V())
    }
    return(sd)
}
```

```
real rowvector mydes_cl:: min()
{
  if (min==.z) {
    min=colmin(*X)
  }
  return(min)
}

real rowvector mydes_cl:: max()
{
  if (max==.z) {
    max=colmax(*X)
  }
  return(max)
}
end
```

이 프로그램을 mydes_cl.mata라고 이름 붙여 D:\mystata\StataMata에 저장하자. 그리고 cd StataMata라는 명령어로 이 파일이 있는 곳으로 이동하여 이 프로그램을 활용해 보자.

```
clear all
do mydes_cl.mata
sysuse auto
local varlist mpg weight rep78
mata:
    st_view(X=.,.,tokens("`varlist'"))
    e=mydes_cl()
    e.setup(X)
    D=e.N()',e.means()',e.sd()',e.min()',e.max()'
    st_matrix("summary", D)
end

matrix rownames summary=`varlist'
matrix colnames summary=N means sd min max
matlist summary
```

	N	mean	sd	min	max
mpg	74	21.2973	5.785503	12	41
weight	74	3019.459	777.1936	1760	4840
rep78	69	3.405797	.9899323	1	5

```
exit
```

이제 Stata의 do 파일이 아니라 Mata의 라이브러리를 활용하여, 우리가 바라는 결과를 얻어 보자. 먼저 mydes_cl.mata를 제14장 끝부분에서 언급한 mylib.mlib 라이브러리에 추가해 보자. do 편집 창에 make_mylib.do 파일을 불러들여 다음과 같이 수정해 보자.

```
clear all
do hello.mata
do mydes_cl.mata              //<-- note: newly included
lmbuild lmylib.mlib, replace
```

이렇게 mydes_cl.mata를 라이브러리에 포함하면 다음 방식으로 이를 활용할 수 있다. 활용 파일에서 달라진 것은 별로 없다. 다만 do mydes_cl.mata라는 명령을 따로 내리지 않고 Mata의 라이브러리를 바로 사용한다는 점이 다를 뿐이다.

```
clear all
// do mydes_cl.mata             //<-- this line is omitted
sysuse auto
local varlist mpg weight rep78
mata:
   st_view(X=.,.,tokens("`varlist'"))
   e=mydes_cl()
   e.setup(X)
   D=e.N()',e.means()',e.sd()',e.min()',e.max()'
   st_matrix("summary", D)
end

matrix rownames summary=`varlist'
matrix colnames summary=N means sd min max
```

```
matlist  summary
```

	N	mean	sd	min	max
mpg	74	21.2973	5.785503	12	41
weight	74	3019.459	777.1936	1760	4840
rep78	69	3.405797	.9899323	1	5

```
exit
```

지금까지 mydes.ado 파일을 만들고 mydes_cl.mata 파일을 만들어 각각, Stata와 Mata를 결합한 파일, Mata로만 만든 파일을 알아보았다. 이들 파일이 얼마나 간결한 것인지는, 즉 Mata를 활용하면 파일을 얼마나 간결하게 만들 수 있는지는, Mata를 사용하지 않은 프로그램(10장의 mysum.ado)과 비교해 보면 쉽게 알 수 있다.

제22장 | 상관계수

변수와 변수의 연관성(association)을 알아보는 방법의 하나가 상관계수를 구하는 것이다. 변수와 변수의 연관성이 높으면, 피어슨의 상관계수는 1이나 -1에 가깝고 연관성이 낮으면 0에 가깝다. 앞(9장)에서 언급하였듯, 상관계수는 다음과 같은 방식으로 계산한다(여기서 s_{xy}는 x와 y의 공분산이고, s_x와 s_y는 각각 x와 y의 표준편차다).

$$r = \frac{s_{xy}}{s_x s_y} = \frac{1}{n-1} \sum \left(\frac{x - \bar{x}}{s_x}\right)\left(\frac{y - \bar{y}}{s_y}\right)$$

1. Stata와 Mata의 결합 함수: my_corr.ado

Mata에서 이를 어떻게 구할 것인가? 먼저 Stata와 Mata를 결합하여 ado 파일을 작성해 보자. Stata의 도입부를 만든 다음에, 도입부에서 만든 변수와 제한자를 Mata와 결합해 보자.

```
prog my_corr
    version 15.1
    syntax varlist(min=2)[if][in][,sig]
    tokenize("`varlist'")
    marksample touse

    mata: my_corr("`varlist'", "`touse'")
end
```

syntax 명령으로 사용할 변수의 명단("`varlist'")을 만든 다음에, tokenize 명령으로 이 변수들을 하나씩 분리한다. marksample 명령으로 분석 범위를 결정하는 제한자 (qualifier) 내용("`touse'")을 설정한다. 이 제한자는 if나 in으로 설정한 제한조건 안의 사례로 포함하고, 결측값이 아닌 값을 제한조건 안의 사례로 포함한다. 이제 mata: my_corr() 함수로 이렇게 추출한 변수 명단과 제한 조건을 mata: my_corr() 함수의 전달 인자로 이전한다.

```
mata: my_corr("`varlist'", "`touse'")
```

이렇게 Stata에서 자연스럽게 Mata 함수, 즉 my_corr() 함수로 이동한다. 이제 Mata 함수의 논리를 살펴보자.

```
mata:
void my_corr(string scalar varnames,
             string scalar touse)
{
  real matrix X, CX, cov, cor, t, p
  real scalar n, sx, sy, k, i, j

  st_view(X=.,.,tokens(varnames), touse)
  n=rows(X)
  k=cols(X)

  cov=J(k, k, .z)
  cor=J(k, k, .z)

  for(i=1; i<=k; i++) {
    for (j=1; j<=k; j++) {
      CX=X:-mean(X)
      sx=sqrt(sum(CX[,i]:*CX[,i])/(n-1))
      sy=sqrt(sum(CX[,j]:*CX[,j])/(n-1))
      cov[i,j]=sum(CX[,i]:*CX[,j])
      cor[i,j]=cov[i,j]/(sx*sy)/(n-1)
    }
  }
    ...................
    ...................
}
```

Mata 함수의 전반부에서 변수의 요소 유형과 조직 유형을 설정한다. X, CX, cov, cor 등은 행렬이고, n, sx, sy, k 등은 스칼라임을 선언한다. 만일 CX가 행렬이 아니면 오류 신호가 뜰 것이고, sx가 스칼라가 아니면 오류 신호가 뜨면서 함수의 실행이 종료할 것이다. 왜냐하면, 우리는 set matastrict on이라는 명령어도 맨 앞에 덧붙일 것이기 때문이다.

이제 전달 인자로 건네받은 외부 변수를 Mata 안의 행렬로 바꾸어야 한다. 이를 수행하는 것은 st_view() 함수다.

```
st_view(X=.,.,tokens(varnames), touse)
```

이 행렬의 행과 열의 수도 센다.

```
n=rows(X)
k=cols(X)
```

앞으로 공분산과 상관계수를 구할 것인데, 미리 이들을 지정한다. 초깃값은 결측값 (.z)이다.

```
cov=J(k, k, .z)
cor=J(k, k, .z)
```

이제 핵심으로 들어간다. 중심화한 변수의 표준편차와 공분산, 상관계수를 계산한다. 그 전에 모든 변수를 중심화(centering)한다. 즉 변수에서 그 변수의 평균값을 뺀다. 연후에 이어 돌기로 진입한다.

```
CX=X:-mean(X)
for(i=1; i<=k; i++) {
   for (j=1; j<=k; j++) {
      sx=sqrt(sum(CX[,i]:*CX[,i])/(n-1))
      sy=sqrt(sum(CX[,j]:*CX[,j])/(n-1))
      cov[i,j]=sum(CX[,i]:*CX[,j])
```

```
        cor[i,j]=cov[i,j]/(sx*sy)/(n-1)
    }
}
```

위 프로그램에서 i와 j가 모두 1일 때를 보자. 이해를 돕기 위해 mpg weight length rep78을 변수로 입력했다고 가정하자. 그렇다면 행렬 X의 첫째 열은 mpg일 것이다. sx는 mpg의 표준편차가 될 것이고, sy도 mpg의 표준편차일 것이다. 공분산 cov[1,1]은 mpg의 분산이 되고, cor[1,1]은 1이 될 것이다. 이제 i는 그대로 1인데, j가 2인 경우를 보자. 즉 행렬 X의 첫 열이 mpg, 둘째 열이 weight를 나타낼 때를 살펴보자. mpg 표준편차는 sx일 것이고, weight의 표준편차는 sy가 된다. mpg와 weight의 공분산, 즉 cov[1,2]는 첫 열과 둘째 열의 곱을 모두 합한 값이다. cor[1,2]는 이 공분산을 첫 열과 둘째 열의 표준편차로 나눈 값이다. 이렇게 순차적으로 돌아가면 우리는 cov와 cor 행렬의 빈칸을 모두 채워 넣을 수 있다.

이렇게 구한 상관계수의 t 값과 p 값은 다음과 같은 방식으로 구할 수 있다.

```
t=(sqrt(n-2)*cor):/sqrt(1:-(cor:^2))
p=2*ttail(n-2, abs(t))
```

이런 방식으로 구한 여러 수치, 즉 n, cor, p 등은 st_interface 함수로 Stata로 이전한다.

```
st_numscalar("n", n)
st_matrix("C", cor)
st_matrix("p", p)
```

Mata에서 이렇게 돌려받은 수치를, Stata에서 display나 matlist 명령으로 출력한다.

```
if "`sig'"=="sig" {
    disp as txt "(Obs= ", n,")"
    matlist C, format(%9.4f) title("Correlation Coefficients")
        matlist p, format(%9.4f) title("p values")
}
else {
```

```
    disp as txt "(Obs= ", n,")"
    matlist C, format(%9.4f) title("Correlation Coefficients")
}
```

이를 순서대로, 그리고 논리적으로 정리하면, 다음과 같은 프로그램을 얻을 수 있
다. 완성 파일에서는 앞에서 논의하지 않은 몇 가지 표현이나 명령을 부가하였음에
주의하라.

```
*! Listwise correlation coefficients
*! created on 11mar2023 by s.chang
prog my_corr
    version 15.1
    syntax varlist(min=2)[if][in][,sig]
    tokenize("`varlist'")
    marksample touse

    mata: my_corr("`varlist'", "`touse'")

    mat rownames C=`varlist'
    mat colnames C=`varlist'
    mat rownames p=`varlist'
    mat colnames p=`varlist'

    if "`sig'"=="sig" {
        disp as txt "(Obs= ", n,")"
        matlist C, format(%9.4f) title("Correlation Coefficients")
        matlist p, format(%9.4f) title("p values")
    }
    else {
        disp as txt "(Obs= ", n,")"
        matlist C, format(%9.4f) title("Correlation Coefficients")
    }
end

version 15.1
set matastrict on

mata:
```

```
void my_corr(string scalar varnames,
             string scalar touse)
{
    real matrix X, CX, cov, cor, t, p
    real scalar n, sx, sy, k, i, j

    st_view(X=.,.,,tokens(varnames), touse)
    n=rows(X)
    k=cols(X)

    cov=J(k, k, .z)
    cor=J(k, k, .z)

    CX=X:-mean(X)
    for(i=1; i<=k; i++) {
      for (j=1; j<=k; j++) {
        sx=sqrt(sum(CX[,i]:*CX[,i])/(n-1))
        sy=sqrt(sum(CX[,j]:*CX[,j])/(n-1))
        cov[i,j]=sum(CX[,i]:*CX[,j])
        cor[i,j]=cov[i,j]/(sx*sy)/(n-1)
      }
    }

    t=(sqrt(n-2)*cor):/sqrt(1:-(cor:^2))
    p=2*ttail(n-2, abs(t))

    st_numscalar("n", n)
    st_matrix("C", cor)
    st_matrix("p", p)
}
end
```

이 파일, 즉 my_corr.ado 파일은 제대로 작동할까? 이 파일을 C:\ado\personal에 저장하고, Stata 명령 창에 다음 명령을 차례로 입력해 보자. my_corr 명령의 결과는 Stata의 명령어 결과와 동일하다. 그러므로 우리는 my_corr 명령어를 제대로 만들었음을 알 수 있다.

```
. discard

. sysuse auto, clear

. my_corr mpg weight length rep78
```

	mpg	weight	length	rep78
mpg	1.0000			
weight	-0.8055	1.0000		
length	-0.8037	0.9478	1.0000	
rep78	0.4023	-0.4003	-0.3606	1.0000

2. 집합체를 이용한 Mata 함수: my_corr_cl.mata

동일 목적을 구조체나 집합체를 이용한 Mata 함수로 달성할 수도 있다. 그러나
구조체보다 집합체가 더 유연하고 더 포괄적이므로, 여기서는 집합체를 활용한 함수
만 알아보자. 앞에서 본 것처럼 집합체는 세 부분, 즉 정의 부분, 대입과 초기화 부
분, 연산 부분으로 나눌 수 있다. 먼저 정의 부분이다. 이 부분에서는 우리가 앞으로
사용할 변수와 함수의 변수 유형과 조직 유형을 정의한다.

```
class my_corr_cl {
  public:
      pointer(real matrix) scalar X

  private:
      real matrix     CX
      real matrix     cov
      real matrix     cor
      real matrix     t
      real matrix     p
      real scalar     n
      real scalar     k
      real scalar     sxy
      real scalar     i
      real scaalr     j

  public:
```

```
   void        setup()
   real scalar  n()
   real scalar  k()
   real matrix  cov()
   real matrix  cor()
   real matrix  t()
   real matrix  p()

private:
   void        init()
   real matrix  CX()
   real matrix  sxy()
}
```

둘째 부분은 초기화와 대입을 담당한다. 앞에서 정의한 변수를 결측값(.z나 .m)으로 초기화하고, 외부의 행렬을 내부로 도입한다. 초기화할 때도 그러하지만, 이 행렬을 우리 프로그램의 변수로 대입할 때도 행렬 X가 포인터라는 사실에 주의해야 한다.

```
void my_corr_cl::init()
{
  X=    NULL
  n=    .z
  k=    .z
  CX=   .z
  cov=  .z
  cor=  .z
  t=    .z
  p=    .z
  sxy=  .z
}

void my_corr_cl:: setup(real matrix user_X)
{
  init()
  X=&user_X
}
```

마지막으로 연산 부분을 구성하면 된다. 연산 부분은 함수로 구성한다. 가장 먼저 사례 수와 변수 수를 구하는 n()과 k() 함수부터 보자.

```
real  scalar  my_corr_cl::n()
{
  if (n==.z) {
    n=rows(*X)
  }
  return(n)
}

real  scalar  my_corr_cl::k()
{
  if (k==.z) {
    k=cols(*X)
  }
  return(k)
}
```

다음에는 변수를 중심화하는 CX() 함수를 만들고, 이를 이용하여 cov() 함수를 작성한다. cov() 함수를 작성할 때는 조금 앞에서도 말했던 것처럼, i가 1이고 j가 1일 때, i가 1이고 j가 2일 때, i가 1이고 j가 3일 때 공분산을 어떻게 만드는지를 염두에 두면서 cov() 함수를 작성한다.

```
real  matrix  my_corr_cl::CX()
{
  if (CX==.z) {
    CX=(*X):-mean(*X)
  }
  return(CX)
}

real  matrix  my_corr_cl::cov()
{
  if(cov==.z) {
    cov=J(k(),  k(),  .z)
```

```
    for(i=1;  i<=k();  i++) {
      for(j=1;  j<=k();  j++) {
        cov[i,j]=sum(CX()[,i]:*CX()[,j])
      }
    }
  }
  return(cov)
}
```

cov() 함수를 제대로 만들면, 나머지 sxy(), cor(), t(), p() 함수는 손쉽게 작성할 수 있다. 어쨌든 이들 함수를 모두 모으고, 앞에서 언급한 정의부와 대입부, 초기화부를 모두 결합하면 집합체 함수의 온전한 모습은 다음과 같다. 이를 my_corr_cl.mata라는 이름으로 저장하자.

```
version 15.1
set matastrict on

mata:
class my_corr_cl {
  public:
    pointer(real matrix) scalar X

  private:
    real matrix    CX, cov, cor, t, p
    real scalar    n, k, sxy, i, j

  public:
    void        setup()
    real scalar n(), k()
    real matrix cov(), cor(), t(), p()

  private:
    void        init()
    real matrix CX(), sxy()
}

void my_corr_cl::init()
```

```
{
  X=     NULL
  n=k=CX=cov=cor=t=p=sxy=.z
}

void my_corr_cl:: setup(real matrix user_X)
{
  init()
  X=&user_X
}

real scalar my_corr_cl::n()
{
  if (n==.z) {
    n=rows(*X)
  }
  return(n)
}

real scalar my_corr_cl::k()
{
  if (k==.z) {
    k=cols(*X)
  }
  return(k)
}

real matrix my_corr_cl::CX()
{
  if (CX==.z) {
    CX=(*X):-mean(*X)
  }
  return(CX)
}

real matrix my_corr_cl::cov()
{
  if(cov==.z) {
    cov=J(k(), k(), .z)
    for(i=1; i<=k(); i++) {
```

```
        for(j=1;  j<=k();  j++)  {
          cov[i,j]=sum(CX()[,i]:*CX()[,j])
        }
      }
    }
    return(cov)
}

real  matrix  my_corr_cl::sxy()
{
    if  (sxy==.z)  {
      sxy=J(k(),  k(),  .z)
      for(i=1;  i<=k();  i++)  {
        for  (j=1;  j<=k();  j++)  {
          sxy[i,j]=(sqrt(sum(CX()[,i]:*CX()[,i])/(n()-1)))*  ///
                   (sqrt(sum(CX()[,j]:*CX()[,j])/(n()-1)))
        }
      }
    }
    return(sxy)
}

real  matrix  my_corr_cl::cor()
{
    if  (cor==.z)  {
      cor=cov():/sxy():/(n()-1)
    }
    return(cor)
}

real  matrix  my_corr_cl::t()
{
    if  (t==.z)  {
      t=(sqrt(n-2)*cor()):/sqrt(1:-cor():^2)
    }
    return(t)
}

real  matrix  my_corr_cl::p()
{
```

```
     if (p==.z) {
       p=2*ttail(n-2,  abs(t()))
     }
     return(p)
  }
  end
```

이 프로그램은 제대로 작동하는가? 확인해 보자.

```
clear all
do  my_corr_cl.mata
sysuse auto
generate no_miss = !missing(mpg, weight, length, rep78)
keep  if  no_miss
local  varlist  mpg  weight  length  rep78
mata:
st_view(X=.,.,tokens("`varlist'"))
e=my_corr_cl()
e.setup(X)
e.cor()
[symmetric]
                        1               2               3               4
    1              1
    2    -.805519802                 1
    3    -.8036763216     .9478297979                 1
    4     .4023403865     -.4003441481     -.3605654818              1

end
```

my_corr_cl.mata 프로그램으로 추정한 상관계수는 Stata의 corr 명령어로 계산한 상관계수와 정확하게 일치한다. 그러므로 우리가 작성한 프로그램이 잘못된 것이라 말할 수 없다.

제23장 | 회귀분석

변수와 변수의 연관성을 재는 또 하나의 방법은 회귀분석이다. 앞의 제9장에서도 회귀분석을 살펴보았지만, 그때는 Stata를 사용하였다. 여기서는 앞 장에서 그랬던 것처럼, Stata와 Mata를 결합한 방법으로 회귀분석을 하거나, Mata 함수만으로 회귀분석하는 방법을 알아보자. 먼저 Stata와 Mata를 결합한 ado 파일로 회귀분석을 하는 방법부터 알아보자.

1. Stata와 Mata의 결합 함수: my_reg.ado

프로그램 작성 요령은 앞과 동일하다. do 파일이나 ado 파일의 첫머리는 program 명령어로 시작한다. 파일의 이름이 my_reg.ado라면 프로그램은 다음과 같이 시작하고 끝날 것이다. 즉 ① syntax와 marksample 명령으로 변수 이름("`varlist'")과 제한자("`touse'")를 만들고, ② 변수 이름과 제한자를 Mata 함수(my_regr())에 전달한 다음, ③ Mata의 연산 결과를 Stata로 이전하여 출력한다.

```
program  my_reg, rclass
    syntax  [varlist][if][in][,options]
    tokenize  "`varlist'"

    marksample  touse

    mata:  my_regr("`varlist'",  "`touse'")

    matlist  D
end
```

이제 my_regr()라는 Mata 함수를 만들 차례다. 이 함수의 머리 부분에서는 전달 인자를 설정할 것이다. 본체에서는 Mata의 행렬을 연산할 것이다.

```
mata:
void my_regr(varnames, touse)
{
    ....................
}
end
```

Mata 함수의 본체에서는 행렬을 연산할 것이다.

```
st_view(X=., ., tokens(varnames), touse)
..............

// b, se, t, p
..............

// Rsquared and adjusted Rquared
..............

// transfering the results into Stata
..............
```

이 모든 것을 순서대로 논리적으로 정리하기에 앞서, Mata에서 회귀계수(b)와 표준오차(se), t와 p를 행렬 연산하는 방식을 알아보자.

```
b=invsym(X'X)*X'y
yhat=X*b
e=y-yhat
ee=e'e
s2=ee/(n-k)
V=s2*invsym(X'X)
se=sqrt(diagonal(V))
t=b:/se
p=2*ttail(n-k, abs(t))
ymean=mean(y)
Rsq=(b'*X'y-n*ymean^2)/(y'y-n*ymean^2)
adjRsq=1-(1-Rsq^2)*((n-1)/(n-k))
```

이제 필요한 사전지식을 갖추었으므로 회귀분석하는 프로그램을 정리해 보자.

```
program my_reg, rclass
    version 15.1
    syntax [varlist][if][in][,options]
    tokenize "`varlist'"

    marksample touse

    mata: my_regr("`varlist'", "`touse'")
    gettoken y X: varlist
    matrix rownames D=`X' cons
    matrix colnames D=b se t p
    disp in yellow _col(40) "number of obs= " n
    disp in yellow _col(40) "Rsquared= " Rsq
    disp in yellow _col(40) "adj Rsquared=" adjRsq
    matlist D, format(%9.3f)
end

version 15.1
set matastrict on

mata:
void my_regr(varnames, touse)
{
    st_view(X=., ., tokens(varnames), touse)
    y=X[,1]
    n=rows(X)
    cons=J(n, 1, 1)
    k=cols(X)
    X=X[,2..k]

    // b, se, t, p
    b=invsym(X'X)*X'y
    ee=(y-X*b)'(y-X*b)
    s2=ee/(n-k)
    V=s2*invsym(X'X)
    se=sqrt(diagonal(V))
    t=b:/se
```

```
p=2*ttail(n-k, abs(t))
D=b, se, t, p

// Rsquared and adjusted Rquared
ymean=mean(y)
Rsq=(b'*(X'y)-n*(ymean^2))/(y'y-n*(ymean^2))
adjRsq=1-(1-Rsq)*((n-1)/(n-k))

// transfering the results into Stata
st_matrix("D", D)
st_numscalar("n", n)
st_numscalar("Rsq", Rsq)
st_numscalar("adjRsq", adjRsq)
}
end
```

이 프로그램은 잘 작동하는가? 확인해 보자. 지금까지는 do 프로그램을 다루었지만, 이제부터 이를 ado 파일로 전환해 보자. 위 프로그램을 C:\ado\personal에 my_reg.ado라는 이름으로 저장하자. 그리고 명령 창에서 그러하든 편집 창에서 그러하든, 다음 명령을 전달해 보자.

```
. discard
. sysuse auto
. my_reg mpg weight length foreign

                                    number of obs= 74
                                    Rsquared= .67334405
                                    adj Rsquared= .65934451

                   b          se           t           p

    weight      -0.004       0.002      -2.726       0.008
    length      -0.083       0.055      -1.510       0.136
   foreign      -1.708       1.067      -1.600       0.114
      cons      50.537       6.246       8.091       0.000
```

그런데 이 결과는 정확한가? Stata의 정식명령어, 즉 regress 명령어로 확인하면, 두 결과가 정확하게 일치하는 것을 볼 수 있다. 그러므로 우리가 새로 만든 프로그램, my_reg.ado가 그렇게 잘못되지 않았다는 것을 알 수 있다. 곧이어 집합체를 활용한

Mata 프로그램을 작성해 보자.

2. 집합체를 이용한 Mata 함수: my_reg_cl.mata

집합체를 이용하여 회귀계수를 구하는 프로그램은 제19장에서 대략 살펴보았다. 여기에서는 이를 보완하여 비교적 완성된 형태의 프로그램을 만들어 보자.

거듭 말하지만, 집합체는 세 부분, 즉 정의 부분, 초기화와 대입 부분, 연산 부분으로 구성한다. 정의 부분에서는 우리가 앞으로 사용할 변수와 함수의 변수 유형과 조직 유형을 정의하고, 초기화와 대입 부분에서는 변수를 초기화하고, 외부의 데이터를 도입하여 내부의 변수로 전환한다. 연산 부분에서는 변수를 가공하는 함수를 만들어 우리가 바라는 결과를 얻는다. 먼저 변수와 함수를 정의해 보자. 앞에서 그러했던 것처럼 먼저 사적 변수와 함수, 그리고 공적 변수와 함수의 변수 유형과 조직 유형이 어떠한 것인지를 정의한다.

```
class my_reg_cl {
public:
    pointer(real colvector) scalar  y
    pointer(real matrix) scalar     X
    real colvector                  cons, b, se, t, p
    real scalar                     n, k, K, Rsq, adjRsq

private:
    real colvector  yhat
    real scalar     ee, s2
    real matrix     V, XX, XXinv, Xy

public:
    void            setup()
    real scalar     n(), k(), K(), Rsq(), adjRsq()
    real colvector  b(), se(), t(), p()

private:
    void            clear()
```

```
real scalar     ee(), s2()
real colvector  yhat()
real matrix     V(), XX(), XXinv(), Xy()
}
```

다음에는 이렇게 정의한 변수를 초기화한다. 포인터 변수 y, X는 NULL로 초기화하고, 나머지 실수 스칼라, 벡터, 행렬 변수는 결측값(.z)으로 초기화한다.

```
void my_reg_cl:: clear()
{
  y=X=NULL
  n=k=K=b=se=t=p=Rsq=adjRsq=.z
  XX=XXinv=Xy=yhat=ee=s2=V=.z
}
```

외부 데이터를 내부 변수로 도입하는 부분은 다음과 같다. 이로 미루어 보건대, setup() 함수의 첫째 전달 인자는 y라는 열 벡터로 바뀔 것이고, 둘째 전달 인자는 X라는 행렬로 바뀔 것이다. 셋째 전달 인자에 0이 아닌 어떤 수를 입력하면, 1 값을 갖는 cons라는 실수 스칼라를 만들어낼 것이다.

```
void my_reg_cl:: setup(real colvector user_y,
                       real matrix    user_X,
                       real scalar    user_cons)
{
  clear()
  y=&user_y
  X=&user_X
  cons=(user_cons!=0)
}
```

마지막 연산부는 하나하나 개별 함수로 이루어진다. 그런데 무엇을 연산할 것인가? 회귀계수와 표준오차, t와 p 값을 구해야 하고, 그런 값을 얻는 과정에 꼭 필요한 부수적인 변수나 상수를 계산해야 한다. 예컨대 사례 수(cases)를 계산하는 n() 함수는 다음과 같은 형태를 띤다.

```
real scalar my_reg_cl::n()
{
   if (n==.z) {
     n=rows(*X)
   }
   return(n)
}
```

연산부에서 나머지 함수를 완성하고, 몇 가지 꼭 필요한 명령으로 이들을 보완하면, 우리는 회귀분석을 수행하는 Mata 함수를 다음과 같이 완성할 수 있다.

```
*! version 1.0, 18mar2023, s.chang
version 15.1
set matastrict on

mata:
class my_reg_cl {
 public:
    pointer(real colvector) scalar y
    pointer(real matrix) scalar    X
    real colvector              cons, b, se, t, p
    real scalar                 n, k, K, Rsq, adjRsq

 private:
    real colvector yhat
    real scalar    ee, s2
    real matrix    V, XX, XXinv, Xy

 public:
    void          setup()
    real scalar   n(), k(), K(), Rsq(), adjRsq()
    real colvector b(), se(), t(), p()

 private:
    void          clear()
    real scalar   ee(), s2()
    real colvector yhat()
    real matrix    V(), XX(), XXinv(), Xy()
```

```
}

void my_reg_cl:: clear()
{
   y=X=NULL
   n=k=K=b=se=t=p=Rsq=adjRsq=.z
   XX=XXinv=Xy=yhat=ee=s2=V=.z
}

void my_reg_cl:: setup(real colvector user_y,
                       real matrix    user_X,
                       real scalar    user_cons)
{
   clear()
   y=&user_y
   X=&user_X
   cons=(user_cons!=0)
}

real scalar my_reg_cl::n()
{
   if (n==.z) {
     n=rows(*X)
   }
   return(n)
}

real scalar my_reg_cl::k()
{
   if (k==.z) {
     k=cols(*X)
   }
   return(k)
}

real scalar my_reg_cl::K()
{
   if (K==.z) {
     K=cols(*X)+cons
   }
```

```
    return(K)
}

real matrix my_reg_cl:: XX()
{
  if (XX==.z) {
   XX=cross(*X,1,*X,1)
  }
  return(XX)
}

real matrix my_reg_cl:: XXinv()
{
  if (XXinv==.z) {
   XXinv=invsym(XX())
  }
  return(XXinv)
}

real matrix my_reg_cl:: Xy()
{
  if (Xy==.z) {
   Xy=cross(*X,1,*y,0)
  }
  return(Xy)
}

real colvector my_reg_cl:: b()
{
  if (b==.z) {
   b=XXinv()*Xy()
  }
  return(b)
}

real colvector my_reg_cl:: yhat()
{
  if (yhat==.z) {
   yhat=(*X, J(rows(*X), 1, 1))*b()
  }
```

```
    return(yhat)
}

real scalar my_reg_cl:: ee()
{
   if (ee==.z) {
     ee=(*y-yhat())'(*y-yhat())
   }
   return(ee)
}

real scalar my_reg_cl:: s2()
{
   if (s2==.z) {
     s2=ee()/(n()-K())
   }
   return(s2)
}

real matrix my_reg_cl:: V()
{
   if (V==.z) {
      V=s2()*XXinv()
   }
   return(V)
}

real colvector my_reg_cl:: se()
{
   if (se==.z) {
     se=sqrt(diagonal(V()))
   }
   return(se)
}

real colvector my_reg_cl:: t()
{
   if (t==.z) {
     t=b():/se()
   }
```

```
      return(t)
}

real colvector my_reg_cl:: p()
{
  if (p==.z) {
    p=2*ttail(n-2, abs(t()))
  }
  return(p)
}

real scalar my_reg_cl:: Rsq()
{
  if (Rsq==.z) {
    Rsq=(b()'*Xy()-n*(mean(*y)^2))/(((*y)'(*y)-n*(mean(*y)^2))
  }
  return(Rsq)
}

real scalar my_reg_cl:: adjRsq()
{
  if (adjRsq==.z) {
    adjRsq=1-(1-Rsq())*((n()-1)/(n()-K()))
  }
  return(adjRsq)
}
end
```

이 프로그램은 잘 작동할까? 다음과 같은 파일을 만들어 확인해 보자. 우리가 만든 프로그램의 결과는 Stata의 regress 명령어의 결과와 일치한다. 그러므로 우리가 프로그램을 제대로 만들었다는 것을 알 수 있다.

```
clear all
do my_reg_cl.mata

sysuse auto
putmata y=mpg X=(weight foreign), replace
mata:
```

```
e=my_reg_cl()
e.setup(y, X, 1)
D=e.b(), e.se(), e.t(), e.p()

st_matrix("D", D)
st_numscalar("Rsq", e.Rsq())
st_numscalar("adjRsq", e.adjRsq())
end

disp in yellow _col(40) "Rsquared= " _col(55) Rsq
disp in yellow _col(40) "adjustedR= " _col(55) adjRsq
mat rownames D=weight foreign cons
mat colnames D=coef StdErr t p
matlist D, format(%9.4f)
```

	coef	StdErr	t	p
weight	-0.0066	0.0006	-10.3402	0.0000
foreign	-1.6500	1.0760	-1.5335	0.1295
cons	41.6797	2.1655	19.2467	0.0000

```
exit
```

제24장 │ PISA 자료 분석

1. 회귀분석: reg_mpv.ado, reg_pisa.ado

지금까지 프로그램을 작성하는 예를 보이고자 Stata가 이미 구비한 명령어도 마치 그런 명령어가 없는 것처럼 가정하고 ado 프로그램으로 새 명령을 만들었다. 그러나 이제 Stata가 구비하지 않은 명령을 만드는 프로그램을 작성해 보자.[56]

경제협력개발기구(OECD)는 2000년부터 회원국과 비회원국의 15세 학생을 대상으로 3년마다 해당국 언어와 수학, 과학 성적을 측정하는 국제학생평가조사(Programme for International Student Assessment, PISA)를 실시하였다. 이 조사는 성적을 점 추정치(point estimate)가 아니라, 사후 확률분포에서 추출한 다섯 개의 가능값(plausible values)으로 제시하였다.[57] 성적을 이런 방식으로 측정하였기 때문에 각 나라의 성적 평균이나 표준오차를 알려면 당연하게도 매우 복잡한 절차를 거쳐야 한다. 성적을 종속변수로 하거나 독립변수로 하는 회귀분석도 복잡하기는 매한가지다.

여기서는 수학 성적을 종속변수로 하고 가족 배경을 독립변수로 한 회귀모형에서 회귀계수와 그것의 표준오차, t와 p 값을 구하는 프로그램을 작성해 보자. PISA 자료에서 성적의 가능값을 종속변수로 하는 회귀분석의 계수 추정치는 다음과 같은 방식으로 얻을 수 있다(cf. OECD, 2005).

① 먼저 다섯 개의 가능값(pv1math, pv2math, ……, pv5math)을 대상으로 가중 회귀분석을 한다.[58] 이때 가중치는 w_fstuwt다.

---

[56] 최근 들어 두 연구자는 PISA 자료를 분석하는 Stata 모듈을 만들었다. 이 글의 모듈과 비교하고 싶은 독자는 Jakubowski and Pokropek(2020)를 참고하라. 명령 창에서 ssc install pisatools를 입력하면 이 모듈을 다운로드할 수 있다.

[57] 표본의 크기와 특성, 그리고 측정과 분석방법은 OECD(2005)를 참조하라. plausible value를 '유의 측정값'이라고 번역하기도 한다(조지민·정혜경, 2013).

[58] PISA는 2018년부터 다섯 개가 아니라 열 개의 가능값을 추출하였다. 가능값이 10개면 모수와 표준오차의 계산 방식은 조금 달라진다.

```
regress pv1math indvars[pw=w_fstuwt]
regress pv2math indvars[pw=w_fstuwt]
...............................
regress pv5math indvars[pw=w_fstuwt]
```

위 회귀분석에서 얻은 회귀계수 벡터를 b_1, b_2, …… , b_5라고 하면, 우리가 구하려는 회귀계수 벡터(b)는 이 다섯 추정치의 평균이다. 즉

$$b = (b_1 + b_2 + b_3 + b_4 + b_5)/5$$

이다.

② 회귀계수를 구하는 것은 이렇게 간단하지만, 이 계수의 표준오차를 구하는 방식은 매우 복잡하다. 먼저

```
regress pv1math indvars[pw=w_fstr1]
regress pv1math indvars[pw=w_fstr2]
...............................
...............................
regress pv1math indvars[pw=w_fstr80]
```

와 같이 가능값 하나(pv1math)를 종속변수로 하여 가중치를 달리하는 80번의 가중회귀분석을 실행한 후에 이 회귀계수 벡터(c_i)와 b_1의 차이를 제곱하여 합한 것을 s_1^2이라고 하자. 즉

$$s_1^2 = \sum_{i=1}^{80} (c_i - b_1)^2$$

이라고 하자. 표집분산(sampling variance)의 한 요소인 σ_1^2은 다음과 같은 수식으로 구한다.

$$\sigma_1^2 = \frac{1}{G(1-k)^2} s_1^2$$

여기서 G는 균형반복측정(Balanced Repeated Replication, BRR)에서 반복측정한 횟수를 나타내는데, 앞에서 보았듯 반복횟수는 80이다. k는 Fay 요인 계수인데, PISA 자료에서 이 값은 0.5다. 그러므로

$$\sigma_1^2 = \frac{1}{G(1-k)^2}\sum_{i=1}^{G}(c_i-b_1)^2 = \frac{1}{80(1-.5)^2}\sum_{i=1}^{80}(c_i-b_1)^2 = \frac{1}{20}\sum_{i=1}^{80}(c_i-b_1)^2$$

이다. 표집분산을 구하려면 결국 우리는 차이 제곱, 즉 s_1^2을 구한 다음에 이를 20으로 나누어야 한다.

가능값 pv2math, …… , pv5math 등에서도 같은 절차를 밟아 $\sigma_2^2, \sigma_3^2, \sigma_4^2, \sigma_5^2$를 구할 수 있는데, 표집분산은 이 값의 평균이다. 즉

$$\sigma_{sampling}^2 = (\sigma_1^2 + \sigma_2^2 + \sigma_3^2 + \sigma_4^2 + \sigma_5^2)/5$$

이다.

표집분산은 이런 방식으로 구하지만, 측정 그 자체로 말미암은 분산, 즉 귀속분산(imputed variance)을 구하는 방식은 다음과 같다.

$$\sigma_{imputed}^2 = \frac{1}{(5-1)}\Sigma(b_i-b)^2$$

여기서 5는 가능값의 숫자다. 최종 오차 분산(final error variance)은 이 두 분산의 가중 합이다.

$$\sigma_{error}^2 = \sigma_{sampling}^2 + (1+\frac{1}{5})\sigma_{imputed}^2$$

이다. 이 오차분산의 제곱근이 표준오차(standard error)다.

위 절차를 밟아 회귀계수와 그 계수의 표준오차를 구하려면 모두 405차례의 회귀분석을 실행해야 하고, 그 결과를 가공해야 한다. 이런 절차를 하나하나 밟아 보자.

앞에서 프로그램을 짤 때는 먼저 가지치기 프로그램을 생각하는 게 좋다고 강조하였다. 그러나 이 프로그램에는 경우마다 달리 계산할 그 무엇이 없어 꼭 가지치기를 해야 할 이유는 없다. 그런데도 여기서는 몇 가지 하위 프로그램으로 구분하는데, 그 까닭은 이런 구분이 문제를 단순화하고 프로그램을 체계화하는 데 도움을 주기 때문이다. 여기서 구분할 하위 프로그램은 세 개인데, 계수를 구하는 하위 프로그램(coef)과 표준오차를 구하는 프로그램(st_err) 그리고 이 결과를 출력하는 프로그램(dsp)이다.

```
program reg_mpv
   version 10.1
   syntax [varlist][if][in]

   marksample touse
   preserve
   quietly keep if `touse'

   global vlist="`varlist'"

   coef                // the first subroutine
   forval i=1/5 {
     st_err  `i'       // the second subroutine
   }
   dsp                 // the third subroutine
end
```

이 프로그램의 앞부분은 이제 더 이상 해설할 필요가 없다. syntax 명령으로 판단하건대, reg_mpv 명령은 변수와 제한자를 포함할 수 있다. marksample touse와 keep if `touse'는 만일 사용자가 if나 in과 같은 제한자를 사용하면, 제한자에 해당하는 표본만 추리라는 뜻이다. 그러나 앞에 붙인 preserve 명령어 때문에 프로그램이 끝나면 다시 원자료로 되돌아갈 것이다.

사용자가 reg_mpv라는 명령을 내린 후에 입력하는 변수 목록을 vlist라는 이름의 글로벌 매크로에 저장한다. 이를 로컬 매크로가 아니라 글로벌 매크로로 저장한 까닭은, 뒤에서 보겠지만 이 매크로를 여러 하위 프로그램, 즉 coef나 st_err에서 이용할 것이기 때문이다.

가지치기 프로그램의 뒷부분은 하위 프로그램을 구동하는 명령이다. coef는 coef
라는 하위 프로그램을 실행하는 명령이고, st_err는 st_err 프로그램을 실행하는 명령
이다. dsp는 결과를 출력하는 명령이다. st_err 명령은

```
forval i=1/5 {
    st_err `i'
}
```

라는 형태를 띠는데, 이는 st_err 1, st_err 2, …… , st_err 5라는 명령을 반복하라는
뜻이다. 명령을 이런 형태로 만든 까닭은 st_err라는 하위 프로그램을 만들 때 해설
하기로 한다. 이제 coef, st_err, dsp 등의 하위 프로그램을 만들어 보자.

회귀계수를 구하는 coef 프로그램에서는 먼저 5개의 가능값을 종속변수로 하는 가
중회귀분석으로 서로 구별되는 다섯 개의 계수 벡터를 구한다. 이 벡터는 다음과 같
은 방식으로 저장한다.

```
forval i=1/5 {
    regress pv`i'math $vlist[pweight=w_fstuwt]
    mat mu`i'=e(b)
}
```

여기서 mu1, mu2, …… , mu5는 가중회귀분석의 계수 벡터다. 이 외에도 표본의 크
기, 자유도, 결정계수 등과 같은 정보도 저장할 필요가 있다. 그러므로 coef 프로그
램은 다음과 같이 쓸 수 있다.

```
program define coef
    syntax [varlist][if][in]
    forval i=1/5 {
        tempname r2_a`i'
        quietly regress pv`i'math $vlist [pweight=w_fstuwt]
        scalar n=`e(N)'
        scalar df=`e(N)'-`e(df_m)'-1
```

```
    scalar `r2_a`i''=e(r2_a)
    matrix mu`i'=e(b)
  }
```

여기서 n은 표본의 크기, df는 자유도, `r2_a`i''는 수정 결정계수다.

어쨌든 우리가 원하는 회귀계수 벡터는 위 프로그램으로 구한 다섯 개의 계수 벡터를 평균한 값이므로 다음과 같은 방식으로 구할 수 있다.

```
mat mu=(mu1+mu2+mu3+mu4+mu5)/5
```

결정계수도 같은 방식으로 구한다.

```
scalar r2_adj=(`r2_a1'+`r2_a2'+`r2_a3'+`r2_a4'+`r2_a5')/5
```

이 프로그램에서 회귀계수 벡터와 스칼라를 임시 변수로 설정하지 않은 까닭은 나중에 이를 st_err이나 dsp 하위 프로그램에서 사용할 것이기 때문이다(임시 변수를 사용한 프로그램은 조금 뒤에 따로 보일 것이다). 어쨌든 회귀계수 벡터를 구하는 하위 프로그램 coef는 다음과 같다.

```
program coef
  syntax [varlist][if][in]
  forval i=1/5 {
    tempname r2_a`i'
    quietly regress pv`i'math $vlist [pweight=w_fstuwt]
    scalar n=`e(N)'
    scalar df=`e(N)'-`e(df_m)'-1
    scalar `r2_a`i''=e(r2_a)
    matrix mu`i'=e(b)
  }
  mat mu=(mu1+mu2+mu3+mu4+mu5)/5
  scalar r2_adj=(`r2_a1'+`r2_a2'+`r2_a3'+`r2_a4'+`r2_a5')/5
end
```

평균을 구하는 일은 이렇게 간단하지만, 표준오차를 계산하는 방법은 그렇게 단순하지 않다. 각 가능값을 종속변수로 하고 일련의 변수를 독립변수로 하되, 경우마다 가중치를 달리하는 회귀분석을 반복해야 하고, 이를 가공해야 하기 때문이다. 먼저 pv1math를 종속변수로 하는 경우를 생각해 보자.

```
forval i=1/80 {
    tempname E`i' dif`i' difsq`i' pSE`i'
    quietly regress pv1math $vlist [pweight=w_fstr`i']
    mat `E`i'' =e(b)
    mat `dif`i'' =mu1 -`E`i''
    mat `difsq`i'' =`dif`i'''*`dif`i''
    mat `pSE`i''  =vecdiag(`difsq`i'')
}
```

이렇게 pv1math를 종속변수로 가중 회귀분석 한 다음에, 그 회귀계수 벡터를 각각 `E`i'', 즉 `E1', `E2', …… ,`E80'에 저장한다. 이 벡터(`E`i'')와 coef 프로그램에서 구한 mu1 벡터의 차를 `dif`i''라는 행 벡터에 저장한다. 그러나 우리가 구하려는 것은 차가 아니라 차의 제곱이다. 차의 제곱을 구하려면 약간의 기교가 필요하다. 차의 제곱을 구하려면 먼저 차(`dif`i'')의 외적(外積, outer product), 즉

$$`difsq`i'' =`dif`i'''*`dif`i''$$

를 구한다(앞의 `dif`i''에 프라임(')을 하나 더 붙여 행 벡터를 열 벡터로 전환하였음에 주의하라). 이 외적의 대각선은 `dif`i''의 각 요소를 제곱한 값이다.[59]
이렇듯 벡터 외적의 대각선은 행 벡터 원소의 제곱이다. 이 대각선 원소를 위에서

---

[59] 과연 벡터 외적의 대각선이 벡터 요소의 제곱인지를 간단한 예로 확인해 보자. d=(1,2,3)이라면, 요소의 제곱은 d'*d의 대각선에 놓인 숫자다.

```
. mat d=(1,2,3)
```

	c1	c2	c3
r1	1	2	3

```
. mat outpdt=d'*d
. matlist outpdt
```

그랬던 것처럼 vecdiag() 함수로 추리면 행 벡터로 전환할 수 있다. 이 행 벡터가 `` `pSE`i'' ``다.

mat `` `pSE`i'' ``=vecdiag(`` `difsq`i'' ``)

이제 $s_1^2 = \sum_{i=1}^{G}(c_i - b_1)^2$를 구하려면 80개의 차이 제곱, 즉 `` `pSE1' ``, `` `pSE2' ``, ……, `` `pSE80' ``을 모두 합해야 하는데, 이는 다음과 같은 명령으로 합산한다.

```
tempname var
mat `var'=`pSE1'
forval j=2/80 {
    mat `var'=`var'+`pSE`j''
}
```

이 프로그램이 작동하는 과정을 보자. 먼저 이어 돌기 바깥에서 mat `` `var'=`pSE1' ``이라는 명령어로 `` `var' ``에 `` `pSE1' ``을 저장한다. 이제 이어 돌기로 들어가는데, 이어 돌기의 첫 단계에서 오른쪽 `` `var' ``는 `` `pSE1' ``이다. 이 `` `var' `` 벡터에 `` `pSE2' `` 벡터를 더하여 다시 `` `var' ``라고 한다. 이로써 `` `var' ``는 `` `pSE1'+`pSE2' ``가 된 셈이다. 두 번째 돌기에서 `` `var' ``, 즉 `` `pSE1'+`pSE2' ``에 `` `pSE3' ``을 더하여 이를 다시 `` `var' ``라고 한다. 이런 과정을 계속하면 `` `var' ``는 `` `pSE1' ``에서 `` `pSE80' ``까지 더한 값이 된다.

지금까지 s_1^2를 계산하였다. σ_1^2은 s_1^2을 20으로 나눈 값이다. 이를 VAR1이라는 행 벡터에 저장한다.

	c1	c2	c3
c1	1		
c2	2	4	
c3	3	6	9

```
. mat square=vecdiag(outpdt)
. matlist square
```

	c1	c2	c3
r1	1	4	9

```
mat VAR1 = `var'/20
```

이렇게 σ_1^2를 계산할 수 있는데, 문제는 이런 계산을 pv1math에서 시작하여 pv5math까지 다섯 번 반복해야 한다는 것이다. 그러나 다행히 이를 반복하는 것은 그렇게 어렵지 않다. st_err 프로그램의 pv1math에서 1을 `1'로 바꾸고 st_err 명령어 다음에 1부터 5까지의 값을 부여하면 된다. 그러므로 st_err 프로그램은 다음과 같이 써야 하고,

```
program define st_err
  forval i = 1/80 {
    tempname E`i' dif`i' difsq`i' pSE`i'
    quietly regress pv`1'math $vlist [pweight = w_fstr`i']
    mat `E`i'' = e(b)
    mat `dif`i'' = mu`1' − `E`i''
    mat `difsq`i'' = `dif`i''' * `dif`i''
    mat `pSE`i''  = vecdiag(`difsq`i'')
  }

  tempname var
  mat `var' = `pSE1'
  forval j = 2/80 {
    mat `var' = `var' + `pSE`j''
  }
  mat VAR`1' = `var'/20            // notice
end
```

st_err 서브루틴을 이런 형식으로 만든 다음, reg_mpv 가지치기 프로그램에서 st_err 프로그램을 구동할 때,

```
forval i = 1/5 {
  st_err `i'
}
```

라고 해야 한다. 이런 작업을 거치면 표집분산을 구할 수 있다. 표집분산은

$$\sigma^2_{sampling} = (\sigma^2_1 + \sigma^2_2 + \sigma^2_3 + \sigma^2_4 + \sigma^2_5)/5$$

이므로

$$\sigma^2_{sampling} = (\text{VAR1} + \text{VAR2} + \text{VAR3} + \text{VAR4} + \text{VAR5})/5$$

이다. 이를 프로그램으로 바꾸면 다음과 같다. 어쨌든 지금부터는 출력을 담당하는 dsp 하위 프로그램으로 들어간다.

```
tempname var_sa var_im
mat `var_sa' = (VAR1 + VAR2 + VAR3 + VAR4 + VAR5)/5
```

다른 한편, 또 하나의 분산, 즉 귀속분산은 $\sigma^2_{imputed} = \dfrac{1}{(5-1)}\Sigma(b_i - b)^2$이다. 이는 다음과 같이 구할 수 있다.

```
forval i=1/5 {
    tempname dif`i' difsq`i' vecdif`i'
    mat `dif`i'' = mu - mu`i'
    mat `difsq`i'' = `dif`i'''*`dif`i''
    mat `vecdif`i'' = vecdiag(`difsq`i'')
}
mat `var_im' = (`vecdif1' + `vecdif2' + `vecdif3' + `vecdif4' + `vecdif5')/4
```

오차분산은 표집분산과 귀속분산을 다음과 같이 가중하여 합한 것이다.

```
mat sigmasq = `var_sa' + (1+1/5)*`var_im'
```

지금까지 계수의 분산 행렬을 구하려고 복잡한 과정을 거쳤으나, 가장 큰 문제는 정작 여기서부터 시작한다. 계수의 분산을 계산했지만, 그것의 제곱근, 즉 표준오차를 구하기는 쉽지 않다. Stata의 행렬 함수로 그것을 구하지 못할 이유는 없겠지만, 그 과정은 매우 번거롭다. 행렬 원소의 제곱근을 구하는 Stata 함수가 마땅치 않기 때문이다. 그러나 이 제곱근은 Mata의 스칼라 함수로 쉽게 구할 수 있다. 그러므로 Mata를 사용하는 것이 필요하다.

앞 절에서 논의한 바와 같이 Mata를 이용하는 방법은 두 가지다. 첫째는 ado 프로그램에 mata: *mata_cmds* 명령을 삽입하는 방법이고, 둘째 방법은 함수를 매개로 ado 프로그램과 Mata 프로그램을 연결하는 방법이다. 이 절에서는 이 두 가지를 모두 살피기로 한다.

먼저 Stata 프로그램에 mata: *mata_cmds*를 삽입하는 방법을 살펴보자. Stata에서 계수 벡터(mu)와 분산 행 벡터(sigmasq)를 구했으므로 st_matrix() 함수로 이를 Mata로 옮긴다. 아울러 st_numscalar() 함수를 이용하여 자유도도 Mata로 옮긴다.

```
mata: mu=st_matrix("mu")
mata: sigmasq=st_matrix("sigmasq")
mata: df=st_numscalar("df")
```

계수와 분산을 알면, Mata에서 표준오차(se)와 t, p 값을 구하는 것은 매우 간단하다. 콜론 연산자를 이용하면 되기 때문이다.

```
mata: se=sqrt(sigmasq)
mata: t=mu:/se
mata: p=2*ttail(df, abs(t))
```

이제 계수, 표준오차, t, p 행 벡터를 D 행렬로 전환한다. 이를 전치하면 계수와 표준오차, t와 p의 열 벡터(Dprime)를 구할 수 있다. st_matrix() 함수를 사용하여 이 열 벡터를 다시 Stata의 행렬(d)로 되돌린다.

```
mata: D=(mu\se\t\p)
mata: Dprime=D'
mata: st_matrix("d", Dprime)
```

이렇게 계수와 표준오차, t, p의 행렬(d)을 얻은 다음, Stata에서 이 행렬의 출력 형식을 지정한다.

```
disp
disp in yellow _col(29) "number of observations=   " _col(54) n
disp in yellow _col(29) "degrees of freedom=      " _col(54) df
disp in yellow _col(29) "adjusted R squared=      " _col(53) %5.3f r2_adj
mat rownames d=`$vlist _cons'
mat colnames d=coef std_err t p
disp as txt "{hline 60}"
matlist d, format(%9.3f)
disp as txt "{hline 60}"
```

출력을 마친 다음에는 지금까지 만든 행렬이나 스칼라 등은 더 이상 필요 없다.
그러므로 이를 삭제한다.

```
matrix drop _all
scalar drop _all
```

앞에서 논의한 내용을 종합해 보자.

```
*! version 10.1   6sep2009  s.chang
*! This is an ado file for the regression of PISA data with plausible
*! values as DEPENDENT variables

program reg_mpv
   version 10.1
   syntax [varlist][if][in][pw]

   marksample touse
   preserve
   quietly keep if `touse'
   global vlist="`varlist'"

   coef
   forval i=1/5 {
      st_err  `i'
   }
   dsp
end
```

```
program coef                        // computing the coefficients
  syntax [varlist][if][in]
  forval i=1/5 {
    tempname r2_a`i'
    quietly regress pv`i'math $vlist [pweight=w_fstuwt]
    scalar n=`e(N)'
    scalar df=`e(N)'-`e(df_m)'-1
    scalar `r2_a`i''=e(r2_a)
    matrix mu`i'=e(b)
  }
  mat mu=(mu1+mu2+mu3+mu4+mu5)/5
  scalar r2_adj=(`r2_a1'+`r2_a2'+`r2_a3'+`r2_a4'+`r2_a5')/5
end


program st_err                      // computing the standard errors
  forval i=1/80 {
    tempname E`i' dif`i' difsq`i' pSE`i'
    quietly regress pv`1'math $vlist [pweight=w_fstr`i']
    mat `E`i''=e(b)
    mat `dif`i''=mu`1'-`E`i''
    mat `difsq`i''=`dif`i'''*`dif`i''
    mat `pSE`i''  =vecdiag(`difsq`i'')
  }

  tempname var
  mat `var'=`pSE1'
  forval j=2/80 {
    mat `var'=`var'+`pSE`j''
  }

  mat VAR`1'=`var'/20

  tempname var_sa var_im
  mat `var_sa'=(VAR1+VAR2+VAR3+VAR4+VAR5)/5    // sampling variance
  forval i=1/5 {
    tempname dif`i' difsq`i' vecdif`i'
    mat `dif`i''=mu-mu`i'
    mat `difsq`i''=`dif`i'''*`dif`i''
    mat `vecdif`i''=vecdiag(`difsq`i'')
  }
```

```
mat `var_im'=(`vecdif1'+`vecdif2'+`vecdif3'+ ///
        `vecdif4'+`vecdif5')/4          // imputation variance
mat sigmasq=`var_sa'+1.2*`var_im'       // variance

// Mata calculation
mata: mu=st_matrix("mu")
mata: sigmasq=st_matrix("sigmasq")
mata: df=st_numscalar("df")
mata: se=sqrt(sigmasq)
mata: t=mu:/se
mata: p=2*ttail(df, abs(t))
mata: D=(mu\se\t\p)
mata: Dprime=D'
mata: st_matrix("d",Dprime)
end


// displaying
program dsp
  disp
  disp in yellow _col(29) "number of observations= " _col(54) n
  disp in yellow _col(29) "degrees of freedom= " _col(54) df
  disp in yellow _col(29) "adjusted R squared=  " _col(53) %5.3f r2_adj
  mat rownames d=$vlist _cons
  mat colnames d=Coef std-err t-value p-value
  disp as txt "{hline 60}"
  matlist d, format(%9.3f)
  disp as txt "{hline 60}"

  matrix drop _all
  scalar drop _all
end
```

이제 이 프로그램이 제대로 작동하는지를 확인해 보자. 명령 창에 다음 명령을 입력해 보자. 우리가 바라는 결과를 얻을 수 있다. 그러므로 우리가 프로그램을 제대로 작성하였다는 사실을 알 수 있다.

```
. reg_mpv escs sex if cnt="KOR"
```

		number of observations=	5419
		degrees of freedom=	5416
		adjusted R squared=	0.155

	coef	std-err	t	p
escs	40.615	3.202	12.686	0.000
sex	-21.861	5.304	-4.122	0.000
_cons	555.339	3.659	151.764	0.000

그러나 이 프로그램은 몇 가지 문제점을 지닌다. 첫째, 비록 편의상 그러하긴 하였지만, coef, st_err, dsp와 같은 하위 프로그램을 도입하였다. 그로 말미암아 불필요한 스칼라나 행렬을 지우지 못하여, 프로그램의 마지막에 **matrix drop**이나 scalar drop 명령어로 이를 강제로 지웠다. 매끄럽지 못하다. 둘째, 프로그램 중간에 **mata:** 명령을 반복하여 미관상으로 그다지 좋아 보이지 않는다. 셋째, reg_mpv 명령의 구문을 보라. 이는 표준적인 Stata 명령의 구문과 다르다. 보통의 회귀분석 명령어는 종속변수 다음에 독립변수를 입력하는 형식으로 구성되었다. 다시 말해 regress 명령어의 구조는 다음과 같다.

regress [*depvar*][*indepvars*] [if] [in] [weight] [, options]

그러나 **reg_mpv**는 종속변수를 지정하지 않고, 독립변수만 나열하였다. 이것도 흠이라면 흠이다.

우리는 이러저러한 결함을 치유하는 방식으로 프로그램을 바꿀 수 있다. 첫째, 하위 프로그램을 제거하고 임시 변수를 사용함으로써 불필요한 스칼라나 행렬을 남기지 않을 수 있다. 둘째, 적절한 Mata 함수를 도입하여 mata 명령을 반복하지 않을 수 있다. 셋째, 새로 만든 명령어의 구조를 Stata의 표준적 명령어의 그것과 일치하도록 만들 수도 있다. 넷째, 수학뿐만 아니라 읽기(read), 과학(scie), 문제해결 능력 (prob) 점수를 종속변수로 삼을 수도 있다. 이런 점을 반영하는 프로그램의 이름을 reg_pisa라고 하자.

```
*! An ado file for the regression with PISA data
*! Created Dec 20, 2005 by Sang-soo.Chang
*! Last modified on 2apr2023

program define reg_pisa, byable(recall)

    gettoken first sequel : 0

    if ("`first'"=="read") | ("`first'"=="math") | ///
       ("`first'"=="scie") | ("`first'"=="prob")  reg_pv  `0'
    else {
       disp in red "a dep. var.(read, math, scie, or prob) required"
       error 198
    }
end

program reg_pv, byable(recall) eclass
    version 11.2

    gettoken subj 0 : 0
    syntax [varlist][if][in][pw]

    marksample touse
    preserve
    quietly keep if `touse'

    // computing the coefficients
    forval i=1/5 {
      tempname n df r2_a`i' mu`i'
      quietly regress pv`i'`subj' `varlist' [pweight=w_fstuwt]
      scalar `n'=e(N)
      scalar `df'=e(N)-e(df_m)-1
      scalar `r2_a`i''=e(r2_a)
      matrix `mu`i''=e(b)
    }

tempname mu r2_adj
mat `mu'=(`mu1'+`mu2'+`mu3'+`mu4'+`mu5')/5
scalar `r2_adj'=(`r2_a1'+`r2_a2'+`r2_a3'+`r2_a4'+`r2_a5')/5
```

```
// computing the standard errors
forval i=1/5 {
  forval j=1/80 {
    tempname E`j' dif`j' difsq`j' pSE`j'
    quietly regress pv`i'`subj' `varlist' [pweight=w_fstr`j']
    mat `E`j''=e(b)
    mat `dif`j''=`mu`i''-`E`j''
    mat `difsq`j''=`dif`j'''*`dif`j''
    mat `pSE`j'' =vecdiag(`difsq`j'')
  }
  tempname var
  mat `var'=`pSE1'

  forval k=2/80 {
    mat `var'=`var'+`pSE`k''
  }

  tempname VAR`i'
  mat `VAR`i''=`var'/20
}


  // calculating the variance
  tempname var_sa var_im
  mat `var_sa'=(`VAR1'+`VAR2'+`VAR3'+`VAR4'+`VAR5')/5        // sampling variance
  forval i=1/5 {
    tempname di`i' disq`i' vecdi`i'
    mat `di`i''=`mu'-`mu`i''
    mat `disq`i''=`di`i'''*`di`i''
    mat `vecdi`i''=vecdiag(`disq`i'')
  }

  mat `var_im'=(`vecdi1'+`vecdi2'+`vecdi3'+`vecdi4'+`vecdi5')/4        // imputation variance

  tempname sigmasq
  mat `sigmasq'=`var_sa'+1.2*`var_im'                         // variance

  mata: calcstd("`mu'", "`sigmasq'", "`df'")                  // mata

  di
  disp in yellow _col(29) "number of observations= " _col(54) `n'
```

```
        disp in yellow _col(29) "degrees of freedom=    "        _col(54) `df'
        disp in yellow _col(29) "adjusted R squared=    "        _col(53) %5.3f `r2_adj'
        mat rownames d= `varlist' _cons
        mat colnames d= coef std_err t p
        disp as txt "{hline 60}"
        matlist d, format(%9.3f)
        disp as txt "{hline 60}"

        ereturn matrix mymat=d
end

version 15.1
set matastrict on

mata:
function calcstd(string scalar m,
                 string scalar s,
                 string scalar df)
{
    real matrix avg, var, se, t, p, D, Dprime
    real scalar  defr

    avg=st_matrix(m)
    var=st_matrix(s)
    defr=st_numscalar(df)

    se=sqrt(var)
    t=avg:/se
    p=2*ttail(defr, abs(t))
    D=(avg\se\t\p)
    Dprime=D'
    st_matrix("d", Dprime)
}
end
```

이 프로그램을 잠시 해설해 보자. 먼저, 이 프로그램의 머리 부분에서 gettoken이라는 명령어를 사용하여 조그만 술수를 부렸다. reg_pisa라는 명령어 다음에 나타나는 첫 변수가 읽기(read), 수학(math), 과학(scie), 문제해결 능력(prob)이어야 한다는 사실을 밝히고, 이와 같은 종속변수를 입력하지 않으면 구문 오류(invalid syntax)라는 문장이 나타날 것이라고 밝혔다. 둘째, reg_mpv.ado와는 달리, 본문에서 coef, st_err, dsp와 같은 하위 프로그램을 사용하지 않았다. 대신 forvalue 명령을 이중으로 사용하였다. 셋째, 제대로 된 Mata 함수를 사용하였다. 넷째, 이 프로그램은 수학뿐만 아니라 읽기, 과학, 문제해결 능력 점수를 종속변수로 삼을 수 있도록 하였다.

이제 명령 창에 다음과 같은 명령을 입력해 보자. 우리가 바라는 결과를 얻을 수 있다.

```
. reg_pisa math escs sex if cnt=="KOR"

                                number of observations=    5419
                                degrees of freedom=        5416
                                adjusted R squared=        0.155

                   coef       std_err            t            p

     escs       40.615         3.202       12.686        0.000
      sex       21.861         5.304        4.122        0.000
    _cons      533.478         4.581      116.443        0.000
```

2. 평균과 표준오차

PISA 자료에서 수학 성적 평균을 구하고 그 평균의 표준오차를 구하는 방식은 회귀계수를 구하는 방식과 흡사하다. 행렬이 아니라 스칼라를 계산한다는 정도만 다를 뿐이다. 그러므로 여기서는 자세한 해설 없이 프로그램만 제시한다.

```
*! An ado file for the calculation of mean score in PISA data
*! Created on Dec.20, 2005 by Sang-soo.Chang
*! Last modified on 16may2012

program mean_pisa, byable(recall)
    version 11.2
    syntax namelist(id=`"varlist"')[if][in]
```

```
    gettoken first sequel : namelist

    marksample touse
    preserve
    qui keep if `touse'

    local f ((("`first'"=="read") | ("`first'"=="math") | ///
            ("`first'"=="scie") | ("`first'"=="prob"))

    if `f' sum_pv    `namelist'
    else   sum_nopv `namelist'
end

program sum_pv, byable(recall) rclass
    version 11.2
    syntax namelist[if][in][pw]

    gettoken subj sequel : namelist
    gettoken second 0 : sequel
    local n: word count `namelist'

    local s ((("`second'"=="read") | ("`second'"=="math") | ///
            ("`second'"=="scie") | ("`second'"=="prob"))

    if `n'>=2 & `s' {
        di as error "no, only one of the PV variables should be entered."
        error 198
    }

    else if `n'>=2 & ~`s' {
        di as error "no, PV and non-PV variables should NOT " ///
                "entered simultaneously. " _newline         ///
            "Or confirm whether you entered valid variables."
        error 198
    }

    marksample touse
    preserve
    qui keep if `touse'
```

```
// computing the mean of mathematics score

forval i=1/5 {
   quietly sum pv`i'`subj' [weight=w_fstuwt]
   tempname m`i' n mu stdev`i' stdev
   scalar `m`i''=r(mean)
   scalar `stdev`i''=r(sd)
   scalar `n'=r(N)
}

scalar `mu'=(`m1'+`m2'+`m3'+`m4'+`m5')/5          // mean
scalar `stdev'=(`stdev1'+`stdev2'+`stdev3'+       ///
         `stdev4'+`stdev5')/5                     // stan. dev.

// computing the standard errors

forval i=1/5 {
   forval j=1/80 {
      tempname mean`j' dif`j' difsq`j'
      quietly sum pv`i'`subj' [weight=w_fstr`j']
      scalar `mean`j''=r(mean)
      scalar `dif`j''=`m`i''-`mean`j''
      scalar `difsq`j''=(`dif`j'')^2
   }

   local sum=0
   forval k=1/80 {
      local sum=`sum'+`difsq`k''
   }

   tempname summ`i'
   scalar `summ`i''=(`sum'/20)
}

// calculating the variance
tempname var_sa
scalar `var_sa'=(`summ1'+`summ2'+`summ3'+        ///
         `summ4'+`summ5')/5                       // sampling variance

forval i=1/5 {
```

```
    tempname di`i' disq`i'
    scalar `di`i''=`mu'-`m`i''
    scalar `disq`i''=(`di`i'')^2
}

tempname var_im VAR se
scalar `var_im'=(`disq1'+`disq2'+`disq3'+      ///
         `disq4'+`disq5')/4                    // imputation variance
scalar `VAR'=`var_sa'+1.2*`var_im'             // variance
scalar `se'=sqrt(`VAR')

//displaying the results in a matrix form

tempname st
mat `st'=J(1,6,.)
mat rownames `st'= "`subj' score"
mat colnames `st'= N mean "std dev" se "lwr bnd" "upr bnd"

mat `st'[1,1]= `n'
mat `st'[1,2]= `mu'
mat `st'[1,3]= `stdev'
mat `st'[1,4]= `se'
mat `st'[1,5]= `mu'-invttail(`n'-1,.025)*`se'
mat `st'[1,6]= `mu'+invttail(`n'-1,.025)*`se'
matlist `st'

    return scalar mean=`mu'
    return scalar Var=`VAR'
    return scalar se=`se'
end

program sum_nopv, byable(recall)
    version 11.2
    set varabbrev off
    syntax varlist [if][in][pw]

    foreach i of local varlist {
        calc `i'
    }
```

```
    outmat `varlist'
end

// calculating the mean and standard error of the non-PV variables

program calc
    syntax varlist [if][in][pw]

    tempvar touse
    mark `touse' `if' `in'

    tempname N avg
    qui sum `1' [weight=w_fstuwt] if `touse'
    scalar `N'=r(N)
    scalar `avg'=r(mean)

    forval i=1/80 {
        tempname rep`i' dif`i' difsq`i'
        quietly sum `1' [weight=w_fstr`i'] if `touse'
        scalar `rep`i''=r(mean)
        scalar `dif`i''=`avg'-`rep`i''
        scalar `difsq`i''=`dif`i''*`dif`i''
    }

    local sum=0
    forval i=1/80 {
        local sum=`sum'+`difsq`i''
    }

    tempname se lb ub
    scalar `se'=sqrt(`sum'/20)
    scalar `lb'=`avg'-invttail(`N', .025)*`se'
    scalar `ub'=`avg'+invttail(`N', .025)*`se'

    //displaying the results in a matrix form

    mat stat_`1'=J(1,5,.z)
    mat rownames stat_`1'=`1'
    mat colnames stat_`1'=N mean "std err" "lwr bound" "upr bound"
```

```
    mat stat_`1'[1, 1]=`N'
    mat stat_`1'[1, 2]=`avg'
    mat stat_`1'[1, 3]=`se'
    mat stat_`1'[1, 4]=`lb'
    mat stat_`1'[1, 5]=`ub'
end

// concatenating the output vectors into a matrix

program outmat
   syntax [varlist]

   local nvar: word count `varlist'
   tempname stat
   forval i=1/`nvar' {
      local v: word `i' of `varlist'
      mat `stat'=(nullmat(`stat')\ stat_`v')
      mat drop stat_`v'
   }
   matlist `stat', nodotz
end
```

이 프로그램을 실행해 보자. 가능값으로 표시된 변수, 예컨대 읽기, 수학, 과학, 문제해결 능력 변수의 요약 통계치는 다음과 같은 명령으로 얻을 수 있다.

```
. mean_pisa math if cnt=="KOR"

number of cases= 5444
the mean value= 542.227
the stan error= 3.238
```

가능값으로 표시되지 않은 변수, 예컨대 가족의 사회경제문화적 지위(escs) 변수의 요약 통계치도 동일 명령으로 얻을 수 있다. 명령의 형식은 같지만, 내부에서 이루어지는 연산 방식은 다르다.

```
. mean_pisa escs if cnt=="KOR"
```

	N	mean	std err	lwr bound	upr bound
escs	5419	-.099166	.0249607	-.148099	-.0502329

이 결과는 OECD 공식 보고서의 결과와 정확하게 일치한다(cf. OECD, 2004: 356). 그러므로 프로그램을 정확하게 만들었다고 판단할 수 있다.

예제에서는 수학 성적의 평균과 표준오차를 계산한다. 언어나 과학 성적의 평균과 표준오차 구하는 것은 쉽다. 종속변수만 바꾸면 된다. 위 명령을 mean_pisa read나 mean_pisa scie로 바꾸면 읽기 성적이나 과학 성적의 평균과 표준오차, 95% 신뢰구간을 얻을 수 있다.

참고문헌

민인식 · 최필선. 2008. 『Stata: 기초적 이해와 활용』. 서울: 한국Stata학회.

임준택 · 심근섭 · 한원식. 2007. 『통계 분석과 SAS 이용』. 서울: 자유아카데미.

장상수. 2020. 『Stata 프로그래밍』. 이담북스.

조지민 · 정혜경. 2013. "PISA 표집 설계에 따른 모수 및 분산 추정." 『교육평가연구』, 26(4): 875-896.

Acock, Alan C. 2008. *A Gentle Introduction to Stata*, 2nd ed. College Station, TX: Stata Press.

Agresti, Alan and Christine Franklin. 2007. *Statistics: The Art and Science of Learning from Data*. Upper Saddle River, NJ: Pearson Prentice Hall.

Baum, Christopher F. 2009. *An Introduction to Stata Programming*. College Station, TX: Stata Press.

Baum, Christopher F. 2016. *An Introduction to Stata Programming*, 2nd edition. College Station, TX: Stata Press.

Cameron A. Colin and Pravin K. Trivedi. 2009. *Microeconometrics Using Stata*. College Station, TX: Stata Press.

Cox, Nicholas J. 2002. Speaking Stata: How to Face Lists with Fortitude. *Stata Journal* 2: 202–222.

Draper, N. R. and H. Smith. 1981. *Applied Regression Analysis*, 2nd ed. New York: John Wiley & Sons.

Gould, William. 2005. "Mata Matters: Using Views onto the Data." *Stata Journal* 5: 567–573.

Gould, William. 2006a. "Mata Matters: Creating New Variables–Sounds Boring, Isn't." *Stata Journal* 6: 112–123.

Gould, William. 2006b. "Mata Matters: Precision." *Stata Journal* 6: 550–560.

Gould, William. 2007a. "Mata Matters: Subscripting." *Stata Journal* 7: 106–116.

Gould, William. 2007b. "Mata Matters: Structures." *Stata Journal* 7: 556–570.

Gould, William. 2008. "Mata Matters: Macros." *Stata Journal* 8(3): 401–412.

Gould, William. 2010. "Mata Matters: Stata in Mata." The Stata Journal, 8(3): 401–412.

Gould, William. 2018. *The Mata Book: A Book for Serious Programmers and Those Who Want to Be*. College Station, TX: Stata Press.

Green, William H. 2008. *Econometric Analysis*, 6th ed. Upper Saddle River, NJ: Pearson Prentice Hall.

Greene, William H. 2018. *Econometric Analysis*, 8th edition. London: Pearson

Hamilton, Lawrence C. 2008. *Statistics with Stata: Version 10.* Toronto: Duxbury Press.

Jakubowski, Maciej and Artur Pokropek. 2013. "PISATOOLS: Stata module to facilitate analysis of the data from the PISA OECD study." Statistical Software Components S457754, Boston College Department of Economics, revised on 06 May 2020.

Kohler, Ulrich and Frauke Kreuter. 2005. *Data Analysis Using Stata.* College Station, TX: Stata Press.

Lembke, Alexander C. "Advanced Stata Topics." http://personal.lse.ac.uk/lembke.

Long, J. Scott. 2009. *The Workflow of Data Analysis Using Stata.* College Station, TX: Stata Press.

Mitchell, Michael N. 2004. *A Visual Guide to Stata Graphics.* College Station, TX: Stata Press.

Mitchell, Michael N. 2010. *Data Management Using Stata:A Practical Handbook.* College Station, TX: Stata press.

OECD. 2004. *Learning for Tomorrow's World: First Results from PISA 2003.* Paris: OECD.

OECD. 2005. *PISA 2003 Data Analysis Users: SPSS Users.* Paris: OECD.

Rabe-Hesketh, Sophia and Brian Everitt. 2006. *A Handbook of Statatistical Analyses Using Stata.* Boca Raton, FL: Chapman & Hall/CRC.

Stata Corp. 1999. *Net Course 151.*

Stata Corp. 2000. *Net Course 152.*

Stata Corp. 2005a. *Programming Reference Manual: Release 9.* College Station, TX: Stata Press.

Stata Corp. 2005b. *Mata Reference Manual: Release 9.* College Station, TX: Stata Press.

StataCorp. 2009a. Mata Matrix Programming[M0]-[M3]. College Station, TX: Stata Press.

StataCorp. 2009b. Mata Matrix Programming[M4]-[M6]. College Station, TX: Stata Press.

Wonnacott, Ronald J. and Thomas, H. Wonnacott. 1982. *Statistics: Discovering Its Power.* New York: Wiley(차종천 역. 『현대통계학』. 1993 서울: 나남).

색인

invsym() 295, 305~307, 385, 437, 438
_invsym() 385

J
J() 303

K
keep 57, 64, 68, 70, 73, 75, 156~158,
       160, 161, 170, 195, 196, 198, 201,
       505, 521, 529, 533, 537

L
label 55, 80, 96, 110, 146, 147, 190
line 65, 177~179, 185, 491
list 18, 20, 30, 57, 72, 79, 83, 201
lmbuild 337~339, 491
log close 38~41, 103, 104, 107, 109
luinv() 305, 308
lusolve() 308

M
macro 32, 44~46, 65~68, 113, 114, 116,
       118~120, 128, 240, 241, 459
macro shift 65~67, 240, 241
mata describe 393
matrix list 56, 83
member function 407, 434
member variable 369, 407, 434

N
norm() 299, 300
NULL 326, 327, 369, 449~452, 455, 485,
       486, 488, 500, 503, 511, 513
null 206, 303, 364, 409

O
order() 323
orgtype() 375
overloaded function 376

P
parallel computing 415
pinv() 305
print 40
private member 438
process 415
public member 438
putmata 307, 351, 352, 400~402, 431, 456,
       458, 516

Q
qrinv() 305
qrsolve() 308

R
range 111, 118, 122, 125, 179, 185, 208,
       217, 224
rows() 303

S
save 57, 123, 183, 196, 198
scatter 28, 174, 247
self-threading code 415
set matastrict 334, 380~382, 397, 429,
       442, 446, 465, 475, 476, 479, 482,
       488, 495, 497, 502, 508, 512, 535
set more 103, 107
set trace 27, 28, 160
sort 138, 139, 141, 142, 145, 149, 151,

장상수

자자는 순천대학교 사회교육과에서 사회학을 가르치고 있다. 저자는 줄곧 사회계층과 이동, 그리고 컴퓨터 프로그래밍에 관심을 기울였고, 이 방면의 논문과 책을 저술하였다. 저서는 『한국의 사회이동(2001)』, 『교육과 사회이동(2009)』, 『STATA 프로그래밍(2010)』, 『수치 분석과 시뮬레이션: R 프로그래밍(2019)』, 『사회학 입문(2020)』 등이다. 지금은 『한국의 사회계층』을 쓰고 있다.

Email: sangsoo.chang@gmail.com

개정판

Stata 프로그래밍

초판인쇄   2023년 7월 14일
초판발행   2023년 7월 14일

지은이   장상수
펴낸이   채종준
펴낸곳   한국학술정보㈜
주 소   경기도 파주시 회동길 230(문발동)
전 화   031) 908-3181(대표)
팩 스   031) 908-3189
홈페이지   http://ebook.kstudy.com
E-mail   출판사업부 publish@kstudy.com
등 록   제일산-115호(2000. 6. 19)

ISBN   979-11-6983-468-1   93310